Einfluss infrarotstrahlungs-absorbierender Partikel auf die Bauteileigenschaften im High Speed Sintering

Von der Fakultät für Ingenieurwissenschaften
der Universität Bayreuth
zur Erlangung der Würde eines
Doktor-Ingenieur (Dr.-Ing.)
genehmigte Dissertation

von

M.Sc. Daniel Pezold

aus

Bayreuth

Erstgutachter:	Prof. Dr.-Ing. Frank Döpper
Zweitgutachter:	Prof. Dr.-Ing. habil. Gerd Witt
Tag der mündlichen Prüfung:	01.08. 2023

Lehrstuhl Umweltgerechte Produktionstechnik
Universität Bayreuth
2023

PRODUKTION.BESSER.MACHEN.

Daniel Pezold

Einfluss infrarotstrahlungsabsorbierender Partikel auf die Bauteileigenschaften im High Speed Sintering

Herausgeber:
Prof. Dr.-Ing. Frank Döpper

Band 6

UNIVERSITÄT BAYREUTH

Bibliografische Information der Deutschen Nationalbibliothek
Die Deutsche Nationalbibliothek verzeichnet diese Publikation in der Deutschen Nationalbibliografie; detaillierte bibliografische Daten sind im Internet über https://portal.dnb.de abrufbar.

Daniel Pezold:

Einfluss infrarotstrahlungsabsorbierender Partikel auf die Bauteileigenschaften im High Speed Sintering

1. Auflage, 2023

Gedruckt auf holz- und säurefreiem Papier, 100% chlorfrei gebleicht.

Wissenschaftsverlag des Instituts für Industriekommunikation und Fachmedien an der RWTH Aachen
Steinbachstr. 25, 52074 Aachen
Internet: www.apprimus-verlag.de, E-Mail: info@apprimus-verlag.de

Druck: CPI Druckdienstleistungen GmbH, Ferdinand-Jühlke-Straße 7 I 99095 Erfurt

ISBN 978-3-98555-188-0

Vorwort

Die vorliegende Dissertation entstand während meiner Tätigkeit als wissenschaftlicher Mitarbeiter am Lehrstuhl Umweltgerechte Produktionstechnik der Universität Bayreuth. An dieser Stelle möchte ich mich bei allen Wegbegleitern zur erfolgreichen Promotion bedanken.

Mein besonderer Dank gilt Herrn Professor Dr.-Ing. Frank Döpper für die umfassende wissenschaftliche Unterstützung sowie Förderung meiner Forschungsarbeit, mit der er mich auf dem Weg zur Promotion begleitet hat. Herr Professor Dr.-Ing. Gerd Witt gilt mein Dank für die Übernahme des Koreferats sowie Herrn Professor Dr. Hans-Werner Schmidt als weiteren Prüfer.

Mein Dank gilt ferner meinem Projektpartner der Firma Sindlhauser Materials GmbH, die zum Gelingen dieser Arbeit durch die Bereitstellung von Materialien eine ingenieurwissenschaftliche Forschung ermöglichte. Stellvertretend sei dabei der fachliche Austausch mit Herrn Volkan Yavuz zu erwähnen. Zudem mein Dank der Firma Voxeljet AG und insbesondere Herrn Christoph Scheck für die Hilfestellungen an der Forschungsanlage.

Meinen ausdrücklichen Dank möchte ich meinem Kollegen und Freund Dr.-Ing. Christian Bay für die inspirierenden Diskussionen sowie die kritische Durchsicht meines Manuskripts und die konstruktiven Ratschläge aussprechen. Darüber hinaus bedanke ich mich herzlich bei allen Mitarbeiterinnen und Mitarbeitern des Lehrstuhls Umweltgerechte Produktionstechnik. An dieser Stelle bei Johann Schorzmann, Jan Kemnitzer, Alexander Mahr, Marco Wimmer, Andreas Hofmann, Stefan Schirmel und Gabriele Mauthe.

Abschließend möchte ich meinen Eltern Gudrun und Günter, meinem Bruder Johannes, meiner ganzen Familie insbesondere meiner zukünftigen Frau Sara sowie meinen Freunden für die fortwährende Unterstützung und liebevollen Ermutigungen danken: Ihr alle habt an mich geglaubt und das Beste zum Vorschein gebracht.

Goldkronach, im August 2023 *Daniel Pezold*

Inhaltsverzeichnis

1 Einleitung

1.1 Ausgangssituation und Problemstellung

In einem stetigen und schnellen Wandel des Marktumfeldes bedarf es einer Weiterentwicklung und Flexibilisierung der Produktionstechnik, um die Anforderung der Kunden hinsichtlich des Zieldreiecks aus Kosten, Qualität und Zeit zu erfüllen [WES06, S. 69]. Diese weiterentwickelte und flexibilisierte Produktionstechnik muss frühzeitig in den Produktentwicklungsprozess integriert und dadurch Megatrends antizipiert werden, sodass der Markt konkurrenzfähig bedient werden kann. Als Megatrends sind dabei die Bekämpfung des Klimawandels, ein Entgegenwirken der Ressourcenverknappung, Nachhaltigkeit, kundenindividuelle Produktanforderungen, die Dynamisierung der Produktlebenszyklen und die Globalisierung zu nennen. [ABE11]

Die additive Fertigung (engl. additive manufacturing, AM) kann in der Produktionstechnik diesen Bedarf erfüllen. AM-Verfahren sind Verfahren zur Herstellung komplexer dreidimensionaler Bauteile, indem ein Material schichtweise konsolidiert wird. Laut *Wohlers* Report betrug das durchschnittliche Wachstum der Branche über die letzten vier Jahre 20,4 % [WOH22]. Die AM-Verfahren ergänzen die bisherigen konventionellen Fertigungsverfahren insbesondere bei der Fertigung von Bauteilen mit hoher geometrischer Komplexität, da keine Werkzeuge notwendig sind. Da nur Material aufgetragen wird, welches für das Bauteil notwendig ist, können zudem Ressourcen eingespart werden und es wird weniger Abfall produziert. Dies ist insbesondere in Anbetracht des Wandels hin zu einer nachhaltigen und flexiblen Produktion von besonderer Bedeutung.

Basierend auf der DIN EN ISO/ASTM 52900:2022 werden die AM-Verfahren in sieben Prozesskategorien eingeteilt (siehe Abbildung 1) [DIN22]. Materialien können während des Auftragens durch fokussierte Wärmeenergie beim Materialauftrag mit gerichteter Energieeinbringung geschmolzen und verbunden werden.

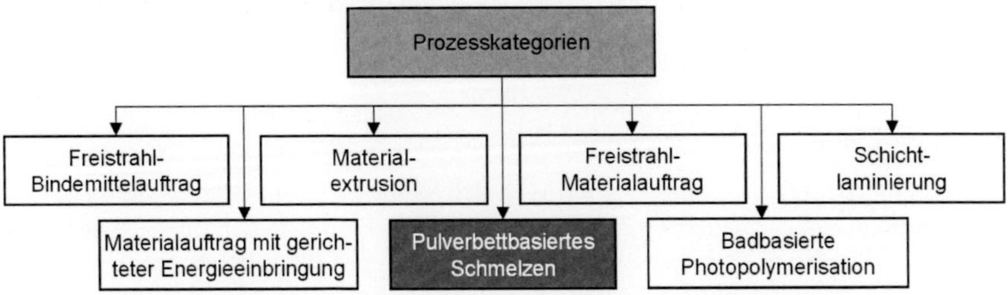

Abbildung 1: Übersicht der Prozesskategorien nach der DIN EN ISO/ASTM 52900:2022 [DIN22, S. 8]

Zudem können feste Materialien als Draht (Materialextrusion) oder als Folien (Schichtlaminierung) zu einem Bauteil aufgebaut werden. Für die Verarbeitung von flüssigen Ausgangsmaterialien können diese entweder in einem Bad mittels Laser/Projektor (Badbasierte Photopolymerisation) ausgehärtet oder direkt mittels Druckköpfen auf eine Bauplattform aufgebracht und vernetzt (Freistrahl-Materialauftrag) werden. Die Kombination durch Aufbringen eines flüssigen Bindemittels auf ein festes pulverförmiges Material wird als Freistrahl-Bindemittelauftrag bezeichnet. Beim pulverbettbasierten Schmelzen wird das pulverförmige Material direkt durch Wärmeenergie aufgeschmolzen, wobei das Pulver als Stützmaterial dient und wodurch das überschüssige Pulver nach dem Fertigungsprozess wiederverwendet werden kann. Gleichzeitig kann zur hohen Materialausnutzungsrate ein breites Materialspektrum realisiert werden [WAN20].

In der kunststoffverarbeitenden AM eröffnet insbesondere das High Speed Sintering (HSS) aus dem pulverbettbasierten Schmelzen großes Potential hinsichtlich der Möglichkeiten, einen zukünftigen industriellen Fertigungsprozesses abzubilden [PEZ22a, PEZ22b]. Mit einer konstanten Schichtzeit durch die Überfahrt eines Infrarot (IR)-Strahlers im Fertigungsprozess ist die wirtschaftliche Skalierbarkeit der HSS-Maschinen und somit die Fertigung großvolumiger Bauteile gegeben [HOP17, S. 656]. Gleichzeitig erhöht die Verwendung eines IR-Strahlers als Energiequelle die Bestrahlungsdauer des Polymerpulvers auf eine Sekunde gegenüber der Verwendung eines Lasers wie im Lasersintern (LS). Durch die Erhöhung der Bestrahlungsdauer ist die erstmalige Verarbeitung von langkettigen Polymeren wie Polyethylen mit hoher Dichte (PE-HD) im pulverbettbasierten Schmelzen möglich [VOX22].

Demgegenüber steht im Fertigungsprozess ein zusätzlicher Fertigungsschritt für den Einsatz eines Fertigungshilfsmittels zur Absorption der emittierten Strahlung des IR-Strahlers: die Aufbringung einer Tinte mittels Inkjet-Druckköpfen. Dabei wird hauptsächlich eine Tinte mit dem infrarotstrahlungsabsorbierenden Partikel Ruß eingesetzt, der eine graue bis dunkelgraue Färbung der Bauteile zur Folge hat. Ein Einfärben der Bauteile ist deshalb nur in dunklen Farbtönen möglich. Bei einer Skalierung des HSS-Verfahrens zur Fertigung großvolumiger Bauteile, bei denen eine hellere Farbabstufung gewünscht ist, können dahingehend nur Bauteile mit dunklen Farben gefertigt oder es müssen zusätzliche Nachbearbeitungsprozesse wie z. B. ein Beschichten durchgeführt werden. Der Energieeintrag durch die infrarotstrahlungsabsorbierenden Partikel kann zudem bisher nicht wie beim Lasersintern quantifiziert werden. Für eine Verarbeitung neuer Pulvermaterialien, die nur im pulverbettbasierten Schmelzen von Polymeren mittels IR-Strahlung verarbeitbar sind, wie bspw. PE-HD, besteht keine Möglichkeit einer hellen Farbgebung bzw. Farbabstufung der Bauteile und einer Vergleichbarkeit des Energieeintrags mit dem Lasersintern.

1.2 Zielsetzung

Aus der beschriebenen Ausgangssituation leitet sich für die vorliegende Arbeit die Zielsetzung zur Erforschung und fertigungstechnischen Reduktion des Einflusses der Tinte auf die Farbgebung der Bauteile beim High Speed Sintering ab. Dies soll primär durch die Reduzierung der Partikelmenge bei gleichzeitig gleichbleibenden Fertigungsparametern realisiert werden, womit hellere Bauteile gefertigt werden können. Hierfür gilt es anhand der bestehenden Forschungserkenntnisse im High Speed Sintering, ein Anforderungsprofil der infrarotstrahlungsabsorbierenden Partikel zu definieren. Zudem werden mit der Methode der Werkstoffauswahl die infrarotabsorbierenden Partikel nach der potentiellen Eignung für das High Speed Sintering ausgewählt und bewertet.

Weiterhin soll das Ziel durch den Einsatz neuer infrarotstrahlungsabsorbierender Partikel in der Tinte im High Speed Sintering und den Wissensaufbau über die Wechselwirkung zwischen dem Polymerpulver und der Tinte realisiert werden. Dies beinhaltet die Bestimmung des Energieeintrags im Fertigungsprozess durch die Anwendung geeigneter Messmethoden. Dazu zählen einerseits die Charakterisierung der eingesetzten Strahler, die elektromagnetische Strahlung emittieren, und andererseits der bisher verwendeten infrarotstrahlungsabsorbierenden Partikel, die die elektromagnetische Strahlung aufnehmen und anschließend in Wärmeenergie zum Aufschmelzen des Polymerpulvers umwandeln. Des Weiteren sind die Einflussgrößen auf die Bauteileigenschaften und somit die gesamtheitlichen Prozesszusammenhänge durch eine Prozessanalyse zu ermitteln, um eine gezielte Optimierung der Tinte auf das High Speed Sintering erreichen zu können.

Die gewonnenen Erkenntnisse aus der Untersuchung der infrarotstrahlungsabsorbierenden Partikel, des Strahlers und somit des Energieeintrags werden abschließend im industriellen Fertigungsprozess validiert. Die wissenschaftliche Auswertung und Interpretation soll Aufschluss über die Potentiale geben und als Vorarbeit hinsichtlich ökonomischer und ökologischer Aspekte der im Rahmen der vorliegenden Arbeit untersuchten strahlungsabsorbierenden Partikel dienen.

Daraus leiten sich folgende Ziele der vorliegenden Arbeit ab:

1. *Reduzierung des Farbgebungseinflusses der Tinte bzw. Bauteile hellerer Farbabstufung*
2. *Auswahl und Bewertung geeigneter infrarotstrahlungsabsorbierender Partikel*
3. *Wissensaufbau über den Energieeintrag im Fertigungsprozess*
4. *Ganzheitliche Betrachtung der Einflussgrößen auf die Bauteileigenschaften*
5. *Validierung der Untersuchungsergebnisse im industriellen Fertigungsprozess*

1.3 Vorgehensweise

Zur Erreichung der formulierten Zielsetzung der vorliegenden Arbeit wird die Vorgehensweise in Abbildung 2 schematisch dargestellt.

In **Kapitel 1** wird basierend auf der Ausgangssituation der additiven Fertigungsverfahren von Kunststoffen und insbesondere des High Speed Sinterings die Zielsetzung der Arbeit abgeleitet. Auf Basis der durchgeführten Eingrenzung des Betrachtungsraumes erfolgt die Vorstellung der Vorgehensweise.

In **Kapitel 2** werden der Stand der Technik der pulverbettbasierten additiven Fertigung von Kunststoffen sowie die Forschungserkenntnisse im High Speed Sintering hinsichtlich des Fertigungsprozesses und des Einsatzes infrarotstrahlungsabsorbierender Partikel (sogenannte IR-Absorber) in Tinten ausgeführt. Des Weiteren gilt es, die physikalischen Grundlagen der Wärmeübertragung darzulegen, um den Energieeintrag durch die elektromagnetische Strahlung bestimmen zu können.

Mit einer zusammenfassenden Bewertung der Erkenntnisse und einer Darstellung des Handlungsbedarfs für das High Speed Sintering wird in **Kapitel 3** die Notwendigkeit des Einsatzes neuer infrarotstrahlungsabsorbierender Partikel in Tinten zur Reduzierung der Farbgebung und der messtechnischen Erfassung des Energieeintrags aufgezeigt.

In **Kapitel 4** wird die Auswahl der Eignung verschiedener Materialien als IR-Absorber in der Tinte für das High Speed Sintering anhand einer etablierten Methodik zur Werkstoffauswahl durchgeführt.

In **Kapitel 5** erfolgt die Vorbereitung, Planung und Durchführung der Versuche im High Speed Sintering zur Erreichung der Zielsetzung. Dafür werden die verwendete Anlagentechnik zur Bauteilfertigung, der zu evaluierenden IR-Absorber, die darauf abzustimmenden Energie- bzw. Strahlungsquellen und die zur Bestimmung der verschiedenen Eigenschaften notwendigen Messaufbauten- bzw. -geräte dargestellt. Anschließend wird die Versuchsmethodik präzisiert, um die Haupteinflussgrößen zu definieren und damit die Basis zur Erforschung der maßgeblichen Korrelationen zwischen den Prozessgrößen, der Tinte und den Bauteileigenschaften abzuleiten.

In **Kapitel 6** findet die Erarbeitung des grundlegenden Prozessverständnisses durch die Charakterisierung der Haupteinflussgröße – dem Energieeintrag – und der Identifizierung der damit in Verbindung stehenden, signifikanten, maschinenseitigen Einstellgrößen durch die Tinte statt. Aufbauend auf den ermittelten Zusammenhängen und der durchgeführten Materialauswahl hinsichtlich IR-Absorbern wird die bisherige rußhaltige Tinte der neuen Tinte gegenübergestellt. Erreicht werden sollen die gleichen Bauteileigenschaften wie mit den bisherigen Tinten bei geringerer Menge an IR-Absorber. Gleichzeitig wird neuartige Messtechnik angewendet zur generellen Weiterentwicklung des Prozesses und der zugehörigen Maschinentechnik.

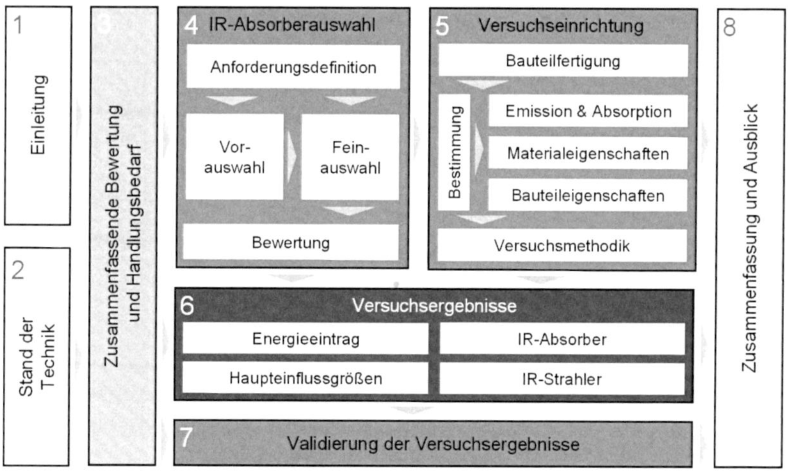

Abbildung 2: Aufbau der Arbeit und Ablauf der Forschungstätigkeiten

In **Kapitel 7** werden die Versuchsergebnisse des Fertigungsprozesses auf einer marktverfügbaren HSS-Maschine der Firma *voxeljet AG* validiert. Dazu wird die Tinte mit dem neuen IR-Absorber zur Herstellung von Prüfkörpern verwendet und erstmals mittels der Druckköpfe aufgebracht. Anschließend werden die Bauteileigenschaften hinsichtlich der Zielgrößen untersucht und die Ergebnisse interpretiert.

Abschließend werden in **Kapitel 8** die Ergebnisse der Arbeit zusammengefasst sowie ein Ausblick über die notwendige maschinenseitige Weiterentwicklung des HSS-Prozesses gegeben.

2 Stand der Wissenschaft und Technik

Im folgenden Kapitel werden die allgemeinen Prozessabläufe der AM und des pulverbettbasierten Schmelzens von Kunststoffen (engl. powder bed fusion of polymers, PBF-P) vorgestellt. Anschließend werden die spezifischen Prozesszusammenhänge des PBF-P und insbesondere der Stand der Forschung im High Speed Sintering erläutert. Hierfür werden die physikalischen Grundlagen des Energieeintrags sowie der Emission und Absorption dargelegt.

2.1 Additive Fertigung

AM umfasst alle Fertigungsverfahren, bei denen Bauteile schichtweise aus einem formlosen Ausgangsmaterial (bspw. flüssig oder fest-pulverförmig) zusammengefügt werden. Die Form und der Zusammenhalt des Ausgangsmaterials wird durch Schmelzen, Aushärten, Kleben oder Sintern von Volumenelementen geschaffen. Beim AM entfallen produktspezifische Vorbereitungen oder subtraktive Fertigungsschritte für die Formherstellung aufgrund der direkten werkzeuglosen und automatisierten Fertigung aus den dreidimensionalen Konstruktionsdaten (CAD-Daten). [GEB13, S. 2, KUM18, S. 23]

Fertigungsverfahren werden im Allgemeinen nach der DIN 8580:2003 beschrieben und nach den Grundprinzipien der Fertigung in sechs Hauptgruppen unterteilt [DIN03, S. 3]. Eine ganzheitlich umfängliche Einordnung der AM hierin lässt sich nicht treffen, da die einzelnen AM-Verfahren auf verschiedenen Grundprinzipien basieren. Grundprinzipien wie das Schaffen einer Form (Hauptgruppe 1), das Beibehalten oder Vermehren des Zusammenhalts (Hauptgruppe 2, 4 – 5) oder die Veränderung der Stoffeigenschaften (Hauptgruppe 6) sind je nach AM-Verfahren zutreffend. Aufgrund der Materialzufuhr zum Bauteilentstehungsort oder Bindemechanismus bei der Bauteilentstehung können einzelne AM-Verfahren nicht eindeutig nach DIN 8580:2003 zugeordnet werden oder bestehen andererseits aus einer Kombination mehrerer Hauptgruppen [KUM18, S. 9]. Eine direktere Einordnung aller Fertigungsverfahren ist nach *Burns* anhand der Orientierung an der Erzeugung der Bauteilgeometrie möglich [BUR93]. Dabei werden die Fertigungsverfahren in drei Gruppen unterteilt. Bei subtraktiven Fertigungsverfahren entsteht die gewünschte Geometrie des Bauteils durch Abtragen (Subtrahieren) definierter Bereiche von einem Halbzeug. Formative Fertigungsverfahren erzeugen die gewünschte Geometrie des Bauteils durch Umformen eines Halbzeugs unter Beibehaltung des Volumens. Additive Fertigungsverfahren werden als separate Gruppe charakterisiert, bei denen die gewünschte Geometrie des Bauteils durch Zusammenfügen von Volumenelementen (sogenannte Voxel) entsteht. Diese Unterteilung wird ebenso in der DIN EN ISO/ASTM 52900:2022 aufgegriffen [DIN22].

Trotz der Vielzahl an AM-Verfahren weisen alle dieselben Prozessschritte in ihrer Prozesskette auf. Die Prozesskette beinhaltet aufeinanderfolgende Prozesse zur schrittweisen Fertigung eines Bauteils von einem Ausgangsmaterial zu einem Endzustand. *Kumke* identifizierte folgende sechs Prozessschritte: Erzeugung der CAD-Daten, Datenvorbereitung, Maschinenvorbereitung, Fertigungsprozess (eigentliche AM), Bauteilentnahme inklusive Nachbearbeitung und Nachbehandlung (Finishing). In der VDI 3405:2014 werden die Prozessschritte zusammengefasst und in drei wesentliche Prozesse unterteilt: Pre-Prozess, In-Prozess und Post-Prozess (siehe Abbildung 3) [VDI14, S. 6]. Die CAD-Datenerzeugung wird dabei als vorgelagerter Prozess angesehen. Im Pre-Prozess werden alle Prozessschritte beschrieben, die im Zusammenhang mit der Fertigung durch ein AM-Verfahren stehen. Dazu zählen die Datenvorbereitung bzw. Bereitstellung der Dateien in einem bestimmten Format, die Erzeugung der Zusatz- oder Hilfsgeometrien (Stützstrukturen), das Anordnen der Bauteile im Bauraum und die abschließende Schichtdatengenerierung (Slicing). Ebenfalls werden die prozessseitigen Vorbereitungen des Materials (bspw. Sieben oder Mischen) und der Maschine (bspw. Materialbefüllung oder Funktionsprüfungen der Maschinenkomponenten) beschrieben. Im In-Prozess findet der eigentliche AM-Prozess des schichtweisen Bauteilaufbaus statt. Dies schließt den iterativen Materialauftrag sowie das Zusammenfügen des Ausgangsmaterials ein. Des Weiteren werden hier der Abkühlvorgang und/oder das Entnehmen der Bauteile vorgenommen. Der Post-Prozess umfasst die fertigungsspezifischen Nachbearbeitungsprozesse des Bauteils, die nach der Entnahme außerhalb der Maschine durchgeführt werden. Diese Prozesse sind in der Regel zwingend erforderlich zur Erreichung der fertigungsspezifischen Bauteileigenschaften, wie bspw. die Entfernung an den Bauteilen anhaftendes loses Pulver beim PBF-P mittels Strahlen. Werden weitere Bauteilanforderung bspw. hinsichtlich Oberflächenqualität oder Form- und Maßhaltigkeit gestellt, werden diese nach der VDI-Richtlinie 3405 als nachgelagerte Prozesse bezeichnet. Darunter fallen subtraktive Bearbeitungsverfahren sowie Beschichtungsverfahren zur Veredlung des Bauteils. [VDI14, CHU17, KUM18, GIB21, VDI21]

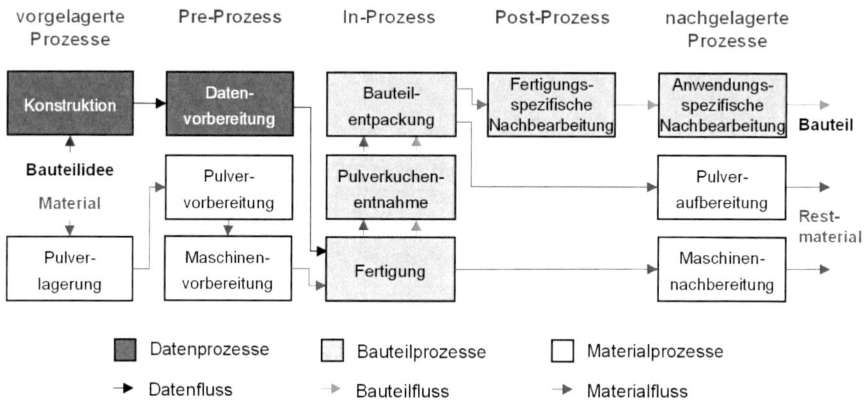

Abbildung 3: Prozesskette des pulverbettbasierten Schmelzens von Kunststoffen nach [VDI21]

2.2 Pulverbettbasiertes Schmelzen von Kunststoffen

Die PBF-Verfahren umfassen nach DIN EN ISO/ASTM 52900:2022 alle AM-Verfahren, die pulverförmige Ausgangsmaterialien beim schichtweisen Bauteilaufbau mittels elektromagnetischer Strahlung verbinden [DIN22, S. 8]. Nach deren physikalischen Wirkprinzip werden die PBF-Verfahren auch Sinter- oder Schmelzverfahren im Pulverbett bezeichnet [GEB13, S. 59, GIB21, S. 125]. Der Prozess erfolgt im Gegensatz zum konventionellen Sintern bei Umgebungsdruck [GEB13, S. 60]. Im Rahmen dieser Arbeit werden die Verfahren der PBF-P-Verfahren betrachtet.

Beim Sinterprozess werden eng gepackte, lose Pulverpartikel durch eine Wärmebehandlung bzw. einen Energieeintrag zu einem festen Körper verdichtet, wodurch es beim Auffüllen der Poren zu einer Schwindung kommt [GER96, S. 8, TEL07, S. 313]. Beim Sintern polymerer Pulverpartikel erfolgt dies durch die Koaleszenz der festen Partikel unter Bildung einer homogenen Schmelze [BEL98, S. 270]. Die Pulverpartikel folgen der Bestrebung, während des Energieeintrags deren Oberfläche zu minimieren, um den Zustand der geringsten freien Enthalpie zu erreichen [CAS13, S. 2]. Bei der Bildung der Schmelze kommt es daher zu einer Verringerung der Oberflächen- und Grenzflächenenergie [KAN05, S. 17]. Die Koaleszenz teilkristalliner polymerer Pulverpartikel wird oberhalb des Schmelzpunktes erreicht [BEL98, S. 270]. Beim Energieeintrag wird mit dem Überschreiten der Sinterschwelle[1] zunächst nur die äußere Hülle der Pulverpartikel aufgeschmolzen, wohingegen der Kern im festen Zustand verbleibt. Das geschmolzene Pulver bildet an den Kontaktstellen zwischen den Partikeln sogenannte Sinterhälse aus und fungiert dann als Bindemittel zwischen den Kernen. Mit zunehmendem Energieeintrag beginnt der Kern aufzuschmelzen [KRU07, S. 734]. In der Schmelze sind dabei höhere Diffusionsraten[2] und damit schnellere Sintervorgänge möglich. Mit einem teilweisen und vollständigen Aufschmelzen ist Flüssigphasensintern vorherrschend [GIB21, S. 130].

Der Sinterprozess in den PBF-P-Verfahren stellt spezifische Anforderungen an die Eigenschaften der eingesetzten Polymerpulver. Besonders hervorzuheben ist darunter das sogenannte Sinterfenster. Das Sinterfenster beschreibt einen metastabilen Temperaturbereich und ist durch zwei parallel vorliegende Phasen – fest und flüssig – gekennzeichnet. Dabei bilden die Onset-Schmelztemperatur $T_{m;onset}$ die obere Grenztemperatur und die Onset-Kristallisationstemperatur $T_{K;onset}$ die untere Grenze dieses Temperaturbereichs. In der Dynamischen Differenzkalorimetrie (DSC) kann das Sinterfenster sichtbar gemacht werden (siehe Abbildung 4). In den PBF-P-Verfahren wird das vorgeheizte Polymerpulver aufgetragen (1) und bis auf die Onset-Schmelztemperatur $T_{m;onset}$ unterhalb der Schmelztemperatur T_m aufgeheizt (2). Anschließend wird das Polymerpulver beim Energieeintrag über die Schmelztemperatur T_m erhitzt (3), sodass eine flüssige Phase entsteht. Die Polymerschmelze kühlt auf die Pulverbettoberflächentemperatur ab und verharrt durch die eingestellte Temperatur in der Maschine im Sinterfenster (4). Solange der Kristallisationspunkt T_K nicht unterschritten wird, koexistieren die Polymerschmelze und das umliegende feste, ungesinterte Polymerpulver bei gleicher Temperatur. Im Sinterfenster können sich Polymerpartikel der nächsten Schicht und mit in der Flüssigphase befindlichen darunterliegenden Schicht beim Sintern verbinden. Beim Materialauftrag gilt es, hohe Temperaturunterschiede zwischen der Schmelze und dem aufzutragenden Polymerpulver zu vermeiden, da ansonsten eine Kristallisation während des Prozesses eintritt. Die Folge ist eine ungewollte Schrumpfung, sodass Verzug und damit eine mangelnde Bauteilqualität auftritt oder im schlimmsten Fall der Prozess abgebrochen werden muss. [SCH15b, S. 79, GIB21, S. 125]

[1] Energieniveau an dem das Schmelzen der Partikel beginnt
[2] Thermisch geförderter Prozess, bei dem Moleküle an festen Materialoberflächen bewegt werden

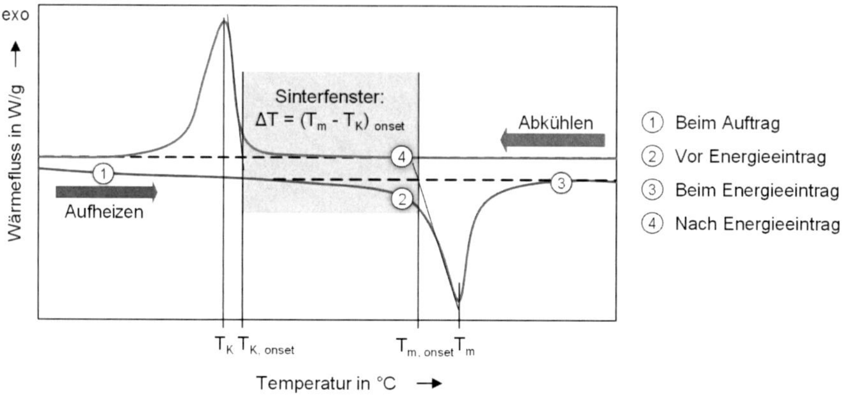

Abbildung 4: Schematische Darstellung des Sinterfensters nach [SCH15b, S. 79]

Die PBF-P-Verfahren besitzen mehrere grundlegende charakteristische Eigenschaften. Dazu gehören mehrere Wärme- bzw. Energiequellen zur Induzierung des Sinterprozesses. Daneben wird ein Steuerungsmechanismus zur Erreichung eines selektiven Energieeintrags sowie eine Mechanik zum Auftragen einer glatten Pulverschicht benötigt.

Der PBF-Prozess gliedert sich im Allgemeinen in drei Prozessphasen: Vorheizphase, Fertigungsphase sowie Abkühlphase. In der Vorheizphase wird die Bauplattform auf eine Temperatur zwischen dem Schmelzpunkt und der Glasübergangstemperatur (T_G)[3] erhöht. Zusätzlich halten über der Bauplattform positionierte Infrarot (IR)-Strahler (Overheadstrahler) die Temperatur isotherm während der Fertigungsphase. Das in den Vorratsbehältern oder dem Beschichter befindliche Polymerpulver wird über installierte Widerstandsheizsysteme vorgeheizt, um beschriebene Temperaturunterschiede zu vermeiden und gleichzeitig den benötigten Energieeintrag während der Fertigungsphase zu minimieren [GIB21, S. 125]. Die Fertigungsphase besteht aus drei Prozessschritten: dem Materialauftrag des Polymerpulvers, dem Energieeintrag und dem Materialverschmelzen (Koaleszenz) [CHA19, S. 70]. Das pulverförmige Ausgangsmaterial wird beim Materialauftrag mit einem Beschichter als Pulverschicht gleichmäßig auf eine Bauplattform aufgetragen. Während des Energieeintrags kommen für die Wärmeübertragung zum Aufschmelzen der Pulverpartikel eine oder mehrere Energiequellen zum Einsatz. Diese können punktuelle Laserquellen oder flächige IR-Strahler sein [GEB13, S. 59, CHA19, S. 69]. Zu Beginn und zum Ende der Fertigungsphase der Bauteile erfolgt der Auftrag von Leerschichten (Pulverschichten ohne Bauteile). Diese dienen als Wärmeisolationsschicht und sind notwendig für ein gleichmäßiges Abkühlen. In der abschließenden Abkühlphase wird das Pulverbett mit den darin enthaltenen Bauteilen (sogenannter Pulverkuchen) auf Raumtemperatur abgekühlt. Bei großen Bauvolumina muss der Pulverkuchen beim Abkühlen beheizt und die Temperatur schrittweise reduziert werden, um einen Bauteilverzug zu minimieren.

[3] Erweichungstemperatur, bei der ein Polymer von einem spröden energieelastischen Bereich (Glasbereich) in einen weichen, entropieelastischen Bereich (gummielastischen Bereich) wechselt

Ein Vorteil von PBF-P-Verfahren zu anderen kunststoffbasierten AM-Verfahren ist der selbststützende Effekt des Pulvers, sodass das aufgetragene und durch den Beschichtungsmechanismus verdichtete Pulver die nachfolgenden Schichten stützt. Deshalb werden unabhängig von der Bauteilgeometrie und -orientierung keine zusätzlichen Stützstrukturen benötigt. Das nicht verwendete und nicht thermisch belastete Pulver aus dem Fertigungsprozess (Altpulver) kann nach der Pulveraufbereitung (meist durch Sieben) durch Zumischen von ungebrauchtem Pulver (Neupulver) dem nächsten Prozess zugeführt werden.

2.2.1 Lasersintern

Im Jahr 1986 entwickelte *Carl Deckard* an der University of Texas (USA) das Lasersintern (LS) [DEC86, DEC88]. Auf Basis seines entsprechenden Patents [BOA89] wurden durch die Firma *DTM Corp.* 1992 erstmalig LS-Maschinen vertrieben. Die deutsche Firma *EOS GmbH* begann als europäischer Anbieter 1994 mit der Entwicklung und dem Vertrieb einer LS-Maschine.

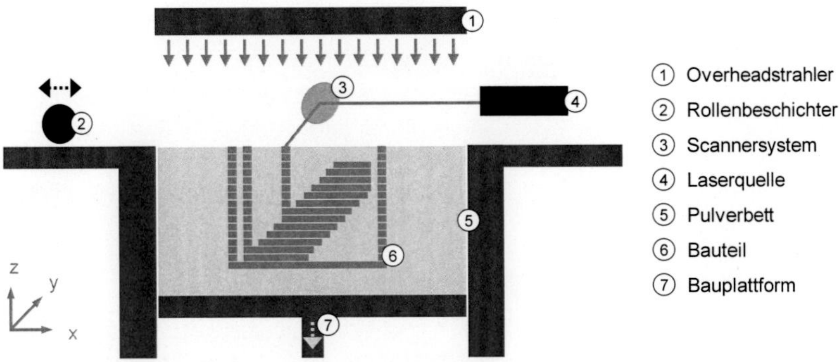

Abbildung 5: Schematische Darstellung des Lasersinter-Prozesses

Entsprechend der dargelegten allgemeinen PBF-P-Prozesse erfolgt das Vorheizen der LS-Maschine unter Inertgas, um die Alterungsmechanismen wie bspw. Oxidation des Polymerpulvers zu minimieren [BRE13, S. 30]. Das Polymerpulver wird mit einem rotierenden Rollen- oder einem Klingenbeschichtersystem aufgetragen und die Bauplattform nach jedem Materialauftrag durch einen Hubmechanismus um eine Schichtdicke abgesenkt. Die Schichtdicke beim Lasersintern liegen üblicherweise zwischen 0,06 und 0,18 mm [WEG15a, S. 6]. Mittels Overheadstrahler wird das Pulver auf die Prozesstemperatur erwärmt [SCH15b, S. 96]. Die Schichtinformation bzw. die Bauteilkonturen werden bei Erreichen eines stabilen Solltemperaturniveaus mittels fokussierter Laserenergie, welche exakt über die Ablenkspiegel eines Scannersystems positioniert und geführt wird, eingebracht (vgl. Abbildung 5). Das Ein- und Ausschalten des Lasers während dessen Führung lässt die Bauteilkonturen entstehen [SCH15a, S. 10]. Beim Lasersintern kommen verschiedene Arten von Laserquellen zum Einsatz. Industriell eingesetzte LS-Maschinen arbeiten mit kostenintensiven CO_2-Lasern, die mit einer Wellenlänge von 10.600 nm weißes Polymerpulver aufschmelzen. In den günstigeren LS-Maschinen werden Dioden-Laser mit einer Wellenlänge von 808 nm eingesetzt, wofür der Absorptionsbereich des Polymerpulvers durch eine Schwarzfärbung desselben modifiziert wird.

Die Bauteilqualität beim Lasersintern wird durch die Führung des Lasers - der Belichtungsstrategie - beeinflusst. Um eine möglichst scharfe Randkontur der Bauteile zu erreichen, wird zunächst die aufzuschmelzende Fläche des Bauteils umfahren, bevor die innere Fläche Linie für Linie als Schraffur (Hatching) abgefahren wird. Dabei sind die Laserleistung, die Scangeschwindigkeit und Dichte der Linien nebeneinander (Hatchabstand) einstellbare Maschinenparameter [BRE13, S. 49]. Charakteristisch für das LS ist, dass der Energieeintrag selektiv mit einer hohen Energiedichte[4] durch den fokussierten Punkt des Lasers bei einer kurzen Bestrahlungsdauer erfolgt.

2.2.2 High Speed Sintering

Das High Speed Sintering (HSS), als ein weiteres PBF-P-Verfahren, wurde im Jahr 2004 von *Neil Hopkinson* an der Loughborough University entwickelt [HOP04]. Im Jahr 2017 wurde durch das deutsche Unternehmen *voxeljet AG* erstmalig eine HSS-Maschine für industrielle Einsatzzwecke vorgestellt und wird seit dem vertrieben [VOX17].

Beim High Speed Sintering wird der selektive Energieeintrag durch die unterschiedlichen Absorptionseigenschaften an der Pulverbettoberfläche umgesetzt (siehe Kapitel 2.4.4). Dieser wird erzeugt, indem auf die zu verschmelzenden Bereiche eine Tinte mit IR-Absorbern[5] aufgebracht wird, die die flächige Strahlung der Energiequelle besser absorbiert als das unbedruckte Pulver (siehe Abbildung 6).

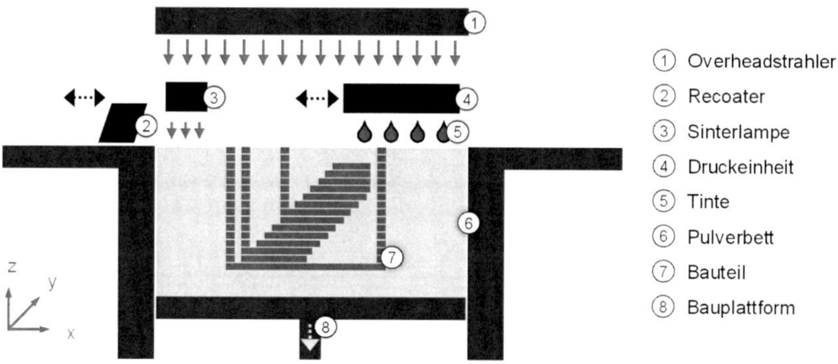

Abbildung 6: Schematische Darstellung des High Speed Sintering-Prozesses

Der Fertigungsprozess im High Speed Sintering beginnt mit dem Vorheizen der Maschine. Dabei erfolgt der Materialauftrag über einen befüllbaren Beschichter, der gleichzeitig für die Erwärmung des Materials zuständig ist. Dieses wird mittels einer Klinge abgezogen[6]. Über die Vibrationsstärke sowie die Temperatur des befüllbaren Beschichters lässt sich die Größe der

[4] Verhältnis der eingetragenen Energie zur Fläche oder zum Volumen des Polymerpulvers
[5] IR-Absorber sind mit dem Begriff strahlungsabsorbierendes Material (engl. radiation absorbing material, RAM) gleichzusetzen
[6] Der befüllbare Beschichter mit Klinge wird im weiteren Verlauf als Recoater bezeichnet

Pulverwalze[7] steuern [VOX15a]. Die Schichtdicke im High Speed Sintering liegen zwischen 0,08 und 0,10 mm [VOX19]. Im HSS-Verfahren ist im Gegensatz zum LS-Verfahren ein zusätzlicher IR-Absorber für Energieeintrag notwendig. Dieser wird in ein Trägermedium (anorganisch oder organisch) eindispergiert und als Tinte mit (Inkjet-)Druckköpfen auf die Pulverbettoberfläche aufgebracht. Als IR-Absorber werden bisher schwarze, nanoskalige Rußpartikel (engl. carbon black) verwendet [HOP04, S. 312]. Nach der Tintenaufbringung fährt die Sinterlampe (eingebauter IR-Strahler in der HSS-Maschine) über die Pulverbettoberfläche. Das Resultat ist ein selektives Verschmelzen des mit Tinte bedruckten und dadurch schwarz eingefärbten Polymerpulvers und der darunterliegenden Bauteilschichten durch die bessere Absorption von IR-Strahlung als das weiße Polymerpulver. Neben dem Verschmelzen der bedruckten Bereiche wird ebenfalls Energie in das Polymerpulver eingetragen (siehe Abbildung 7).

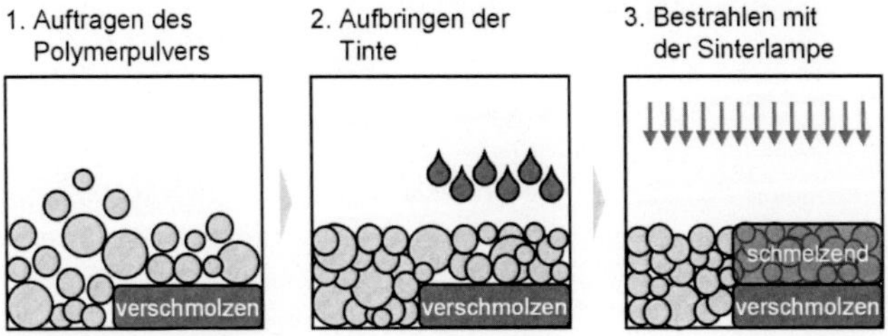

Abbildung 7: Prozessablauf des High Speed Sintering

Im High Speed Sintering ist für den Fertigungsprozess keine Inertisierung notwendig, da durch eine vergleichsweise lange und flächige Bestrahlung mit einem IR-Strahler der Energieeintrag schonender[8] erfolgt und die Bauteilqualität nicht beeinflusst [ELL17]. Dies ermöglicht Potentiale hinsichtlich des Einsatzes neuer Materialien, die in Kapitel 2.3.1 beschrieben werden. Die Sinterlampenleistung, Sinterlampengeschwindigkeit und die Tintenaufbringungsmenge sind einstellbare Maschinenparameter, vergleichbar zu den genannten des LS. Im Gegensatz dazu wird der Energieeintrag und die Bauteileigenschaften auch durch die Tinte beeinflusst. Die Sinterlampe bietet zusätzlich die Möglichkeit, direkt nach dem Materialauftrag und damit vor der Tintenaufbringung Energie in die Pulverbettoberfläche einzutragen (Pre-Sinterlampe). Bei Leerschichten wird der Prozessablauf angewendet, dass sowohl die Druckeinheit über das Pulverbett fährt (ohne Tintenaufbringung) sowie die eingeschaltete Sinterlampe mit den eingestellten Prozessparametern. Die Sinterlampe befindet sich in der HSS-Maschine auf derselben Verfahreinheit wie der Recoater. [VOX19]

2.2.3 Multi Jet Fusion

Das Multi Jet Fusion (MJF)-Verfahren ist eng verwandt mit dem HSS-Verfahren und wird deshalb in der Taxonomie diesem zugeordnet [DIN22]. Im Gegensatz zum High Speed Sintering werden im Multi Jet Fusion zwei Tinten verwendet (siehe Abbildung 8). Das MJF-Verfahren

[7] Rotierendes loses Polymerpulver, das vor dem Beschichter während des Materialauftrags bewegt wird

[8] Ein langer, niedriger Energieeintrag eines IR-Strahlers gegenüber eines kurzen, hohen Energieeintrags eines Lasers und vermeidet die einhergehende thermische Belastungsspitze, somit ist der Energieeintrag dem Material gegenüber schonend [HOP17, S. 656]

wurde im Jahr 2016 vom Unternehmen *Hewlett Packard* erstmalig kommerziell vertrieben [HEW17, CHU17, S. 185].

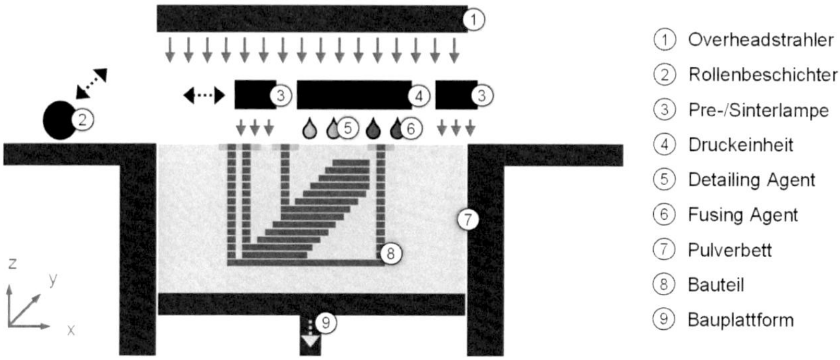

Abbildung 8: Schematische Darstellung des Multi Jet Fusion Prozesses

Nach der Vorheizphase wird das vorgeheizte Polymerpulver mit einem Rollenbeschichter mit einer Schichtdicke von 0,1 mm aufgetragen. Beim MJF-Verfahren werden zwei IR-Strahler und die Druckeinheit zu einer Sintereinheit kombiniert und befinden sich auf derselben Verfahreinheit. Der vorgeschaltete IR-Strahler dient dabei der Erwärmung der Pulverbettoberfläche vor der Tintenaufbringung (siehe Abbildung 8). Anschließend bringt die Druckeinheit dort Tinte auf, wo die Pulverpartikel miteinander verschmelzen sollen. Um eine hohe Form- und Maßhaltigkeit zu erzielen, wird an den Flächen um das Bauteil der sogenannte Detailing Agent aufgebracht. Durch den Detailing Agent, eine Tinte ohne IR-Absorber, wird aufgrund der abgeführten Energie bei dessen Verdunstung ein lokaler Kühleffekt erzeugt [SCH20a, S. 1.206]. Die Aufbringung des Detailing Agent wird entsprechend der Geometrien der Bauteile und des damit verbundenen Energieeintrags vorgenommen [HEW17]. Der nachgeschaltete IR-Strahler wird mit einer hohen Leistung betrieben und versintert selektiv die bedruckten Pulverpartikel. Analog zum HSS-Prozess erfolgt der MJF-Prozess ohne Inertisierung. [HEW22]

Im Gegensatz zum High Speed Sintering wird das Material in Y-Richtung und somit quer zur Druckrichtung/Versinterungsachse aufgetragen. Gleichzeitig sind baugleiche Sinterlampen vor und nach der Druckeinheit angeordnet. Die MJF-Maschine besitzt dadurch die Möglichkeit, den Materialauftrag und die Tintenaufbringung mit der Versinterung der Pulverpartikel in beide Fahrtrichtungen durchzuführen. Der Standardprozessablauf sieht dabei vor, dass nach dem Materialauftrag die Sintereinheit zur Erwärmung der Pulverbettoberfläche in eine Richtung aufheizt und in die andere Richtung die Tinte aufbringt sowie versintert. Dieser Standardprozessablauf bedingt gute mechanische Eigenschaften. Für einen zeitoptimierten Prozessablauf wird nach dem Materialauftrag in eine Richtung die Tinte aufgebracht sowie versintert und nach erneutem Materialauftrag in die andere Richtung ebenfalls Tinte aufgebracht sowie versintert. Je nach gewünschten Optimierungskriterium kann ein Prozessablauf gewählt werden. [HEW22] Durch die geschlossene Maschinensteuerung und -architektur ist eine Einstellung einzelner Parameter, wie Sinterlampenleistung, Sinterlampengeschwindigkeit oder Tintenaufbringungsmenge, nicht möglich.

2.2.4 Selective Absorption Fusion

Das Selective Absorption Fusion (SAF)-Verfahren ist vergleichbar mit dem HSS-Verfahren. Bei der Fertigung der Bauteile absorbiert ebenfalls der IR-Absorber einer Tinte die IR-Strahlung der Sinterlampe (vgl. Abbildung 9). Das Selective Absorption Fusion wurde im Jahr 2021 vom Unternehmen *Stratasys* vorgestellt und wird seither von diesem vertrieben [STR21b].

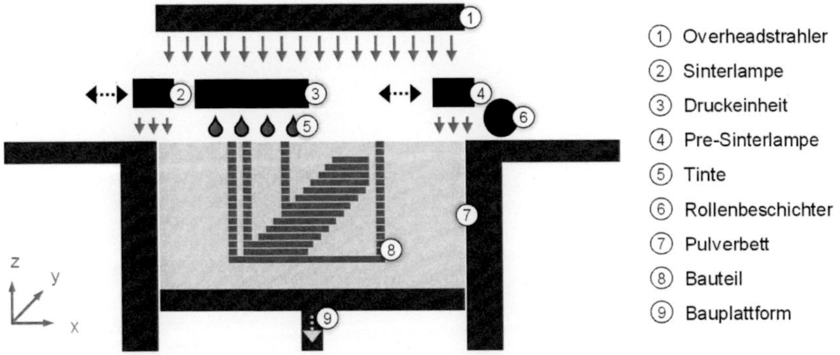

Abbildung 9: Schematische Darstellung des Selective Absorption Fusion Prozesses

Der Prozessablauf des SAF-Verfahrens wird mit der Vorheizphase und dem anschließenden Auftrag von Leerschichten gestartet. Beim Materialauftrag mit einer Schichtdicke von 0,1 mm wird mit einer großen Pulverwalze (engl. Big Wave) gearbeitet, um eine geringe Materialerwärmung des Pulvers über die Zeit des Materialauftrags zu gewährleisten [STR21a]. Die nachgeschaltete Pre-Sinterlampe, die sich auf derselben Verfahreinheit wie der Rollenbeschichter befindet, wärmt direkt nach dem Materialauftrag die Pulverbettoberfläche vor. Anschließend erfolgt mit der zweiten Verfahreinheit die Aufbringung des sogenannten High Absorbing Fluids und die Versinterung der bedruckten Bereiche mit einer weiteren Sinterlampe.

Aufgrund der Neuheit des Verfahrens gibt es noch keine umfangreichen Erkenntnisse über das Selective Absorbtion Fusion aus der Anwendung und es wird im Rahmen dieser Arbeit nicht weiter einbezogen.

2.2.5 Weitere Verfahren

Neben den bereits beschrieben Verfahren des PBF-P (LS, HSS, MJF, SAF) existieren noch weitere Ansätze, Polymerpartikel über einen selektiven Energieeintrag zu versintern. Bspw. werden beim Selective Inhibition of Sintering (SIS) die Bereiche, in denen kein Aufschmelzen stattfinden soll, mit einer die Energieaufnahme hemmenden Flüssigkeit bedruckt [KHO03, S. 30, WIM06, S. 791]. Beim Selective Mask Sintering (SMS) erfolgt das Verschmelzen der Pulverpartikel mittels IR-Strahler durch eine Maske hindurch, die zuvor auf eine Glasplatte aufgebracht wurde [GEB13, S. 210]. Beim Selective Heat Sintering (SHS) werden die Pulverpartikel mittels eines Thermodruckkopfs und Schichtheizungen verschmolzen [BAU15]. Im Large Area Projection Sintering (LAPS) wird mittels eines Projektors, der sichtbares Licht mit einer hohen Intensität emittiert, die gewünscht Form auf die Pulverbettoberfläche projiziert. Ähnlich wie bei HSS sind hier lange Belichtungszeiten des Pulvers gegeben [CRA18a, S. 24, CRA18b, S. 801, ZIA19, S. 2]. Diese Verfahren werden aufgrund der geringen Relevanz in der industriellen Anwendung in dieser Arbeit nicht weiter behandelt.

2.3 Spezifizierung des High Speed Sinterings

Die Ausführungen in Kapitel 2.2 zeigen, dass die PBF-P-Verfahren eine Vielzahl von Gemeinsamkeiten besitzen und bei deren Erforschung Erkenntnisse aus verwandten Verfahren herangezogen werden können. Im Rahmen dieser Arbeit wird der Fokus auf das High Speed Sintering gelegt und zunächst dessen Verfahrensgrundlagen genauer erläutert [HOP04].

2.3.1 Potentiale

Durch die Veränderung des Maschinenaufbaus und der Komponenten ergeben sich beim High Speed Sintering neue Potentiale im Vergleich zu den bisher primär eingesetzten LS-Verfahren mit einem CO_2-Laser des PBF-P hinsichtlich der Maschine, des Materials und der Produkte:

Maschine

Besonders hervorzuheben im High Speed Sintering ist das Potential, die Fertigungszeit im PBF zu reduzieren. Bei der Anwendung des Lasersinterns zur Herstellung von Kunststoffbauteilen muss ein Laser jeden Punkt der zu versinternden Fläche, Linie für Linie abscannen zum Verschmelzen der Pulverpartikel. Mit steigendem Füllgrad des Baujobs[9] und somit der zu versinternden Bauteiloberfläche steigt die Fertigungszeit pro Schicht an. Beim High Speed Sintering hingegen wird durch den Ansatz der einmaligen Überfahrt der Druckeinheit und anschließend der Sinterlampe unabhängig von Anzahl, Größe und Form der zu fertigenden Bauteile, mit einer konstanten Schichtzeit[10] gefertigt. Mit dem Ziel eines hohen Füllgrads eines Baujobs führt das High Speed Sintering zu einer Reduktion der Fertigungszeit. Diese unabhängige Fertigungszeit pro Schicht ermöglicht eine wirtschaftliche Skalierbarkeit des High Speed Sinterings für größere und großvolumigere Bauteile. [MAJ07, S. 104, MAJ08a, S. 156, HOP17, S. 651, NOR18, S. 17] Ein weiteres Potential besteht darin, dass der Fertigungsprozess unter sauerstoffreicher Atmosphäre möglich ist. Unter typisch verwendeten LS-Parametern beträgt die Bestrahlungsdauer der Partikel etwa 0,01 ms [VAS12, S. 60]. Demgegenüber steht eine Bestrahlungsdauer von mehr als 1 s im HSS-Prozess [HOP17, S. 656]. Die Vermeidung eines kurzen, hohen Energieeintrags durch einen Laser und der damit einhergehenden thermischen Belastungsspitze, führt zu einer Risikoreduktion der thermischen Degradierung (Zersetzung) des Polymers. Dadurch wird die Inertisierung der Maschine obsolet [HOP17, S. 657]

Material

Die Veränderung der Bestrahlungsdauer im HSS-Prozess ermöglicht die Verarbeitung weiterer Materialien im PBF-P. Das Sintern von Polymerpartikeln ist ein zeitabhängiger Mechanismus. Durch einen länger andauernden Energieeintrag eines IR-Strahlers können in PBF-P-Verfahren

[9] Mit Bauteilen gefüllter Bauraum einer AM-Maschine eines Fertigungsauftrags
[10] Fertigungszeit, die eine Schicht bis zur Versinterung aller Bauteilflächen benötigt

bisher nicht verarbeitbare langkettige Polymere mit höheren Viskositäten verarbeitet werden. Dazu gehören bspw. thermoplastische Elastomere (TPE) oder Ultrahochmolekulares Polyethylen (UHMWPE)[11]. Zudem bietet sich mit dem Aufbringen einer Tinte im High Speed Sintering die Möglichkeit, die Eigenschaften des Ausgangsmaterial zu beeinflussen. Mit der Tinte können Partikel oder Flüssigkeiten, die die elektrischen Eigenschaften, die tribologischen Eigenschaften oder das Alterungsverhalten der Polymere beeinflussen, eingebracht werden (siehe Kapitel 2.3.4).

Produkt

Die Bauteileigenschaften können in Abhängigkeit des Energieeintrags (siehe Kapitel 2.3.2) durch die Variation der Tintenaufbringungsmenge im High Speed Sintering verändert und eingestellt werden. Dadurch entsteht eine unterschiedlich starke Ausbildung der Schmelze. Das Ergebnis sind verschiedene Strukturen des Materials im Bauteil (Bauteilstrukturen, siehe Kapitel 2.4.3) und somit Bauteilhärten. Durch eine ortsabhängige Tintenaufbringung kann ein Härteverlauf eingestellt werden, wodurch ein Bauteil mit gradierten Eigenschaften gefertigt werden kann [KEM21]. Eine weitere potentielle Produktinnovation kann mittels einer zweiten Tinte erzielt werden. Zusammen mit der rußhaltigen Tinte für den Energieeintrag wird dann bspw. eine silberpartikelhaltige Tinte für eine elektrische Leiterbahnfertigung aufgebracht. Dies ermöglicht die Fertigung von innen- oder außenliegenden integrierten Elektronikkomponenten in einem Bauteil [WIT19]. Ein weiterer Ansatz stellt eine Tinte mit Nickel-Zink-Ferrit-Partikeln für die Implementierungsmöglichkeit magnetischer Eigenschaften dar [CAN21].

2.3.2 Einflussgrößen

Die Bauteilqualität in den PBF-P-Prozessen zur Verarbeitung eines Materials wird durch die gewählten Prozessparameter des Energieeintrags bestimmt [WIL98, S. 91]. Zunächst wird die HSS-Maschine für die Dauer von etwa einer Stunde auf Prozesstemperatur vorgeheizt, bevor mit dem Auftrag der Leerschichten und dem anschließenden Sinterprozess begonnen wird (siehe Abbildung 10). Während der Vorheizphase wird das Kunststoffpulver noch nicht mit Temperatur beaufschlagt, sondern erst während des Materialauftrags durch den Recoater im Sinterprozess (siehe Prozesstemperatur). Die Abkühlphase beginnt nach dem Auftrag der Deckschichten. Während des Deckschichtauftrags wird schrittweise die Temperatur der Bauraumwände und die Leistung der Overheadstrahler reduziert.

Abbildung 10: Energetischer Verfahrensablauf des High Speed Sintering Prozesses

Das High Speed Sintering und das Lasersintern unterscheiden sich hinsichtlich des selektiven Energieeintrags im Sinterprozess. Dennoch können in Anlehnung an die Forschungsergebnisse für den Energieeintrag durch einen Laser im Lasersintern Rückschlüsse auf den Energieeintrag

[11] Untersuchungen zeigen, dass im Lasersintern UHMWPE bisher nicht mit einer ausreichenden Bauteilqualität verarbeitet werden kann [KHA16; WEN22].

durch die Kombination der infrarotstrahlungsabsorbierenden Tinte und der Sinterlampe gezogen werden. Der Energieeintrag wird maßgeblich durch die Energiedichte bestimmt, die durch die Intensität und die Dauer der eingetragenen Energie pro Volumeneinheit definiert ist. In Abbildung 11 wird aufgezeigt, wie sich die Pre-Sinterlampenleistung, die Sinterlampenleistung, der Sinterlampenabstand, die Sinterlampenart und die Graustufe (Tintenaufbringungsmenge) auf die Intensität des Energieeintrags auswirken. Die Geschwindigkeiten der Pre-Sinterlampe und der Sinterlampe bestimmen die Dauer des Energieeintrags. Mit der Schichtdicke wird das Volumen definiert, auf das der Energieeintrag angewendet wird. Die gesamte eingebrachte Energie kann durch das Energieniveau[12], das durch die Prozesstemperatur vorgegeben ist, und die Energiedichte beschrieben werden. Die Energiedichte ist zudem vergleichbar mit der des Lasersinterns, was im Rahmen dieser Arbeit genauer dargelegt wird. Datenseitige Einstellungen, wie bspw. die Schichtdicke, werden in der Baujobvorbereitung definiert. Nachfolgend werden in Abbildung 11 die dunkelgrau markierten Einflussgrößen des High Speed Sinterings detailliert beschrieben und um den Einfluss der Entnahmetemperatur aus der HSS-Maschine in der Abkühlphase ergänzt.

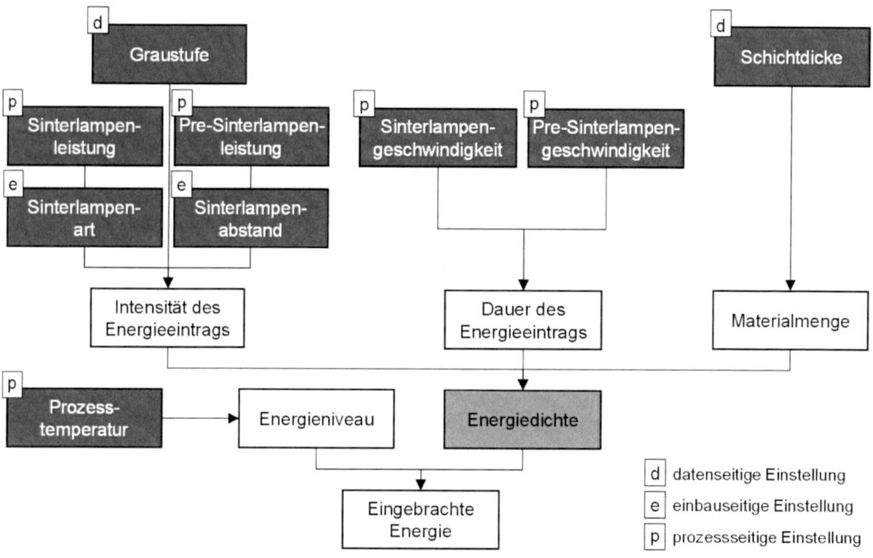

Abbildung 11: Einfluss der Prozessparameter auf die Energiedichte

Prozesstemperatur

Die Prozesstemperatur und somit das Energieniveau der Pulverbettoberfläche wird durch die keramischen IR-Strahler eingestellt, die oberhalb der Pulverbetts angeordnet sind. Diese sogenannten Overheadstrahler erwärmen das Polymerpulver nach dem Auftrag durch den Recoater auf die Prozesstemperatur und sorgen somit für eine konstante und homogene Tempera-

[12] Vorhandende Energie oder Energieeigenzustand in einem thermodynamischen System

turverteilung im Bauraum. Die eingestellte Prozesstemperatur ist materialabhängig und liegt unterhalb des Schmelzpunktes T_m und stets oberhalb der Kristallisationstemperatur T_K des Polymers (siehe Abbildung 4). Bei einer zu niedrig gewählten Prozesstemperatur kann es nach dem Materialauftrag durch den Recoater zu Curling[13] und somit zu einem Bauteilverzug kommen. Dadurch weicht die Form- und Maßhaltigkeit von den CAD-Daten ab. Deshalb ist bei der Wahl der Prozesstemperatur darauf zu achten, dass diese so eingestellt ist, dass es bei der eingestellten Recoatertemperatur (entspricht der Vorheiztemperatur) und damit der Temperatur des Materials beim Auftrag nicht zu einem Abfall der Temperatur unter die Kristallisationstemperatur am zu fertigenden Bauteil kommt. [SCH15b, ELL17]

Eine höhere als die materialabhängige kleinstmögliche Prozesstemperatur führt bei gleichbleibender Sinterlampenleistung zu einer Steigerung der mechanischen Eigenschaften. Gleichzeitig kann im Pulverkuchen ein Überschreiten der Sinterschwelle eintreten, wodurch Sinterhälse zwischen den Pulverpartikeln ausgebildet werden und dieser dadurch erhärtet. Dadurch wird die Menge des rückführbaren Pulvers nach dem Siebvorgang geringer und die Materialqualität nimmt durch temperaturbedingte Materialdegradierung ab. Damit verringert sich die Wiederverwendbarkeit des Materials. Mit steigender Temperatur an den Bauteiloberflächen während des Fertigungsprozesses nehmen auch die Pulveranhaftungen am Bauteil zu und Entfernbarkeit dieser mittels Strahlen ab [THO06, MAJ07, FOX18]. Bei *Norazman* wurden die maximalen mechanischen Eigenschaften der Bauteile bei der höchsten eingestellten Prozesstemperatur erreicht. Mit der Prozesstemperatur nahe des Schmelzpunktes T_m wurde aufgrund des hohen vorherrschenden Energieniveaus ein vollständiges Aufschmelzen erreicht [NOR14]. Durch die Begünstigung eines vollständigen Aufschmelzens bei einer höheren Prozesstemperatur sinkt zudem die Oberflächenrauheit. Bei weiterer Erhöhung der Prozesstemperatur steigt die Oberflächenrauheit wieder an, da umliegendes Pulver oder aufgebrachte Pulverschichten stärker an der Bauteiloberfläche anhaften [BRO18].

Sinterlampenleistung

Die sogenannte Sinterlampenleistung ist der eingestellte Leistungsgrad des IR-Strahlers durch den Phasenanschnitt und kann zwischen 0 und 100 % variiert werden. Die Leistung des IR-Strahlers wiederum ist definiert durch das Modell (siehe Einflussgröße Sinterlampenart). Im High Speed Sintering hat die Wahl des IR-Strahlers damit einen direkten Einfluss auf die Intensität des Energieeintrags.

Anhand des Polymers Polyamid 12 (PA12) wurde in verschiedenen Forschungsarbeiten der Einfluss der Sinterlampenleistung auf die Bauteileigenschaften untersucht. *Thomas et al.* wiesen durch eine Erhöhung der Sinterlampenleistung bei gleichbleibender Prozesstemperatur eine Erhöhung der Pulverkuchenhärte nach [THO06]. *Majewski et al.* konnten durch eine Erhöhung der Sinterlampenleistung verbesserte Kennwerte für die mechanischen Eigenschaften Zugfestigkeit, E-Modul und Bruchdehnung erreichen [MAJ07, MAJ08a]. *Rouholamin et al.* konnten den Einfluss der Sinterlampenleistung auf die mechanischen Bauteileigenschaften mittels Mikrocomputertomographie (Mikro-CT)-Aufnahmen nachweisen [ROU16]. Mit zunehmender Sinterlampenleistung stieg die Bauteildichte, bis sich ein stabiles Plateau ausbildete. Gegenläu-

[13] Hochziehen der Bauteilaußenkontur

fig sanken die Porosität und die Porengröße der Bauteile. Der E-Modul und die Bruchdehnung konnten im untersuchten Bereich ein Optimum ausbilden und sanken hin zur maximalen Sinterlampenleistung wieder ab. Daraus lässt sich schließen, dass bei einer zu hohen Intensität des Energieeintrags, die mechanischen Eigenschaften abnehmen [ROU16]. Eine höhere Sinterlampenleistung resultiert zudem in einer Verbesserung der Oberflächenrauheit [ZHU20a].

Sinterlampengeschwindigkeit

Die Geschwindigkeit, mit der die Sinterlampe über die Pulverbettoberfläche fährt, bestimmt die Dauer des Energieeintrags. Bei einer niedrigeren Geschwindigkeit werden die Pulverpartikel länger bestrahlt und haben somit ein größeres Zeitfenster für die Koaleszenz. *Norazman et al.* untersuchten neben dem Einfluss der Prozesstemperatur auch den Einfluss der Sinterlampengeschwindigkeit [NOR14]. Bei einer niedrigeren Prozesstemperatur konnte eine Steigerung der mechanischen Eigenschaften Zugfestigkeit, E-Modul und Bruchdehnung durch eine Verringerung der Sinterlampengeschwindigkeit erreicht werden. Eine höhere Prozesstemperatur reduzierte diesen Einfluss. Mit der niedrigeren Sinterlampengeschwindigkeit konnte zudem die Oberflächenrauheit reduziert werden [BRO18, ZHU20a]. In der Arbeit von *Fox* konnte hin zu einer niedrigeren Sinterlampengeschwindigkeit eine erhöhte Schrumpfung, eine im Verlauf später einsetzende abnehmende Bauteildichte sowie eine Verschlechterung der mechanischen Eigenschaften festgestellt werden [FOX18, S. 52]. Dies deutet auf einen zu hohen Energieeintrag durch eine zu geringe Sinterlampengeschwindigkeit hin. Daraus lässt sich ein direkter Zusammenhang zwischen der Sinterlampenleistung und der Sinterlampengeschwindigkeit ableiten.

Sinterlampenart

Die Sinterlampenart wird durch das eingebaute IR-Strahlermodell bestimmt. Typische Kennwerte der IR-Strahlermodelle sind bspw. die Nennleistung (1 - 3 kW), Heizfadentemperatur (3.000 - 3.200 °C), Reflektorbeschichtung (Keramik- oder Goldbeschichtung) und Geometrie (Länge, Ein- oder Doppelstrahler) [NOR18, VOX19, ZHU20a]. Die Reflektorbeschichtung besitzt einen Einfluss auf die emittierte Sinterlampenleistung. Bei gleicher Nennleistung des IR-Strahlers konnte Gold nicht den Energieeintrag der keramischen Beschichtung erreichen und führte zu geringeren mechanischen Eigenschaften [NOR16, NOR18].

Sinterlampenabstand

Der Sinterlampenabstand gibt die Entfernung zur Pulverbettoberfläche an und hat Einfluss auf die Bauteileigenschaften [THO10, S. 116, HOP04, S. 315]. Mit zunehmendem Abstand nimmt die Intensität des IR-Strahlers in der Sinterlampe und somit des Energieeintrags ab. Bei *Norazman* wird dieser Zusammenhang in dessen Energiedichtemodell berücksichtigt (siehe Kapitel 2.4.2) [NOR18, S. 142]. Der Sinterlampenabstand wird durch den Einbau in der HSS-Maschine bestimmt.

Pre-Sinterlampenleistung

Die Pulverbettoberfläche kann zusätzlich direkt nach dem Materialauftrag durch ein Zuschalten der am Recoater befindlichen Sinterlampe aufgeheizt werden. Die Pre-Sinterlampenleistung bestimmt die Intensität des Energieeintrags der zum Vorwärmen (engl. preheat) benutzten Sinterlampe. Dadurch können Temperaturdifferenzen direkt nach dem Auftrag des Polymerpulvers im Bereich der darunterliegenden bedruckten Fläche zur Vermeidung von Curling reduziert werden. Des Weiteren kann bei nicht ausreichender Sinterlampenleistung die Pre-Sinterlampe den Energieeintrag erhöhen.

Durch den Einsatz der Pre-Sinterlampe konnten bei *Fox* Materialien verwendet werden, die aufgrund starker Kristallisationsvorgänge oder engerer Sinterfenster zu Curling-Effekten neigen [FOX18]. Eine Erhöhung der Pre-Sinterlampenleistung führte zu keiner nennenswerten Verbesserung der mechanischen Bauteileigenschaften. Bei zu hoher Leistung der Pre-Sinterlampe konnte ein Anstieg der Schrumpfung festgestellt werden.

Pre-Sinterlampengeschwindigkeit

Die Sinterlampe und der Recoater sind bei den HSS-Maschinen auf einer Verfahrachse angeordnet. Beim Materialauftrag befindet sich die Sinterlampe hinter dem Recoater (siehe Abbildung 6). Deshalb wird die Pre-Sinterlampengeschwindigkeit von der Geschwindigkeit beim Materialauftrag bestimmt. Daher kann die Pre-Sinterlampengeschwindigkeit nicht unabhängig von einer anderen Größe verändert werden.

Graustufe

Die Graustufe (GS) definiert die Menge an Tinte, die mittels der Druckköpfe auf die Pulverbettoberfläche aufgebracht wird. Aus der Graustufe lässt sich die Druckintensität, also die Tintenaufbringungsmenge pro Fläche bestimmen. Die Anzahl der Graustufen ist abhängig vom verwendeten Druckkopf. Je höher die Graustufe gewählt wird, desto mehr Tinte und somit mehr IR-Absorber wird aufgebracht. Eine höhere Graustufe führt bei der Überfahrt der Sinterlampe zu einer stärkeren Absorption der IR-Strahlung und damit zu einem höheren Energieeintrag in den zu versinternden Bereichen.

In der Entwicklung des HSS-Verfahrens führte eine Erhöhung der IR-Absorbermenge zu einer Steigerung der Geschwindigkeit des Sinterprozesses für PA12 [HOP04, S. 316]. Die Entwicklung einer Absorptionsmetrik für das High Speed Sintering von *Thomas* untersuchte den Einfluss eines ölbasierenden Trägermediums, des IR-Absorbers Ruß und eines nicht-kohlenstoffbasierten IR-Absorbers. Das Trägermedium und der nicht benannte IR-Absorber konnten nicht die mechanischen Kennwerte der rußhaltigen Tinte erreichen [THO10]. *Fox* verarbeitete im High Speed Sintering rußhaltige Tinten von verschiedenen Herstellern. Die mechanischen Eigenschaften Zugfestigkeit, E-Modul und Bruchdehnung zeigten keine nennenswerten Unterschiede [FOX15].

In den Untersuchungen von *Ellis* und *Noble* wurde der Einfluss der Tintenaufbringungsmenge dargelegt [NOB14, ELL14b]. Mit zunehmender Druckintensität konnte eine Steigerung der mechanischen Eigenschaften erreicht werden, jedoch nahmen diese nach Überschreiten eines Optimums wieder ab. Aufgrund des kühlenden Effekts bei der Verdunstung des Trägermediums wird vermutet, dass es bei einer höheren Tintenaufbringungsmenge ein Rückgang der gesamten Energiedichte eintritt und damit eine Verschlechterung der mechanischen Eigenschaften. *Zhu* stellte mit steigender Druckintensität fest, dass die dadurch gesteigerte Energieeintrag im Bauteil zu einer verbesserten Oberflächengüte führte [ZHU20a].

Der Einfluss der Graustufe wurde mit den Materialien Thermoplastisches Elastomer (TPE), Polypropylen (PP) und Polymethylmethacrylat (PMMA) untersucht [ELL15, FOX18, BHA20]. Je nach Material sind unterschiedliche Druckintensitäten in Abstimmung mit der Sinterlampenleistung und -geschwindigkeit zu bestimmen, um die maximalen mechanischen Eigenschaften zu erreichen.

Schichtdicke

Die Schichtdicke gibt die Höhe der in einer Überfahrt des Recoaters aufgetragenen Pulverschicht an. Damit bestimmt die Schichtdicke die Menge an aufgetragenem Pulver, die Auflösung der Bauteile sowie die Fertigungszeit des Baujobs. Eine geringere Schichtdicke bedeutet, dass bei gleicher Bauhöhe mehr Schichten notwendig sind und deshalb die Fertigungszeit höher ist. Mit zunehmender Schichtanzahl bei gleicher Bauhöhe erhöht sich die Auflösung der zu fertigenden Bauteile. Dies führt aufgrund der Reduktion des Treppenstufeneffekts zu besseren Oberflächengüten und gleichzeitig zu geringeren Abweichungen der Form- und Maßhaltigkeit. Die gewählte Schichtdicke ist daher ein Kompromiss zwischen Wirtschaftlichkeit und Bauteilqualität [GEB13].

Die minimale Schichtdicke wird durch die Materialeigenschaften des eingesetzten Polymerpulvers begrenzt. Für eine glatte Pulverschicht mit gleichmäßiger Schichtdicke, sind die maximalen Partikeldurchmesser, die Rieselfähigkeit und die Schüttdichte erhebliche Einflussfaktoren auf die Verarbeitbarkeit in den PBF-Verfahren. Diese Einflussfaktoren beeinflussen die Bauteildichte, die mechanischen Eigenschaften sowie die Form- und Maßhaltigkeit des zu fertigenden Bauteils [RIE11, S. 20]. Die maximale Schichtdicke geht mit der Sintertiefe[14] der verwendeten Energiequelle einher. *Majewski et al.* beschrieb mit zunehmender Sinterlampenleistung eine Verringerung der Sintertiefe, woraus sich im High Speed Sintering eine Sintertiefe von etwa 200 µm ergibt [MAJ08a].

Weiterhin besitzt die Schichtdicke zusammen mit dem Energieeintrag einen maßgeblichen Einfluss auf die Bauteildichte und die mechanischen Eigenschaften der zu fertigenden Bauteile. Bei einer Erhöhung der Schichtdicke muss mehr Pulver aufgeschmolzen werden, was unter gleichbleibendem Energieeintrag zu einer Reduktion der mechanischen Eigenschaften führt. Grund dafür ist, dass die eingebrachte Energie nicht ausreicht, damit das Pulver ausreichend mit der bisherigen Schicht versintern kann [RÜS14, SCH15b]. Eine Senkung der Schichtdicke bei gleichbleibendem Energieeintrag führt hingegen zu einer Erhöhung der Energiedichte und somit zu einer Begünstigung des Aufschmelzvorgangs, einer Reduktion der Porosität sowie einer Verbesserung der Schichtanbindung zum darunterliegenden Bauteil [WEG15b, S. 22].

Entnahmetemperatur

Das Pulver wird, wie bereits in Kapitel 2.2 beschrieben, während des gesamten Fertigungsprozesses auf einer Temperatur unterhalb der Schmelztemperatur gehalten, wodurch nach dem Energieeintrag die bedruckten Bereiche im schmelzeförmigen Zustand ohne zu kristallisieren verbleiben (siehe Abbildung 4). Nach dem Auftrag aller Schichten und somit nach Beendigung des Fertigungsprozesses wird die Temperatur abgesenkt. Die sich in der Schmelze befindlichen

[14] Eindringtiefe bis zur Entstehung einer Versinterung durch die IR-Strahlung

Bauteile beginnen zu erstarren. Dies kann geregelt durch Reduzierung der Bauraumheizung in der HSS-Maschine geschehen oder nach Entnahme des Pulverkuchens an der Umgebung. In der Abkühlphase kann eine ungleichmäßige Temperaturführung Verzug oder Wölbung induzieren. Insbesondere die äußeren Bereiche des Pulverkuchens mit den Bauteilen sind davon betroffen. [SOE12, SCH15b] Während der Abkühlung des Bauraums entsteht ein positionsbedingtes Erstarrungsverhalten, welches sich in einem nichtlinearen Schrumpfverhalten äußert. [SHE00, STE01, WEG13]

Rüsenberg et al. [RÜS12] untersuchten Zugstäbe nach dem Abkühlen in der LS-Maschine (Kerntemperatur 120 °C) und dem Abkühlen an der Umgebung (Kerntemperatur 50 °C). Die Zugfestigkeit nahm geringfügig dabei ab und die Bruchdehnung hingegen zu. Ähnlich Erkenntnisse erzielte *Zarringhalam* in vorausgegangen Untersuchungen [ZAR07]. Mit höherer Entnahmetemperatur und höherer Abkühlrate waren die Bauteileigenschaften duktiler.

2.3.3 Polymere

Polymere lassen sich unter dem Hauptkriterium, inwieweit unter der Einwirkung von Wärme und Druck eine plastische Verformung möglich ist, in unvernetzte und vernetzte Kunststoffe einteilen. Dabei sind vernetzte Polymere nach dem einmaligen Durchlaufen ihres plastischen Zustandes irreversibel und bei erneuter Zufuhr von Wärme findet keine Erweichung mehr statt. Zu dieser Klasse gehören die eng vernetzten Duroplaste und die weitmaschig vernetzten Elastomere. Im Gegensatz dazu steht das thermo-mechanische Verhalten der Thermoplaste und der thermoplastischen Elastomere, deren plastische Formgebung mehrmalig durch Erwärmung stattfinden kann. [KAI11, S. 35]

Im High Speed Sintering können, wie im Lasersintern, alle Materialien verarbeitet werden, die sich thermoplastisch verhalten. Dieses Verhalten weisen sowohl amorphe als auch teilkristalline Thermoplaste auf. Amorphe Thermoplaste haben charakteristisch ungeordnete, verknäulte Molekülketten und weisen dadurch einen großen Erweichungsbereich mit einer hochviskosen Schmelze auf. Dies wirkt sich beim Sintern nachteilig auf das Zusammenfließen der Schmelze aus, weshalb geringere Bauteildichten und somit geringere mechanische Eigenschaften sowie Oberflächenrauheiten gegenüber teilkristallinen Thermoplasten erreicht werden. Teilkristalline Thermoplaste haben geordnete, parallel ausgerichtete Molekülketten mit einem Anteil an amorphen Bereichen. Als Folge des strukturellen Aufbaus haben diese Polymere eine definierte Schmelztemperatur T_m bei der die kristallinen Bereiche aufschmelzen. Beim Überschreiten der definierten Schmelztemperatur wird eine niedrige Viskosität erreicht und ermöglicht eine einfachere Verarbeitung in den PBF-Prozessen. Nachteilig bei teilkristallinen Thermoplasten ist beim Unterschreiten der Kristallisationstemperatur T_K, dass das erneute Ausbilden der teilkristallinen Strukturen eintritt und damit eine Schrumpfung der Bauteile erfolgt. [ALS00, KAI11, S. 110]

Entscheidend für die Prozessführung bei der Verarbeitung ist das Sinterfenster des jeweiligen Kunststoffs. Je größer das Sinterfenster, desto besser können unkontrollierte Phasenübergänge von Pulver und Schmelze vermieden werden. Dies schließt sowohl das Aufschmelzen durch Überschreiten der Schmelztemperatur aufgrund des Energieeintrags der Overheadstrahler oder der Sinterlampe als auch Kristallisationseffekte durch unerwünschte Abkühlvorgänge aufgrund des erneuten Materialauftrags ein [WIL97]. Bei Polymeren mit einem schmalen Schmelzbereich wird bei der Beaufschlagung mit einer hohen Schmelzenthalpie ein vollständiges Aufschmelzen der Pulverpartikel erreicht und gleichzeitig die Möglichkeit begünstigt, filigrane Strukturen abbilden zu können. Weiterhin wirken sich die rheologischen Eigenschaften des flüssigen Polymers maßgeblich auf die Fähigkeit zur Schmelzeausbildung aus. Eine niedrige Viskosität der Schmelze sowie eine hohe Enthalpie zur Oberflächenminimierung gewährleisten ein Zusammenfließen der geschmolzenen Pulverpartikel. [SCH02, REI16, S. 5]

Die Polymere werden vielfach nach ihrem Eigenschaftsprofil aufgeschlüsselt und können prinzipiell in drei Gruppen eingeteilt werden (siehe Abbildung 12). In der ersten Gruppe finden sich Kunststoffe, die in sehr großen Mengen hergestellt und verwendet werden, sogenannte Standardkunststoffe. Aufgrund der ausreichend guten Gebrauchseigenschaften bei niedrigen Kosten werden diese häufig eingesetzt [KAI11, S. 29]. Während sich in der kunststoffverarbeitenden Industrie Standardthermoplaste etabliert haben, besitzen diese bei den PBF-P-Verfahren nur einen Marktanteil von etwa 3 % [SCH18, S. 128]. So sind bspw. für PP [AMP22, BAS22, DIA22, EOS22], Kunststoffe auf Polystyrol (PS)-Basis [3DS19, EOS22] oder Polyethylen mit hoher Dichte (PE-HD) [DIA22] mehrere kommerzielle Anbieter auf dem Markt verfügbar [SCH18, S. 191]. Im High Speed Sintering hingegen wurde die Erprobung dieser Standardkunststoffe bisher nur im Forschungsstadium mit PP [FOX18] oder PE-HD an der Universität Bayreuth untersucht [VOX22].

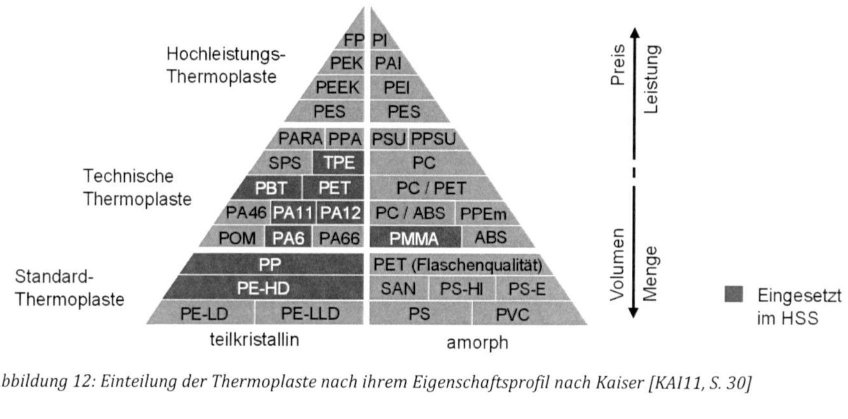

Abbildung 12: Einteilung der Thermoplaste nach ihrem Eigenschaftsprofil nach Kaiser [KAI11, S. 30]

An die technischen Thermoplaste werden hohe technische Anforderung wie bspw. geringe Verformung bei lang andauernder und/oder höheren Temperaturen, gute Schlagzähigkeit, geringe Wärmedehnung oder Maßhaltigkeit gestellt [KAI11, S. 29]. Diese technischen Thermoplaste dominieren in den PBF-P-Verfahren mit einem Marktanteil von etwa 95 % [SCH18, S. 128]. Dabei wird aufgrund der guten Eignung zum Sintern vor allem der teilkristalline Thermoplast PA12 eingesetzt. Darüber hinaus kann PA12 von den meisten Anbietern auch mit Glasperlen, Kohlenstofffasern oder Aluminiumpartikel gefüllt werden, wobei sich bei Verarbeitung eines Materials mit einem flächigen Energieeintrag im High Speed Sintering bisher nur Glasperlen umsetzen lassen. Weitere Kunststoffe wie TPE [ELL14a, NOR14] oder PMMA [BHA20] befinden sich im Forschungsstadium. Erste Forschungsarbeit wurde für das Polyethylenterephthalat (PET) am Lehrstuhl Umweltgerechte Produktionstechnik der Universität Bayreuth durchgeführt [PEZ22b]. Zudem werden die Kunststoffe Polybutylenterephthalat (PBT) [COV21], Polyamid 11 (PA11) [HEW21, STR21c] oder Polyamid 6 (PA6) [EVO21] für das High Speed Sintering am Markt angeboten.

In der dritten Gruppe befinden sich die Hochleistungsthermoplaste. Diese zeichnen sich durch besonders gute Warmfestigkeiten in Form von guten Festigkeitseigenschaften bei Temperaturen über 150 °C oder durch besondere Ordnungsstrukturen hervorgerufene gute Grundfestigkeiten aus [KAI11, S. 29]. Der Marktanteil liegt hier bei weniger als ein Prozent [SCH18, S. 128]. Im High Speed Sintering können diese Hochleistungskunststoffe aufgrund fehlender Inertisierungsmöglichkeiten nicht verarbeitet werden.

Polyamid 12

Im High Speed Sintering ist der teilkristalline Thermoplast PA12 der primär verwendete Kunststoff. Durch das häufig zur Herstellung eingesetzte Verfahren der Ausfällung in Lösung, sind die Pulverpartikel für PBF-P-Verfahren ausreichend sphärisch und besitzen glatte Partikeloberflächen für ein gutes Fließverhalten [SCH15b, S. 107]. PA12 zeichnet sich zudem durch ein großes Sinterfenster mit einem schmalen Schmelztemperaturbereich aus, wodurch die Verschmelzung schon bei geringer Energiezufuhr erreicht wird und eine stark verzögerte Kristallisation beim Abkühlen gegeben ist. Die niedrige Schmelzviskosität verursacht ein gutes Zusammenfließen der aufschmelzenden Partikel, sodass das entstehende Bauteil eine geringe Porosität und eine hohe Oberflächengüte aufweist. [GEB13, S. 65, SCH15b, S. 137]

2.3.4 Tinten

Die Tinten für das High Speed Sintering bestehen aus einem Trägermedium bzw. Dispersionsmittel, den IR-Absorbern und Additiven. Das Dispersionsmittel dient als Trägermedium der IR-Absorber zur Aufbringung mittels Druckköpfen auf die zu versinternden Bereiche. Die Additive werden zugesetzt, um die Tinte auf die dynamische Viskosität und Oberflächenspannung einzustellen. Gleichzeitig stabilisieren die Additive die IR-Absorber in der Tinte, damit diese sich nicht absetzen und homogen in der Tinte verteilt bleiben. Die für eine Absorption der elektromagnetischen Strahlung der Sinterlampe notwendigen IR-Absorberpartikel können somit gleichmäßig auf der Pulverpartikeloberfläche durch die Tinte verteilt werden. In den ersten Untersuchungen zur Versinterung von Polymerpartikeln mittels eines IR-Strahlers wurden verschiedene IR-Absorberpartikelmengen dem Polymerpulver hinzugemischt und die Bauteile mittels einer Form und anschließend mittels Maske gefertigt. Ab einem zugegebenen Anteil zwischen 0,25 und 0,50 Gew.-% vom IR-Absorber Ruß zum Polymerpulver stellt sich eine gleichbleibende Schrumpfung und damit Versinterung ein. [HOP04]

Die Aufbringung der IR-Absorber in Form einer Tinte mittels Druckköpfen wurde durch *Thomas* fortgeführt [THO06]. In der weiteren Arbeit von *Thomas* wurde ein ölbasiertes Trägermedium mit 10 Gew.-% Ruß getestet. Zudem wurde ein nicht aus Kohlenstoff bestehender IR-

Absorber untersucht, der ab einer Wellenlänge von 1.300 nm absorbierte und dem Trägermedium mit bis zu 5 Gew.-% zugegeben wurde. Die Aufbringung der Tinte erfolgte mit einer Auflösung von 180 dpi und einer Tropfengröße von 80 pl. Mit dem Trägermedium ohne zugesetzte IR-Absorber konnte keine Versinterung bei der Überfahrt der Sinterlampe erreicht werden. Mit den nicht kohlenstoffbasierten Partikeln wurde aufgrund der geringeren Menge und der fehlenden Abstimmung hinsichtlich deren Absorptionscharakteristik und der Emissionswellenlänge mit der Sinterlampe ebenfalls ein ungenügendes Versinterungsergebnis (siehe Kapitel 2.4.4) erzielt [THO10]. *Fox et al.* [FOX15] führten weitere Untersuchung unter Anwendung von Tinten mit dem IR-Absorber Ruß und verschiedenen Trägermedien durch. Sie stellten dabei fest, dass sich die Zusammensetzung der Tinte LMOPI11AKK[15] von *Nazdar* gegenüber der Tinte JetStream PCO7774[16] von *SunChemical* in einer höheren Zugfestigkeit und E-Modul widerspiegelte [NAZ18]. Dabei ist anzumerken, dass keine Angabe zu der jeweils verwendeten IR-Absorbermenge aufgeführt ist und somit der Rückschluss auf den Einfluss der IR-Absorbermenge oder des Trägermediums schwer abzuschätzen ist.

Als Trägermedium im HSS-Prozess können organische und anorganische Flüssigkeiten eingesetzt werden [HEW19, VOX18]. *Scherer et al.* untersuchten die Zusammensetzung der zwei Tinten des verwandten MJF-Verfahrens (siehe Kapitel 2.2.3). Im Fusing Agent wird das Trägermedium Wasser mit einem Anteil von 65 Gew.-% verwendet. Neben den identifizierten Lösemitteln 2-Pyrrolidon und Triethylenglycol sind Biozide zur Vorbeugung gegen Bakterienbefall und weitere Additive zur Einstellung der Viskosität zugesetzt. Als IR-Absorber wird ebenfalls Ruß verwendet. Die Konzentration von 5,2 Gew.-% wurde ermittelt. [SCH20a]

Mittels der IR-Absorbermenge in der Tinte kann die Intensität des Energieeintrags durch den Absorptionsgrad der IR-Strahlung eingestellt werden. Je nach Polymer können unterschiedliche Konzentrationen an IR-Absorbern in der Tinte für die Erreichung der mechanischen Eigenschaften zielführend sein. Aufgrund der Rußpartikelmengen in den verwendeten Tinten von über 5,0 Gew.-%, um den beschriebenen Anteil im Bauteil zwischen 0,25 und 0,50 Gew.-% zu erreichen, ist es notwendig die Tinte zu stabilisieren und zusätzlich dauerhaft im Kreislauf zu führen, um ein Absetzen der IR-Absorber im Trägermedium zu verhindern. Beim Aufbringen der Tinte ist zudem auf deren Verarbeitungstemperatur zu achten, da diese maßgeblichen Einfluss auf die dynamische Viskosität, damit auf die Tintenaufbringungsmenge und damit wiederum die Menge an IR-Absorber hat [WIL21b]. Weiterhin können bei gleicher Tintenaufbringungsmenge bei unterschiedlichen Polymeren Farbunterschiede der gefertigten Bauteile festgestellt werden, was auf den Benetzungswinkel zurückgeführt wird [WIL21a].

2.3.5 Bauteileigenschaften

Die Bauteileigenschaften können in verschiedene Merkmale unterteilt werden. Im Folgenden werden die für diese Arbeit relevanten Eigenschaften beschrieben und die in den PBF-Verfahren Lasersintern und High Speed Sintering erläutert.

[15] 5 – 10 Gew.-% Ruß [NAZ18]
[16] 10 Gew.-% Ruß [NOR18, S. 77].

Bauteildichte

Hinsichtlich der Bauteildichte von lasergesinterten PA12-Bauteilen (PA 2200 der *EOS GmbH*) konnte *Wegner* in seinen Untersuchungen einen nichtlinearen Einfluss der Volumenenergiedichte feststellen. Bei Volumenenergiedichten E_V[17] kleiner als 0,15 J/mm^3 auf einer EOS Formiga P100[18] konnte kein ausreichendes Aufschmelzen des Materials erzielt werden, sodass poröse Bauteile mit einer Dichte bei 0,90 g/cm^3 entstanden. Mit steigender Volumenenergiedichte konnte die Bauteildichte verbessert werden, bis sich ab einer Volumenenergiedichte von 0,225 J/mm^3 die Bauteildichte auf einem konstanten Niveau von 0,97 g/cm^3 stabilisierte [WEG15a, S. 59]. Die Feststoffdichte von 1,02 g/cm^3 von PA12 konnte im Lasersintern nicht erreicht werden [DOM12, S. 58]. Über einer Volumenenergiedichte von 0,4 J/mm^3 konnte eine Abnahme der Bauteildichte und ein Anstieg der Porosität auf 4,5 % verzeichnet werden [WEG15a, S. 60]. Die Energiedichten sind jedoch immer in Abhängigkeit des Anlagentyps zu betrachten und können als Richtwert verstanden werden.

Im High Speed Sintering beschrieben *Noble et al.* [NOB14], dass durch die Erhöhung der Graustufe (Tintenaufbringungsmenge) und damit der Absorption und eben daraus resultierende höhere Energieeintrag die Bauteildichte von ca. 0,95 g/cm^3 erreicht wurde. *Fox et al.* [FOX15] verwendeten unterschiedliche Tinten und erhielten bei gleichen Prozessparametern im HSS-Verfahren für PA12 (PA 2200 der *EOS GmbH*) eine Bauteildichte zwischen 0,93 und 0,95 g/cm^3. Auch in den Untersuchungen von *Rouholamin et al.* [ROU16] konnte mit der Erhöhung der Energiedichte durch die Erhöhung der Sinterlampenleistung von 1,0 auf 1,2 kW die Bauteildichte auf 0,96 g/cm^3 erhöht werden, wobei eine Erhöhung bis auf 2 kW zu einer Verschlechterung führte. Die Verwendung verschiedener IR-Strahler bei gleicher Nennleistung (2 kW) in der Sinterlampe zeigte, dass der IR-Strahler mit Reflektorbeschichtung bei einer gemessenen Peak-Wellenlänge von 1.015 nm und der doppelten Bestrahlungsstärke (mit 757 mW/m^{2}nm) eine Bauteildichte von 0,98 – 0,99 g/cm^3 erreichte, im Vergleich zur Bauteildichte von 0,85 – 0,93 g/cm^3 beim IR-Strahler mit Goldbeschichtung [NOR18, S. 120]. *Zhu et al.* konnten mit steigender Energiedichte eine Reduzierung der Porosität auf 0,14 % erreichen [ZHU20b].

Mechanische Eigenschaften

Die mechanischen Eigenschaften wiesen in den wissenschaftlichen Studien im Lasersintern ein analoges Verhalten zu der Bauteildichte auf [SAU05, STA11, WEG15a]. Mit zunehmender Bauteildichte konnten höhere Werte für die Zugfestigkeit, den E-Modul und die Bruchdehnung erzielt werden. *Wegner* [WEG15a, S. 63] zeigte, dass ab einer Volumenenergiedichte von 0,25 J/mm^3 der E-Modul Werte zwischen 1.500 und 1.600 MPa sowie die Zugfestigkeit ab 0,30 J/mm^3 Werte zwischen 45 und 50 MPa nahezu unabhängig von der Bauraumorientierung für PA12 (PA 2200) auf der EOS Formiga P100 erreichte. Die Bruchdehnung variierte trotz einer Volumenenergiedichte über 0,32 J/mm^3 deutlicher zwischen 12,5 und 22,5 %. Ein zu hoher Energieeintrag führt somit zur Verschlechterung der mechanischen Kennwerte.

Majewski et al. [MAJ07] untersuchten erstmals den Einfluss der Pulverbetttemperatur und der Sinterlampenleistung auf die mechanischen Eigenschaften im High Speed Sintering. Wie beim

[17] Eingetragene Energie in Relation zur verarbeiteten Schichtdicke (siehe Kapitel 2.4.2)

[18] Die Volumenenergiedichte ist speziell für jede Maschine zu errechnen (siehe Kapitel 2.4.2) und wird zur Einordnung aufgeführt

Lasersintern wurde mit steigendem Energieeintrag eine Verbesserung der mechanischen Eigenschaften festgestellt. *Noble et al.* [NOB14] untersuchten die Tintenaufbringungsmenge anhand der Grauwerte[19] auf die mechanischen Eigenschaften. Ab einer Tintenaufbringungsmenge von ca. 1.000 pl/mm² (Grauwert 170)[20] konnte eine Zugfestigkeit von 40 MPa und des E-Moduls von 1.450 MPa erreicht werden. Mit steigender Tintenaufbringungsmenge konnte vor allem die Bruchdehnung – ab ca. 1.340 pl/mm² (Grauwert 142)[21] mit 22 % – gesteigert werden. Die Zugfestigkeit und der E-Modul hingegen nahmen ab. In den Untersuchungen von *Norazman* wurde bei PA12 (PA 2200) ein Optimum bei der Tintenaufbringungsmenge hinsichtlich des Verhaltens der jeweiligen mechanischen Eigenschaft bestätigt. Beim Einsatz eines 2 kW-IR-Strahler bei einer Geschwindigkeit von 120 mm/s erreichte PA12 bei 3.000 pl/mm² Tinte die Zugfestigkeit von 42,8 MPa, bei 1.500 pl/mm² Tinte den E-Modul von ca. 1.800 MPa und bei 4.500 pl/mm² Tinte 12 % Bruchdehnung [NOR18, S. 122]. *Zhu* erweiterte den Betrachtungsraum um die Porosität und konnte mit einem 1 kW-IR-Strahler, einer Geschwindigkeit von 120 mm/s bei 3.600 pl/mm² Tinte eine Zugfestigkeit von 44,4 MPa, einen E-Modul von 1.800 MPa und 13,5 % Bruchdehnung erzielen. Dabei betrug die Porosität 0,14 % [ZHU20b].

Oberflächenrauheit

Die erreichbare Oberflächenrauheit bei PBF-Verfahren wird maßgeblich durch das Ausgangsmaterial bestimmt. Die Schichtdicke des Materialauftrags und die Orientierung der Bauteile im Bauraum haben ebenfalls entscheidenden Einfluss. Neben den optischen und haptischen Eigenschaften führen Oberflächendefekte zu Spannungsspitzen und somit zu einem frühen Versagen funktionaler Bauteile. Im Lasersintern belegen Untersuchungen, dass vor allem der Energieeintrag und damit die Belichtungsparameter wie Laserleistung, Hatchabstand und Scangeschwindigkeit Einflussgrößen sind. Zudem können beim Lasersintern die Parameter für den Energieeintrag des Bauteilinneren (Fill) und der Bauteilumrandung eingestellt werden [SAU05, KAD10, SCH15b, S. 180]. *Wegner* ermittelte für die Rautiefe R_z der Bauteile aus einer EOS Formiga P100 mit PA 2202 ein Optimum von ca. 90 µm bei einer Flächenenergiedichte $E_A$von 0,031 J/mm² und einer Schichtdicke von 0,1 mm. Die Oberflächenrauheit stieg bei höherer Flächenenergiedichte 0,05 J/mm² sowie Schichtdicke 0,12 mm auf 120 µm an. Ungeachtet der steigenden Oberflächenrauheit konnten die mechanischen Eigenschaften durch den Anstieg der Energiedichte verbessert werden [WEG15a, S. 71].

Im High Speed Sintering verhält sich dies analog. Der Energieeintrag wird neben der Sinterlampenleistung und -geschwindigkeit noch über die Tintenaufbringungsmenge gesteuert. Mit steigendem Energieeintrag konnte sowohl für Unter- und Oberseite die Oberflächenrauheit bei PA 2200 von einem S_a-Wert[22] von 18,4 µm auf ca. 8,6 µm reduziert werden. Die Begründung liegt in einer höheren Viskosität der Schmelze, die ein vollständiges Aufschmelzen und somit homogene Oberflächen ermöglicht. Nachteilig wirkt sich der Energieeintrag ebenfalls wie beim Lasersintern an den Seitenflächen aus, da das Pulver vermehrt zu Anhaftungen neigt [ZHU20a].

[19] Abstufung von schwarz nach weiß, wodurch sich bei 8 Bit 256 Zustände ergeben, wobei 0 schwarz und somit der höchsten Druckdichte entspricht

[20] Annahme Druckkopf Proton 60 mit einer Auflösung Druckkopfauflösung von 180 dpi bei einer Tropfengröße von 60 pl und einer Bedruckung mit Stufe 3 von 9

[21] Annahme Druckkopf Proton 60 mit einer Auflösung Druckkopfauflösung von 180 dpi bei einer Tropfengröße von 60 pl und einer Bedruckung mit Stufe 4 von 9

[22] Betrag des Höhenunterschiedes von jedem einzelnen Punkt verglichen mit dem arithmetischen Mittelwert der Oberfläche [DIN16].

Form- und Maßhaltigkeit

Für die Form- und Maßhaltigkeit kommen die gleichen Einflussgrößen wie für die Oberflächenrauheit und zusätzlich bspw. die Bauteilgröße oder die Schichtzeit zum Tragen [KAD10, BLA12]. *Wegner* [WEG15a, S. 125] zeigt, dass mit zunehmenden Energieeintrag (von 0,2 auf 0,5 J/mm^3) die Innenmaße eines Hohlquaders kleiner (von 0,05 mm zu -0,25 mm bei 25 mm) und die Außenmaße des Hohlquaders größer (von -0,1 mm zu 0,1 mm bei 35,0 mm) werden. Minimale Unterschiede zwischen Innen- und Außenmaßen lagen bei der Volumenenergiedichte 0,33 J/mm^3. Verantwortlich für die Abweichung sind zum einen die Laserspurbreite, die mit zunehmender Energie größer wird und zum anderen die Anhaftungen angrenzender Partikel aufgrund des höheren Temperaturniveaus der Schmelze verstärkt werden. Bei niedrigeren Energiedichten fiel die Abweichung der Form- und Maßhaltigkeit geringer aus. Diese Zusammenhänge verdeutlichen, dass die Form- und Maßhaltigkeit gegenläufig zu den mechanischen Eigenschaften verlaufen. Ein Lösungsansatz zur Vermeidung der Übersinterung und somit der Abweichung in Z-Richtung stellt die Fertigung der Ober- und Unterseite mit geringerer Volumenenergiedichte dar, die *Wegner* in Versuchen anwendete [WEG15a, S. 215]. Die Ebenheits- und die Parallelitätsabweichungen in den xy/xz/yz-Ebenen steigen von 0,06 mm mit zunehmenden Energieeintrag auf 0,16 mm an.

Im High Speed Sintering sind die Zusammenhänge zwischen den mechanischen Eigenschaften sowie der Form- und Maßhaltigkeit ebenfalls gegenläufig, sodass mit steigenden Energieeintrag die Abweichung von der Sollgeometrie zunimmt [NOR16, NOR18, ZHU20a]. *Norazman* stellte eine Abweichung in X-Richtung von 0,02 mm hin zu 0,13 mm auf 40 mm durch eine Erhöhung der Tintenaufbringungsmenge von 1.500 auf 6.000 pl/mm^2 und somit des Energieeintrags fest [NOR18, S. 128] Ein zu hoher Energieeintrag führt zu einer Auswirkung auf die Form- und Maßhaltigkeit durch anhaftendes Pulver an den Seitenflächen oder Übersintern an der Bauteiloberseite (anhaftendes Pulver durch Aufschmelzen der Isolierschicht beim Überfahren der Sinterlampe ohne eine Aufbringung eines IR-Absorbers). *Fahad* konnte im High Speed Sintering eine vergleichbare Form- und Maßhaltigkeit zum Lasersintern nachweisen [FAH17].

Farbabstufung

Bei der Verarbeitung der Pulvermaterialien im Lasersintern erfolgt der Energieeintrag zur selektiven Verschmelzung des Polymerpulvers Linie für Linie durch einen Laser, weshalb die Bauteilfarbe vom Ausgangsmaterial abhängig ist.

Im Gegensatz dazu werden die Bauteile im High Speed Sintering mittels der selektiven Aufbringung eines IR-Absorbers und einem flächigen Energieeintrag durch einen IR-Strahler gefertigt. Die Farbabstufung des Bauteils wird dabei von der Tinte und deren Aufbringungsmenge bestimmt. *Williams et al.* konnten nachweisen, dass die Farbgebung bei der Aufbringung der gleichen Tintenmenge auf unterschiedlichen Materialien in der Helligkeit variiert. Dies ist auf das Benetzungsverhalten der Tinte zurückzuführen. [WIL21a]

2.4 Energieeintrag im High Speed Sintering

Zur Veranschaulichung der Theorie des Transfers der thermischen Energie von einer strahlenden Energiequelle zu einem absorbierenden Körper werden die physikalischen Grundlagen der Wärmetransportmechanismen, der bestehenden Modelle des Energieeintrags und die damit verbundenen Bauteilstrukturen erläutert. Abschließend werden die Emission und Absorption dargelegt.

2.4.1 Wärmetransportmechanismen

Die Übertragung von Wärmeenergie zwischen zwei Körpern kann über die verschiedenen Übertragungsmechanismen geschehen:

- Wärmeleitung
- Konvektion
- Wärmestrahlung

Für die Wärmeleitung ist ein Kontakt zwischen benachbarten Molekülen in einem Material notwendig, in denen ein Temperaturgradient vorliegt. Die Moleküle bewegen sich um ihre Ruhelage und übertragen durch Stöße kinetische Energie vom höheren zum niedrigen Energieniveau. Die Wärmeleitung erfolgt unabhängig vom Aggregatzustand und setzt keine Bewegung der Substanz voraus [VDI13, S. 19].

Die konvektive Wärmeübertragung beschreibt dagegen die Weitergabe der Wärme zwischen zwei thermodynamischen Systemen, die sich relativ zueinander bewegen. Ein anschauliches Beispiel dafür ist die Wärmeübertragung einer Flüssigkeit oder eines Gases an einer Wand, wo durch ein temperaturabhängiges Dichtegefälle Auftriebskräfte entstehen. Diese können entweder frei oder erzwungen erfolgen [HER16, S. 225].

Bei der Wärmestrahlung hingegen besteht keine Verbindung. Die Energie wird durch einen Körper in Form von elektromagnetischen Wellen, auch Strahlung genannt, an die Umgebung emittiert. Der Transport ist dabei nicht an ein Medium gebunden, da sich elektromagnetische Wellen auch im Vakuum ausbreiten. [VDI13, S. 22]

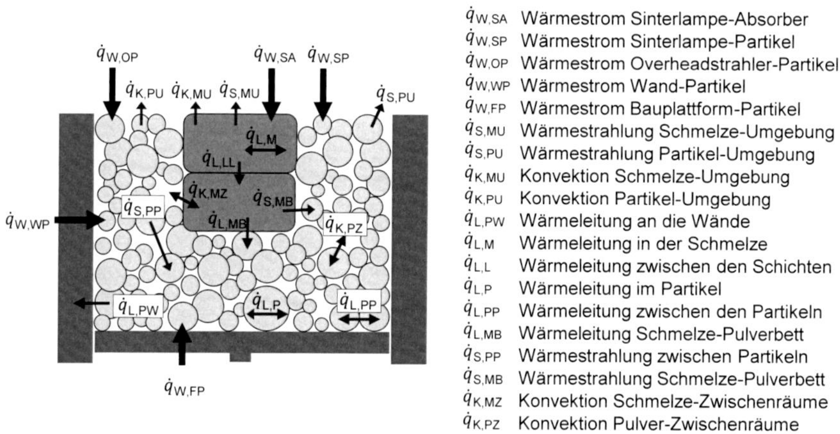

Abbildung 13: Wärmeströme beim High Speed Sintering innerhalb der Schmelze und im Pulverbett, in Anlehnung an [WEG15a, S. 20]

Im Prozess des High Speed Sinterings liegen alle Wärmeübertragungsmechanismen vor. Aufgrund der Ähnlichkeit zum Lasersintern kann dessen Prozessmodell des Wärmetransports angewendet werden [WEG15a, S. 20]. Dabei ist der entscheidende Unterschied der Energieeintrag. Während im Lasersintern der Laser Wärmeenergie in die zu verschmelzenden Bereiche des Pulverbetts einbringt, werden beim High Speed Sintering bei der Überfahrt mit einer Sinterlampe, neben den zu verschmelzenden, auch die umliegenden Bereiche des Pulverbetts mit Wärmeenergie beaufschlagt (siehe Abbildung 13). Die Wärmeübertragung mittels Wärmestrahlung ist im HSS-Prozess ausschlaggebend, da die Einbringung der notwendigen Energie für das Sintern der Pulverpartikel ausschließlich über die Wärmestrahlung des IR-Strahlers erfolgt. Zudem entsteht bei der Verdunstung des Trägermediums der Tinte im HSS-Prozess ein Wärmestrom durch Konvektion. Die eingetragene Wärmeenergie wird innerhalb der Pulverschicht, im aufgeschmolzenen Bauteil sowie im darunterliegenden Pulverbett durch einen Wärmeaustausch verteilt und durch einzelne Mechanismen an die Umgebung abgegeben.

Entsprechend dem *Fourier*'schen Wärmeleitungsgesetz erfolgt der Wärmestrom $\dot{q}$ stets in Richtung eines negativen Temperaturgradienten, weshalb für einen positiven Wärmestrom ein negatives Vorzeichen vorzusehen ist (siehe Gleichung 2-1) [VDI13, S. 20]. Im HSS-Fertigungsprozess ist eine Wärmeleitung innerhalb der einzelnen Phasen, den Phasenübergängen wie bspw. den geschmolzenen Schichten, den Pulverpartikeln und der Schmelze als auch unter den einzelnen Partikeln gegeben. Daneben muss die Wärmeleitung an die/von den Wänden und der Bauplattform berücksichtigt werden. [WEG15a, S. 19]

$$\dot{q}_{Wärmeleitung} = \dot{q}_L = -\lambda_W \cdot grad\ T \qquad (2\text{-}1)$$

$\dot{q}_L$ Wärmestromdichte durch Wärmeleitung in W/m^2

λ_W Wärmeleitfähigkeit in W/m K

$grad\ T$ Vektor des Temperaturgradienten in K/m

Der Wärmeübergang durch Wärmestrahlung kann durch die Stefan-Boltzmann-Gleichung beschrieben werden. Dabei verhält sich die Emission der Strahlung proportional zur vierten Potenz der Oberflächentemperatur des Körpers (siehe Gleichung 2-2) [VDI13, S. 22]. Die Wärmestrahlung tritt in Form der Abstrahlung von der Schmelze als auch des Pulvers zur Umgebung, von der Schmelze zum Pulverbett sowie zwischen den Partikeln auf. [WEG15a, S. 20]

$$\dot{q}_{Wärmestrahlung} = \dot{q}_S = \varepsilon_{12} \cdot \sigma \cdot (T_1^4 - T_2^4) \qquad (2\text{-}2)$$

$\dot{q}_S$ Wärmestromdichte durch Wärmestrahlung in W/m^2

ε_{12} Strahlungsaustauschkoeffizient

σ Stefan-Boltzmann-Konstante $5{,}670 \cdot 10^{-8}\ W/m^2K^4$

T_1 Oberflächentemperatur des Körpers 1 in K

T_2 Oberflächentemperatur des Körpers 2 in K

Basierend auf der Grenzschichttheorie von *Prandtl* können die Konvektionsvorgänge in thermischen Grenzschichten mathematisch beschrieben werden (siehe Gleichung 2-3) [VDI13, S. 22]. Das Pulverbett bzw. die Schmelze wechselwirken mit der Umgebung. Des Weiteren findet aufgrund der Temperaturdifferenz ein Wärmeübergang von der Schmelze bzw. den Partikeln zu den Zwischenräumen im Pulverbett statt. [WEG15a, S. 20]

$$\dot{q}_{Konvektion} = \dot{q}_K = \alpha_W \cdot \Delta T \qquad (2\text{-}3)$$

$\dot{q}_K$ Wärmestromdichte durch Konvektion in W/m²

α_W Wärmeübergangskoeffizient in W/m² K

ΔT Temperaturdifferenz in K

Zusätzlich zur Erreichung der Pulverbettoberflächentemperatur durch die Overheadstrahler und dem zum Verschmelzen benötigten Energieeintrag mittels der Sinterlampe wird durch die Beheizung der Bauplattform und der Bauraumwände eine übermäßige Wärmeabfuhr aus dem Pulverkuchen verhindert. Die geringe Wärmeleitfähigkeit des Polymerpulvers sowie dessen Schmelze verringert zudem eine rasche Wärmeabfuhr aus den heißen Oberflächen und eine Homogenisierung der Temperatur im Gesamtsystem. Dadurch stellt sich ein thermodynamisches Gleichgewicht zwischen Wärmezufuhr und Wärmeabfuhr unter Ausbildung von Temperaturgradienten innerhalb des Gesamtsystems ein (siehe Gleichung 2-4). Mit steigendem Abstand von der Pulverbettoberfläche sinkt das Temperaturniveau aufgrund der niedrigeren Bauraumwandtemperaturen. [STE01, S. 48, WEG15a, S. 20]

$$\dot{q}_{W,SA} + \dot{q}_{W,SP} + \dot{q}_{W,OP} + \dot{q}_{W,WP} + \dot{q}_{W,FP} = \dot{q}_{S,PU} + \dot{q}_{S,MU} + \dot{q}_{K,PU} + \dot{q}_{K,MU} + \dot{q}_{L,PW} \qquad (2\text{-}4)$$

Aus der Gleichung kann aufgrund der flächigen Bestrahlung durch die Sinterlampe entnommen werden, dass mit zunehmender Sinterlampenleistung oder abnehmender Sinterlampengeschwindigkeit die Overheadstrahlerleistung reduziert werden muss, da die Sinterlampe im Gegensatz zum Laser beim Lasersintern Energie in die gesamte Pulverbettoberfläche einbringt. Zudem muss aufgrund der unterschiedlichen Absorptionsgrade zwischen der Wechselwirkung der Sinterlampe mit dem IR-Absorber und der Pulverbettoberfläche unterschieden werden.

2.4.2 Modelle des Energieeintrags

Wie im LS-Prozess wird der HSS-Prozess durch die eingebrachte Energie auf das vorgeheizte Polymerpulver bestimmt. Zur Beschreibung der eingebrachten Energie müssen im HSS-Prozess die Leistungsdaten der Sinterlampe und die Eigenschaften der aufgebrachten IR-Absorber betrachtet werden. Die Flächenenergiedichte oder *Andrew*-Nummer E_A beim Lasersintern wird aus dem Verhältnis der Laserleistung P_L, der Scangeschwindigkeit v_L und dem Hatchabstand h_L abgeleitet (Gleichung 2-5) [NEL93]. Unter Einbeziehung der Schichtdicke s wird die Flächenenergiedichte $E_A$zur Volumenenergiedichte E_V von *Kaddar* erweitert (Gleichung 2-6)

[KAD10, S. 77]. *Starr* oder *Wegner* nutzen diese Gleichung zur Beschreibung des Energieeintrags sowie der Korrelation von Prozesszusammenhängen von PA12 und später *Reinhardt* von PP [STA11, WEG15a, REI16].

$$E_A = \frac{P_L}{v_L \cdot h_L} \tag{2-5}$$

$$E_V = \frac{P_L}{v_L \cdot h_L \cdot s} \tag{2-6}$$

E_A Flächenenergiedichte in J/mm²

E_V Volumenenergiedichte in J/mm³

P_L Laserleistung in W

v_L Scangeschwindigkeit in mm/s

h_L Hatchabstand in mm

s Schichtdicke in mm

Die Gleichungen 2-5 und 2-6 beinhalten keine Pulverabsorption, Schmelzenthalpie, Laserspotgröße, Pulverbetttemperatur oder andere Charakteristiken für den LS-Prozess [GIB21, S. 145]. Sie liefern eine einfache Herangehensweise, um für ein Material die optimalen maschinenabhängigen Prozessparameter zu identifizieren. Nach der Bestimmung des Energieeintrags für die geforderten Bauteileigenschaften können die Prozessparameter hinsichtlich der Fertigungsgeschwindigkeit optimiert werden.

In Anlehnung an die *Andrew*-Nummer beschrieb *Zhu* mit der Gleichung 2-7 die Flächenenergiedichte für das High Speed Sintering [ZHU20b, S. 3]. Als Variablen für den Energieeintrag sind analog die IR-Strahlerleistung (Sinterlampenleistung) P_S als auch die IR-Strahlergeschwindigkeit (Sinterlampengeschwindigkeit) v_S angewendet. Anstatt des Hatchabstands wird zur Bestimmung der Energiedichte die IR-Strahlerlänge L_S herangezogen.

$$E_{A,HSS} = \frac{P_S}{v_S \cdot L_S} \tag{2-7}$$

$E_{A,HSS}$ Flächenenergiedichte im HSS in J/mm²

P_S IR-Strahlerleistung in W

v_S IR-Strahlergeschwindigkeit in mm/s

L_S IR-Strahlerlänge in mm

Die Berechnung der Flächenenergiedichte nach *Zhu* ist kritisch zu betrachten. Anders als im Lasersintern ist nicht für die komplette Pulverbettoberfläche bzw. die bedruckte Fläche das gleiche Absorptionsvermögen anzunehmen. Ein entscheidender Einflussfaktor für die Absorption und den Energieeintrag im High Speed Sintering ist die Tintenaufbringungsmenge und somit die Variation der IR-Absorbermenge. Für eine Übertragbarkeit auf andere HSS-Maschinen fehlt zudem der Abstand des IR-Strahlers zur Pulverbettoberfläche. Die Intensität des Energieeintrags eines IR-Strahlers nimmt mit dem Abstand reziprok quadratisch ab, da der IR-Strahler eine punktförmige Strahlungsquelle ist [GRI19, S. 110]. Der Energieeintrag kann somit nicht verglichen werden. Des Weiteren variiert je nach IR-Strahler die Peak-Wellenlänge, wovon die auf der Pulverbettoberfläche eingetragene Energie bestimmt wird. Eine Vergleichbarkeit des Energieeintrags mit anderen HSS-Maschinen respektive IR-Strahlern ist ohne Berücksichtigung der Peak-Wellenlänge nicht gegeben.

Das erste Modell für den Energieeintrag im High Speed Sintering entwickelte *Thomas* im Jahr 2010 [THO10, S. 115]. Für das sogenannte Modell des Energieabsorptionswerts (engl. Energy Absorption Value, EAV) bildet die gemessene Emission des IR-Strahlers (spektrale Bestrahlungsstärke E_λ) über die Wellenlängen die Grundlage. Anschließend wird die Absorption des aufgebrachten IR-Absorbers oder des Polymerpulvers über die Wellenlängen vermessen. Die spektrale Bestrahlungsstärke und die Absorption werden wellenlängenabhängig multipliziert und das Ergebnis integriert. Das *EAV*-Modell berechnet somit wellenlängenabhängig unter Berücksichtigung der Absorption den Energieeintrag.

$$EAV = \int_{\lambda_1}^{\lambda_2} (E_\lambda \cdot \alpha_\lambda)\, d\lambda \qquad (2\text{-}8)$$

EAV Energy Absorption Value in W/m^2

λ Wellenlänge in nm

E_λ Spektrale Bestrahlungsstärke des IR-Strahlers in $W/m^2\,nm$

α_λ Absorption des IR-Absorbers oder Polymerpulvers in %

Das *EAV*-Modell beschreibt durch die Messung der Emission und Absorption die Zusammenhänge im High Speed Sintering beim Energieeintrag. Dabei wird die Messung des IR-Strahlers in einem Abstand von 0,5 m durchgeführt, wohingegen beim Einbau in der HSS-Maschine der Abstand zur Pulverbettoberfläche kleiner 0,1 m ist [THO10, S. 90]. Der ermittelte *EAV* muss deshalb unter Einbezug des Abstandes betrachtet und errechnet werden. Des Weiteren wird beim *EAV* nur der Zeitpunkt berücksichtigt, wenn der IR-Strahler senkrecht über der Pulverbettoberfläche steht. Dadurch wird der Energieeintrag vor und nach der direkten Positionierung über dem Detektor nicht erfasst. Zudem wird aufgrund der statischen Messung die Sinterlampengeschwindigkeit und somit die Dauer des Energieeintrags nicht einbezogen. Weiterhin wurde in der Absorptionsmessung der IR-Absorber eine mögliche Variation der Graustufe und damit die Erhöhung der IR-Absorbermenge nicht berücksichtigt.

Im Jahr 2018 entwickelte *Norazman* das *EAV*-Modell weiter zum Modell der High Speed Sintering Energiedichte (HSS_{ED}) [NOR18]. Darin sind neben der Emission des IR-Strahlers, der Absorption des IR-Absorbers und des Polymerpulvers auch die Prozessparameter Sinterlampengeschwindigkeit, Sinterlampenabstand und Schichtdicke berücksichtigt. Dabei basiert die Gleichung 2-10 auf einem Modell der Wärmeströme mit einem Betrachtungs- bzw. Bilanzierungsraum innerhalb des zu versinternden Bereichs [NOR18, S. 140]. Die emittierte Wärmeenergie des IR-Strahlers Q_S ist gleichzusetzen mit der Summe der absorbierten Wärme des Polymerpulvers Q_P und des IR-Absorbers Q_A abzüglich der Wärmeenergie an das umgebene unbedruckte Polymerpulver Q_U und die umgebene Luft Q_L. Der Verlust der Wärme durch die Verdunstung des Trägermediums geschieht während der Aufbringung und liegt somit außerhalb des Betrachtungsraumes.

$$Q_S = Q_P + Q_A - Q_U - Q_L \tag{2-9}$$

Q_S	Emittierte Wärmeenergie des IR-Strahlers in J
Q_P	Absorbierte und übertragene Wärme des Polymerpulvers in J
Q_A	Absorbierte und übertragene Wärme des IR-Absorbers an das Polymerpulver in J
Q_U	Wärme an das umgebene unbedruckte Polymerpulver in J
Q_L	Wärme an die umgebene Luft in J

Zur Vereinfachung können für die Randbedingungen folgende Annahmen getroffen werden:

- Die Luft der Baukammer wird auf konstanter Temperatur gehalten, weshalb der Verlust der Wärme an die Luft vernachlässigbar ist ($Q_L = 0$).
- Die Morphologie der Partikel wird als Kugeln angenommen.
- Der Kontakt zwischen zwei kugelförmigen Partikeln ist ein einziger Punkt, weshalb der Verlust der Wärme zwischen den unbedruckten Partikeln vernachlässigbar ist ($Q_U = 0$).

Basierend auf den Annahmen kann die Berechnung der Wärmeenergie des IR-Strahlers wie folgt vereinfacht werden:

$$Q_S = Q_P + Q_A \tag{2-10}$$

Weiterhin wird für das HSS_{ED}-Modell eine Unterteilung der Pulverschicht in einzelne Voxel getroffen [NOR18, S. 142]. Dafür wird die Pulverbettoberfläche in Quadrate eingeteilt. Die Kantenlänge dieser Quadrate wird durch die Auflösung des Druckkopfes bestimmt, womit sich bei einer Auflösung von 360 dpi 201 Tropfen pro mm^2 ergeben. Zusammen mit der Schichtdicke errechnet sich die Voxelgröße von 70,5 µm × 70,5 µm × 100 µm. In einem Voxel kann die Oberfläche der Partikel A (Polymer oder IR-Absorber) berechnet werden. Die Tintenaufbringungsmenge auf ein Voxel kann durch den Druckkopf variiert werden. Mit steigender Tintenaufbringungsmenge erhöht sich die Oberfläche der IR-Absorberpartikel. Die effektive Bestrahlungsstärke wird weiterhin, wie bei *Thomas*, durch das *EAV*-Modell berechnet. Erweitert wird die Gleichung durch die prozentual eingestellte Leistung des IR-Strahlers. Die Bestrahlungsstärke pro Flächeneinheit, die gemäß des *Lambert*'schen Entfernungsgesetzes reziprok quadratisch proportional zum Abstand ist, wird mit dem Verhältnis der Abstände des IR-Strahlers während der Vermessung durch einen Detektor und während des Einsatzes in der HSS-Maschine einbezogen. Zudem wird die Dauer des Energieeintrags durch die Geschwindigkeit des IR-Strahlers berücksichtigt.

Die Gleichung der Berechnung der Wärmeenergie lautet wie folgt [NOR18, S. 142]:

$$Q = \int_{\lambda_1}^{\lambda_2} (E_\lambda \cdot \alpha_\lambda)\, d\lambda \cdot P \cdot \frac{r_D^2}{r_P^2} \cdot A \cdot \frac{w}{v} \qquad (2\text{-}11)$$

Q	Eingebrachte Wärme in J
P	Leistungsgrad des IR-Strahlers in %
r_D	Abstand des IR-Strahlers zum Detektor der Spektroskopie in m
r_P	Abstand des IR-Strahlers zur Pulverbettoberfläche in m
A	Oberfläche der Partikel in einem Voxel in m^2
w	Höhe eines Voxels in m
v	Geschwindigkeit des IR-Strahlers in m/s

Die Gleichung 2-12 erweitert Gleichung 2-11 um die Betrachtung des Energieeintrags der Vorheiz- (Q_{PV} und Indexerweiterung *V*) und der Sinterphase (Q_{PS} und Indexerweiterung *S*) und berechnet damit die Wärmeenergie, die über die Wärmestrahlung des IR-Strahlers auf das Polymerpulver (Index oder Indexerweiterung *P*) übertragen wird. Der IR-Absorber (Index *A*) absorbiert nach dessen Aufbringung in der Sinterphase, was in Gleichung 2-13 beschrieben wird (nach [NOR18, S. 143]).

$$Q_P = Q_{PV} + Q_{PS} = \int_{\lambda_1}^{\lambda_2} (E_{\lambda,P} \cdot \alpha_\lambda)\, d\lambda \cdot \frac{r_D^2}{r_P^2} \cdot A_P \cdot \left(P_V \frac{w}{v_V} + P_S \frac{w}{v_S}\right) \qquad (2\text{-}12)$$

$$Q_A = \int_{\lambda_1}^{\lambda_2} (E_{\lambda,A} \cdot \alpha_\lambda)\, d\lambda \cdot P_S \cdot \frac{r_D^2}{r_P^2} \cdot A_A \cdot \frac{w}{v_S} \qquad (2\text{-}13)$$

In Kombination mit Gleichung 2-10 führen Gleichung 2-12 und 2-13 zur Gleichung 2-14 der Beschreibung der Wärmeenergie des IR-Strahlers Q_S. Diese wiederum entspricht der HSS-Energiedichte HSS_{ED} [NOR18, S. 150]:

$$HSS_{ED} = \left[\int_{\lambda_1}^{\lambda_2} (E_{\lambda,P} \cdot \alpha_\lambda)\, d\lambda \cdot \frac{r_D^2}{r_P^2} \cdot A_P \cdot \left(P_V \frac{w}{v_V} + P_S \frac{w}{v_S} \right) \right] + \left[\int_{\lambda_1}^{\lambda_2} (E_{\lambda,A} \cdot \alpha_\lambda)\, d\lambda \cdot P_S \cdot \frac{r_D^2}{r_P^2} \cdot A_A \cdot \frac{w}{v_S} \right] \tag{2-14}$$

Norazman nimmt an, dass sowohl das Polymerpulver als auch die IR-Absorber getrennt absorbieren. Durch die Aufbringung des IR-Absorbers auf die Pulverbettoberfläche werden die Absorptionsprofile[23] überlagert, sodass ein neues Absorptionsprofil entsteht. Mit der Aufbringung des IR-Absorbers wird zudem die Pulverbettoberfläche reduziert, wodurch die berechnete Oberfläche des Polymerpulvers abnimmt. Mit zunehmender aufgebrachter IR-Absorbermenge verstärkt sich dieser Effekt. Die berechnete Absorption im HSS_{ED}-Modell ist somit in beiden Ausführungen bzgl. Oberflächen höher als in der Realität. Des Weiteren wird im HSS_{ED}-Modell die IR-Strahlerleistung mit Prozentwert (Leistungsgrad) P multipliziert. Dadurch wird angenommen, dass bei einer Reduzierung des Leistungsgrads des IR-Strahlers dessen charakteristisches Emissionsprofil[24] konstant ist. Die Leistungsreduzierung bedingt jedoch, dass die Temperatur des IR-Strahlers gesenkt wird und somit sich das Emissionsprofil verschiebt (vgl. Abbildung 18).

2.4.3 Bauteilstruktur

Die Bauteilstruktur und damit die mechanischen Eigenschaften der im High Speed Sintering gefertigten Bauteile sind stark abhängig vom Energieeintrag (siehe Kapitel 2.3.2) [MAJ07, THO10, NOR14]. Diese Beobachtungen der Abhängigkeit vom Energieeintrag decken sich mit denen im Lasersintern [DRU14]. In verschiedenen Untersuchungen wurde gezeigt, dass mit zunehmendem Energieeintrag in das Pulverbett der Anteil der aufgeschmolzenen Pulverpartikel erhöht und die Kristallinität reduziert werden kann [ZAR07, MAJ08b, ZAR09, HOP09]. Des Weiteren kann durch einen zu hohen Energieeintrag ein Zersetzungseffekt im Bauteil hervorgerufen werden, was sich in einer Verschlechterung der Bauteileigenschaften äußert [CHI99, HOC01].

Rechtenwald [REC11, S. 108] beschrieb die Prozessgrenzen des Energieeintrags im Lasersintern mittels drei Kategorien in einem Strukturmodell. In der ersten Kategorie ist eine unvollständige Versinterung prägend, sodass sich eine lamellenartige Struktur mit poröser, unversinterter Zwischenschicht und mit aufgeschmolzener Schicht abwechselt. Die Zuordnung der zweiten Kategorie entspricht einer vollständigen Versinterung, die durch eine dichte innere Struktur Emission und Absorption mit nahezu verschwindender Porosität gekennzeichnet ist. In der dritten Kategorie weisen die Bauteile ebenfalls eine dichte Struktur auf, wobei es hier vor allem zu Formabweichungen an den Außenflächen des Bauteils kommt, bspw. durch ein Aufschmelzen angrenzender Partikel im Pulverbett.

[23] Verlauf der Absorption über der Wellenlänge (siehe Abbildung 17)
[24] Verlauf der Emission über der Wellenlänge (siehe Abbildung 18)

Wegner [WEG15a, S. 25] entwickelte dieses Strukturmodell weiter und definierte insgesamt sechs Stufen in Abhängigkeit vom Energieeintrag ins Pulverbett. Dabei stellt die Stufe 1 den Ausgangszustand der Pulverschicht unmittelbar nach dem Materialauftrag dar. Die Energiedichte für das Pulverbett ist zunächst so niedrig gewählt, sodass kein Versintern der Partikel erfolgt. Mit zunehmender Energiedichte beginnt nach dem Überschreiten der Sinterschwelle die Ausbildung von Sinterhälsen[25] (Stufe 2). Bis zum Erreichen der optimalen Energiedichte mit vollständig aufgeschmolzenen Partikeln, einer geringen Porosität und den optimalen mechanischen Eigenschaften (Stufe 5) sind Stufe 3 mit Sinterflächen ohne Schichtanbindung und Stufe 4 mit beginnender Schichtanbindung vorherrschend. Bei einer zu hohen Energiedichte entstehen Strukturen mit Zersetzungseinschlüssen (Stufe 6).

Das Strukturmodell von *Wegner* kann mit einer Anpassung der Strukturen in den Stufen auf das High Speed Sintering übertragen werden. Der grundlegende Unterschied dabei ist, dass im HSS der Energieeintrag flächig über einen IR-Strahler und nicht punktuell über einen Laser erfolgt. Anisotropien der Bauteileigenschaften innerhalb einer Schicht sind aufgrund der flächigen Bestrahlung abgemildert. Gleichzeitig wird durch die Aufbringung eines IR-Absorbers die Abhängigkeit des Energieeintrags vom Polymer reduziert. In Stufe 1 und 2 der Bauteilstrukturen in Abhängigkeit der Energiedichte (siehe Abbildung 14) tritt beim Überfahren der Sinterlampe keine Versinterung sowohl bei den unbedruckten als auch bei den bedruckten Bereichen des Pulverbetts auf. Nach der Ausbildung der Sinterhälse bei einer geringen Energiedichte (Stufe 3) entstehen Bauteile mit geringer Festigkeit. Die Festigkeit der Bauteile erhöht sich bis zur optimalen Energiedichte (Stufen 4 und 5). In Stufe 6 tritt – anders als beim Lasersintern – keine Zersetzung auf, da sich durch den flächigen Energieeintrag zunächst Pulveranhaftung in allen Raumrichtungen ausbilden, bevor eine Schädigung des Materials durch Zersetzung eintritt.

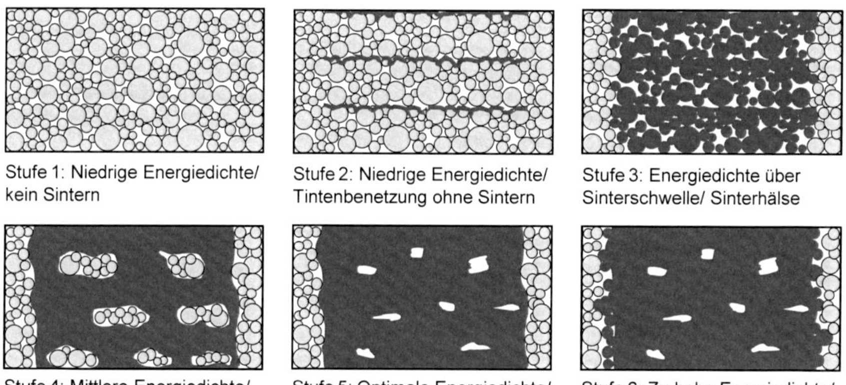

Abbildung 14: Schematische Darstellung der Strukturen der HSS-Bauteile, in Anlehnung an [WEG15a, S. 25]

[25] Beim Beginn des Verschmelzens erfolgt zwischen Kontaktflächen der Partikel eine Ausbildung eines Übergangs, des sogenannten Sinterhalses

2.4.4 Emission und Absorption

Alle realen, materiellen Körper mit einer Temperatur T über dem absoluten Nullpunkt $T > 0\,K$ emittieren Energie durch Wärmestrahlung. Bei einem Temperaturanstieg eines Körpers erhöht sich die emittierte Strahlung. Dies äußert sich in der Steigerung der Intensität der Strahlung und in einer Verbreiterung des emittierten Wellenlängenbereichs. Neben der Temperatur hängt die abgestrahlte Energie von der Größe und der Oberflächenstruktur des Körpers ab (Gl. 2-15). [BAE13, S. 623, VDI13, S. 1.083, HER16, S. 230]

$$M = \frac{d\phi}{dA} \qquad (2\text{-}15)$$

M	Spezifische Ausstrahlung in W/m²
$d\phi$	Wärmestrom in W
dA	IR-Strahlergeschwindigkeit in mm/s

Der Wärmeübertrag erfolgt bei der Wärmestrahlung im Wellenlängenbereich von $0{,}1\ \mu m < \lambda < 1.000\ \mu m$ (siehe Abbildung 15). In diesem Wellenlängenbereich sind die IR-Strahlung, das sichtbare Licht eingeschlossen (engl. visible light, VIS) von 400 – 780 nm und Teile der Ultravioletten (UV)-Strahlung. [BAE13, S. 621, VDI13, S. 1.083, GRI19, S. 94]

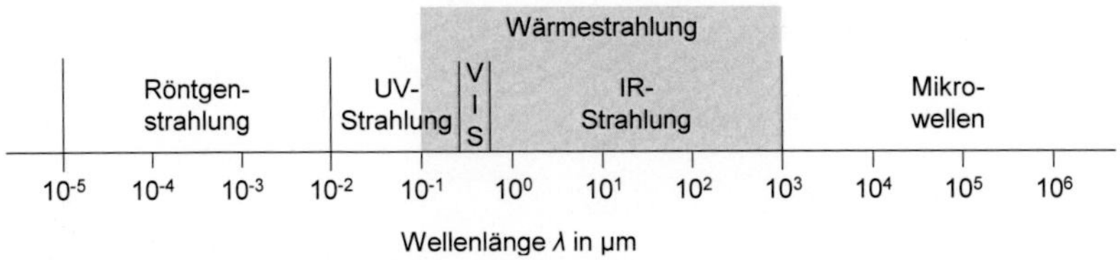

Abbildung 15: Wellenlängenbereich der elektromagnetischen Wellen, nach [BAE13, S. 621]

Die auf den Körper auftreffende Strahlung kann dabei entweder reflektiert (zurückgeworfen), absorbiert (aufgenommen) oder transmittiert (durchgelassen) werden (siehe Abbildung 16).

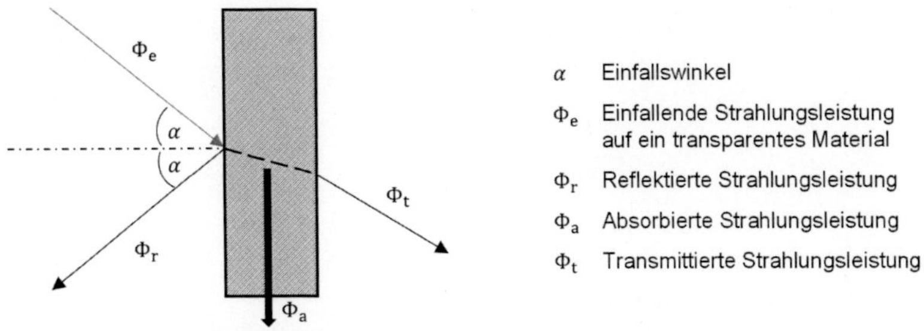

Abbildung 16: Absorption, Reflexion und Transmission, nach [HER16, S. 231]

Nach dem Energieerhaltungssatz ergibt sich aus der Summe des reflektierten ϱ, des absorbierten α und des transmittierten Anteils τ die Gleichung 2-16 [HER16, S. 232]. Eine unregelmäßige Reflexion, die durch eine raue Oberfläche entsteht, wird als Streuung bezeichnet. Im Falle der Streuung an den vorliegenden Partikeln des Pulverbetts können die darunterliegenden Partikel mit der eingebrachten Strahlung interagieren und ebenfalls Energie aufnehmen [HÄN01]. In der Gesamtbetrachtung wird deshalb die absorbierende Oberfläche größer und somit auch der Energieeintrag ins Pulverbett durch Streuung erhöht [BRÜ61]. Durch die Absorption der Wärmestrahlung wird die elektromagnetischen Strahlung in innere Energie des Materials umgewandelt [GRI19, S. 93]. Die Umwandlung von elektromagnetischer Strahlung in Wärme mit einem einhergehenden Temperaturanstieg wird als photothermischer Effekt bezeichnet [VAR88, S. 45, ALM96, S. 1].

$$\varrho + \alpha + \tau = 1 \tag{2-16}$$

ϱ Reflexionsgrad ϕ_r/ϕ_e in %

α Absorptionsgrad ϕ_a/ϕ_e in %

τ Transmissionsgrad ϕ_t/ϕ_e in %

Zur Beschreibung der Emission realer Körper wird das Emissionsverhältnis angegeben (Gleichung 2-17). Dieses gibt die Fähigkeit von realen Körpern wieder bei der gleichen Temperatur wie ein schwarzer Körper Wärmestrahlung auszusenden. Für einen schwarzen Körper gilt $\varepsilon = 1$ und $\alpha = 1$, wobei bei einem weißen Körper die Werte Null sind. Für einen realen Körper ergeben sich Werte zwischen 0 und 1, wobei der Emissionsgrad im selben Verhältnis wie der Absorptionsgrad zunimmt. Dies wird im *Kirchhoff*schen Gesetz mit $\varepsilon = \alpha$ beschrieben. [HER16, S. 231]

$$\varepsilon = \frac{M_e}{M_{e,s}} \tag{2-17}$$

M_e Spezifische Ausstrahlung des realen Körpers in W/m^2

$M_{e,s}$ Spezifische Ausstrahlung des schwarzen Körpers in W/m^2

Für ein nicht transparentes Material, wie es für die meisten technischen Materialien im IR-Bereich der Wärmestrahlung der Fall ist, wird $\tau = 0$, wodurch sich Gleichung 2-18 ergibt.

$$\varrho = 1 - \alpha = 1 - \varepsilon \tag{2-18}$$

Durch die Absorptionsmessung des IR-Absorbers Ruß und des Polymerpulvers PA12 wird der selektive Energieeintrag im High Speed Sintering erkennbar (siehe Abbildung 17). Das Polymerpulver PA12 weist eine durchschnittliche Absorption unter 20 % bis zu einer Wellenlänge von 1.600 nm auf. Wohingegen Ruß konstant über alle Wellenlängenbereiche eine Absorption über 90 % aufweist.

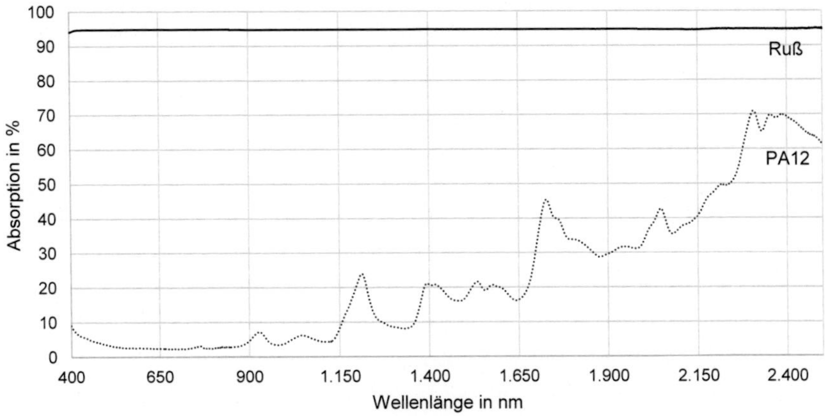

Abbildung 17: Absorptionsspektrum von PA12-Polymerpulver und von Ruß

Ein idealer Körper, auch als schwarzer Körper bezeichnet, absorbiert die einfallende Wärmestrahlung über alle Wellenlängen und aus allen Raumrichtungen. Die Wärmestrahlung wird vollständig in innere Energie umgewandelt und als Wärmestrahlung wieder emittiert. Demnach sind die Transmission und Reflexion des schwarzen Körpers Null. Bei diesem Idealmodell hängt die emittierte Wärmestrahlung ausschließlich von der Temperatur des Körpers ab. Die Intensität der Strahlung eines idealisierten schwarzen Körpers wird von keinem anderen Körper gleicher Temperatur und Größe übertroffen. [GRI19, S. 95] Zweck dieses Idealmodells ist es, die Strahlungseigenschaften realer Körper mit einem Idealwert vergleichen zu können. Zur Beschreibung der spektralen spezifischen Ausstrahlung des schwarzen Körpers gilt das *Planck*'sche Strahlungsgesetz (Gleichung 2-19).

$$M_{\lambda,s}(\lambda,T) = \frac{2 \cdot \pi \cdot h \cdot c_0^2}{\lambda^5 \cdot (e^{h \cdot c_0/\lambda \cdot k_B \cdot T} - 1)} \tag{2-19}$$

$M_{\lambda,s}$	Spektrale spezifische Ausstrahlung des schwarzen Körpers in W/m² µm
h	Planck-Konstante mit $6{,}6256 \cdot 10^{-34}$ J s
c_0	Lichtgeschwindigkeit im Vakuum mit $2{,}998 \cdot 10^{8}$ m/s
λ	Emittierte Wellenlänge in µm
k_B	Boltzmann-Konstante mit $1{,}3805 \cdot 10^{23}$ J/K
T	Temperatur des schwarzen Körpers in K

Aus der Beschreibung ergibt sich über die Wellenlänge die spektrale spezifische Ausstrahlung des schwarzen Körpers in Abhängigkeit von der Temperatur eine Isothermenschar gemäß

Abbildung 18. Mit Zunahme der Temperatur und der damit verbundenen Strahlungsenergie verschiebt sich das Strahlungsmaximum hin zu kleineren Wellenlängen.

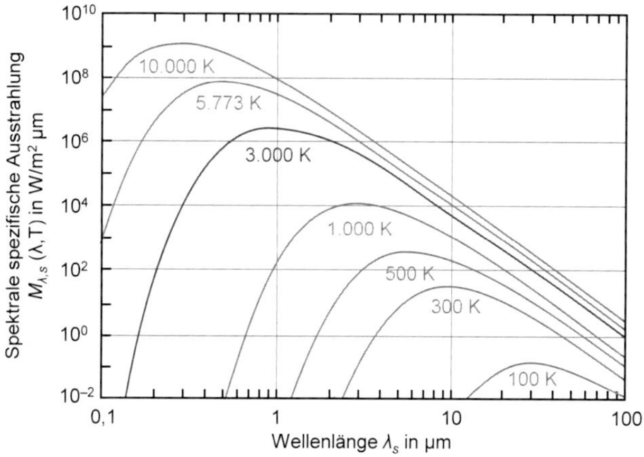

Abbildung 18: Planck'sches Strahlungsspektrum, nach [JOA21]

Durch Ableitung der Gleichung 2-19 nach der Wellenlänge kann die maximale Temperatur bestimmt werden. Mit dem *Wien*'schen Verschiebungsgesetz kann der Zusammenhang zwischen dem Strahlungsmaximum und der Temperatur des schwarzen Körpers beschrieben werden (siehe Gleichung 2-20). Die Wellenlänge der emittierten Strahlung λ_{max} korreliert somit mit dem Kehrwert der Temperatur des Körpers [BÖC17, S. 228].

$$\lambda_{max} = \frac{2.807\ \mu\text{m K}}{T} \qquad (2\text{-}20)$$

λ_{max} Wellenlänge mit der maximalen spezifischen Ausstrahlung in µm

T Temperatur des schwarzen Körpers in K

Mit der Gleichung 2-20 kann aus den Arbeiten zum High Speed Sintering von *Thomas* und *Norazman* mit der Peak-Wellenlänge die Temperatur des IR-Strahlers über 3.000 K errechnet werden [THO10, S. 100, NOR18, S. 76]. Dabei gilt es zu beachten, dass die IR-Strahler als schwarzer Körper für die Berechnung angenommen worden sind. Mit der Isohthermen von 3.000 K aus Abbildung 18 und den Absorptionseigenschaften aus Abbildung 17 an der Pulverbettoberfläche kann der Zusammenhang der Emission des IR-Strahlers und die Absorption des IR-Absorbers sowie des Polymers dargelegt werden. Die Absorption des unbedruckten Polymers ist bei der maximalen spezifischen Ausstrahlung des IR-Strahler somit geringer als 10 %, wodurch der Energieeintrag für eine Versinterung zu niedrig ist. Ruß erhöht im Wellenlängenbereich der maximalen spezifischen Ausstrahlung die Absorption, sodass eine Versinterung eintritt.

3 Zusammenfassende Bewertung und Handlungsbedarf

Die in Kapitel 1 aufgezeigte Problemstellung wird in Kapitel 2 themen- und problemspezifisch im Stand der Wissenschaft und Technik zusammengefasst. Dieser stellt nach grundlegenden Aspekten der additiven Fertigung eine Differenzierung in den Prozessen unter den bestehenden PBF-P-Verfahren dar. Weitergehend wird das High Speed Sintering anhand der durchgeführten Forschungsarbeiten erläutert und mit den Erkenntnissen aus dem Lasersintern gestützt. Darüber hinaus wird auf die physikalischen Vorgänge des Wärmetransports, der Emission sowie der Absorption eingegangen und für das High Speed Sintering konkretisiert, um damit die Grundlage für eine effektive Prozessgestaltung und für die Auswahl der messtechnischen Methoden zu schaffen.

Auf Basis der dargelegten Grundlagen werden zur Identifikation der Forschungslücke in Tabelle 1 wissenschaftliche Arbeiten gegenübergestellt, in welchen das High Speed Sintering, dessen Teilprozesse und Vorgänge wissenschaftlich analysiert wurden. Zur Differenzierung der wissenschaftlichen Arbeiten werden das Pulvermaterial sowie die Kriterien *Einflussgröße*, *Zielgröße* und *Methode* herangezogen.

Das erste Kriterium *Einflussgröße* differenziert, welche daten-, einbau- und prozessseitigen Einstellungen (vgl. Abbildung 11) in den jeweiligen Untersuchungen des High Speed Sinterings verändert wurden. Die aufgeführten Einflussgrößen in Tabelle 1 stehen dabei alle in Wechselwirkungen mit der Energiedichte. Dazu gehören neben den beschriebenen Einflussgrößen in Kapitel 2.3.2 die Tinte bzw. IR-Absorber, da diese die Intensität des Energieeintrags beeinflussen. Mittels des zweiten Kriteriums lässt sich differenzieren, welche bauteilseitigen *Zielgrößen* durch die Variation der Einflussgrößen in den jeweiligen Untersuchungen analysiert wurden. Diese beinhalten die klassischen Bauteilanforderungen wie mechanische Eigenschaften, Oberflächengüte sowie Form- und Maßhaltigkeit. Hinzu kommen Materialcharakteristika wie Bauteildichte, Farbabstufung und Kristallinität, die im direkten Zusammenhang mit den Einflussgrößen der Energiedichte stehen. Anhand des dritten Kriteriums lassen sich die verwendeten *Methoden* der jeweiligen wissenschaftlichen Arbeiten bewerten und abgrenzen. Diese bilden für eine ganzheitliche Betrachtung und ein wissenschaftlich aussagekräftiges Ergebnis die Grundlage, um die Zielsetzung aus Kapitel 1.2 ausreichend zu untersuchen. In der vorliegenden Arbeit werden alle in Tabelle 1 aufgeführten Kriterien behandelt.

Anhand der Ausführung der Tabelle 1 wird deutlich, dass bisher aufgrund der getrennt untersuchten Einfluss- und Zielgrößen ein heterogener Forschungsstand vorliegt. Das Material PA12, welches mit einem Marktanteil von über 50 % in den PBF-P-Verfahren das am häufigsten eingesetzte Material darstellt [SCH18, S. 127], wurde im High Speed Sintering bisher nicht gesamtheitlich unter den aufgeführten Einflussgrößen hinsichtlich der Zielgrößen untersucht. Den Schwerpunkt der Untersuchungen bildeten die Variation der Sinterlampenleistung, der Sinterlampengeschwindigkeit und der Tintenaufbringungsmenge bzw. Graustufe. Vereinzelt wurde die Sinterlampenart [NOR16], der Sinterlampenabstand [HOP04], die Tinte [FOX15] oder der IR-Absorber [THO10] untersucht.

Tabelle 1: Wissenschaftliche Arbeiten im Kontext der Zielstellung der vorliegenden Arbeit

		Einflussgröße										Zielgröße						Methode		
Referenz	Material	Sinterlampenart	Sinterlampenabstand	Sinterlampenleistung	Sinterlampengeschwindigkeit	Pre-Sinterlampenleistung	Prozesstemperatur	Schichtdicke	Graustufe (Aufbringungsmenge)	Tinte	IR-Absorber	Bauteildichte	Mechanische Eigenschaften	Oberflächengüte	Form- & Maßhaltigkeit	Farbabstufung	Kristallinität	Nutzwertanalyse	Statistische Versuchsplanung	Modell des Energieeintrags
HOP04	PA12		X						X				X		X					
THO06	PA12			X			X													
MAJ07	PA12			X			X						X							
MAJ08	PA12			X											X					
THO10	PA12									X	X		X				X		X	X
NOR14	TPE				X		X						X	X						
ELL14	PA12								X				X				X			
NOB14	PA12				X				X			X	X				X			
ELL15	TPE								X			X	X							
FOX15	PA12									X		X	X							
ROU16	PA12			X								X	X							
NOR16	PA12	X		X								X	X							
NOR17	TPE												X	X	X					
BRO18	TPE				X		X		X				X	X						
FOX18	PP				X	X	X		X				X		X		X		X	
NOR18	TPE			X	X	X	X					X	X	X	X				X	
	PA12	X							X			X	X	X	X				X	X
BHA19	PMMA								X			X	X		X					
ZHU20a	PA12			X	X				X				X	X					X	
ZHU20b	PA12			X	X								X							X
WIL21a	PA12, PA11, PP, PEBA, PS															X				
WIL21b	PA12, PA11, PP, PEBA, PS									X		X								
Vorliegende Arbeit	**PA12**	**X**	**X**	**X**	**X**	**X**	**X**	**X**	**X**	**X**	**X**	**X**	**X**	**X**	**X**	**X**	**X**	**X**	**X**	**X**

Beim High Speed Sintering ist aufgrund des flächigen Energieeintrags für die Absorption nicht nur das Polymerpulver ausschlaggebend, sondern gleichzeitig der IR-Absorber und dessen Partikelmenge, die durch die Tintenaufbringung bestimmt wird [NOR18, S. 150]. Die Tinte wiederum bestimmt den Energieeintrag und somit die Bauteileigenschaften bzw. Zielgrößen.

Im High Speed Sintering wird bisher nur Ruß als IR-Absorber eingesetzt. Die schwarzen Rußpartikel bewirken im HSS-Prozess eine Schwarzfärbung des weißen Kunststoffpulvers und haben damit graue bis dunkelgraue Bauteile zur Folge. Je nach eingesetzten Material konnte eine Variation der Farbabstufung nachgewiesen werden [WIL21a]. Die Farbabstufung bei der Variation der Tintenaufbringungsmenge und der in der Tinte befindlichen Partikelmenge sowie Partikelart wurden bisher nicht untersucht. Durch die Nutzung eines IR-Absorbers mit einer helleren Eigenfarbe und/oder durch die Notwendigkeit einer geringeren IR-Absorbermenge könnte die Färbung der Bauteile reduziert werden. Mit der gesamtheitlichen Betrachtung des HSS-Prozesses, indem die Tinte hinsichtlich des Absorptionsspektrums und der IR-Absorbermenge speziell für die Energiequellen der HSS-Maschinen entwickelt wird, können hellere bzw. im besten Falle Bauteile mit der Eigenfarbe des Kunststoffes gefertigt werden. Daraus leitet sich der Handlungsbedarf ab, mit dem IR-Absorber den Energieeintrag im energiereichen, kurzwelligen Strahlungsbereich zu erhöhen und somit die Menge an IR-Absorber zu reduzieren. Gleichzeitig ist eine geringere Eigenfarbe des IR-Absorbers vorteilhaft. Dies kann durch einen farblich neutralen bzw. möglichst hellen IR-Absorber mit einem Absorptionsmaximum zwischen 850 und 1.250 nm erreicht werden.

Thomas konnte in einer Untersuchung von nicht kohlenstoffbasierten Partikeln als neue IR-Absorber nicht die Bauteileigenschaften wie mit Ruß als IR-Absorber erreichen [THO10]. Dies ist darauf zurückzuführen, dass die Absorption der elektromagnetischen Strahlung von über 95 % durch den neuen IR-Absorber erst ab einer Wellenlänge von ca. 1.400 nm eintrat. Damit war die Abstimmung mit dem Emissionsmaximum des IR-Strahlers zwischen 900 und 1.500 nm nicht gegeben und die energiereiche kurzwellige Strahlung konnte durch den neuen IR-Absorber nicht in die gleiche Wärmeenergie wie durch Ruß umgewandelt werden. Um den gleichen Energieeintrag wie bei Ruß zu erreichen, wäre im Wellenlängenbereich ab 1.400 nm mehr Energie benötigt worden. Bei einer Erhöhung des Energieeintrags durch leistungsstärkere IR-Strahler oder einen IR-Strahler mit höherem Emissionsmaximum (ca. 1.400 nm) stieg jedoch die Härte des Pulverkuchens ebenfalls an, da die Absorption des PA12-Pulvers ab einer Wellenlänge von 1.600 nm zunimmt (siehe Abbildung 17). Daraus leitet sich ab, dass die Abstimmung neuer IR-Absorbers sowohl mit dem IR-Strahler als auch mit dem Polymerpulver durchzuführen ist.

Für die Untersuchung neuer IR-Absorber sind Kenntnisse über den Energieeintrag folglich essentiell. Deshalb ist neben der Absorption der IR-Absorber und des Pulvermaterials das Spektrum der elektromagnetischen Strahlung der Energiequelle durch geeignete Messmethoden zu bestimmen. Mit der Determinierung der Strahlungsemission des IR-Strahlers in der HSS-Maschine kann der Energieeintrag weiter spezifiziert werden. Dabei gilt es zu beachten, dass sowohl die Emission des IR-Strahlers als auch die Absorption der IR-Absorber über die Wellenlängen unterschiedlich sind (siehe Abbildung 17).

In den PBF-P-Verfahren wurden in den letzten Jahren bereits umfangreiche Forschungsarbeit für das Lasersintern geleistet. Um die Zielgrößen aus den Einflussgrößen im High Speed Sintering mit den Ergebnissen aus dem Lasersintern vergleichen zu können, fehlen bisher geeignete Modelle des Energieeintrags, die einen zahlen- und einheitsmäßigen Vergleich zulassen. Durch eine Übertragungsmöglichkeit der Ergebnisse aus dem Lasersintern anhand der Kenngröße des Energieeintrags kann im High Speed Sintering eine teilweise Adaption der Erkenntnisse stattfinden. Die im High Speed Sintering durchgeführten Arbeiten von *Thomas, Norazman* und *Zhu* führten zu verschiedenen Modellen des Energieeintrags [THO10, NOR18, ZHU20b]. Diese wurden in Kapitel 2.4.2 beschrieben und kritisch betrachtet. Dabei entwickelte *Thomas* ein statisches Modell des Energieeintrags ohne eine zeitliche Abhängigkeit. Das HSS_{ED}-Modell von *Norazman* bezieht die Zeitkomponente mit ein und beschreibt einen flächen- bzw. volumenunabhängigen Energieeintrag, der allerdings nicht mit dem Lasersintern verglichen werden kann. Der Ansatz von *Zhu*, der in Anlehnung an die *Andrew*-Nummer E_A aus dem Lasersintern getroffen wurde, lässt eine Vergleichbarkeit aufgrund der Adaption mit dem Lasersintern zu. Es können jedoch keine Rückschlüsse zu der eingebrachten Energie auf der Pulverbettoberfläche getroffen werden, da bei der Intensität der Energie der Abstand des IR-Strahlers nicht berücksichtigt wurde und dieser sich in den verschiedenen HSS-Maschinen unterscheidet. Darüber hinaus ist eine Vergleichbarkeit der Untersuchung im High Speed Sintering von *Norazman* und *Zhu* nicht gegeben, da der Energieeintrag durch verschiedene Energiequellen und eine unterschiedliche Beschreibung dieser erfolgte [NOR18, ZHU20b]. Daraus leitet sich der Bedarf einer Methode zur standardisierten Bestimmung des Energieeintrags in den zu versinternden Pulverbettoberflächenbereichen ab. Dadurch können die Zielgrößen in Relation mit dem Energieeintrag im High Speed Sintering gesetzt werden und mit dem Energieeintrag des Lasersinterns verglichen werden, sodass die Erkenntnisse aus dem Lasersintern auf das High Speed Sintering übertragen werden können.

Eine Bestimmung der Haupteinflussgrößen im High Speed Sintering ist bisher nicht erfolgt. Dieser in Kapitel 1.1 beschriebene Bedarf soll durch eine statistische Ermittlung der Haupteinflussgrößen durch Variation der daten- und prozessseitig einstellbaren Einflussgrößen (siehe Abbildung 11) gedeckt werden. Des Weiteren gilt es für die ermittelten Haupteinflussgrößen hinsichtlich der Zielgrößen einen optimierten Parametersatz zu definieren. Dafür fungiert der bisherige IR-Absorber Ruß als Referenz für den neuen IR-Absorber.

Mit der Untersuchung eines neuen IR-Absorbers ist die Abstimmung weiterer IR-Strahler für eine zukünftige Anwendung auf der HSS-Maschine der notwendige nächste Schritt. Durch die gezielte Auswahl von IR-Strahlern und dem Einfluss des Emissionsspektrums können Potentiale der Reduzierung der Pulveralterung gehoben werden.

Aus den aufgeführten Beschreibungen sowie der Tatsache, dass keine Arbeiten und Ansätze zu einer ganzheitlichen Betrachtung zur Auswahl und Charakterisierung eines neuen IR-Absorber vorliegen, leitet sich der Handlungsbedarf für die vorliegende Arbeit ab. Die systematische Bestimmung mittels der Nutzwertanalyse eines neuen IR-Absorbers erfordert gleichzeitig den Aufbau von Prozesswissen über den Energieeintrag im High Speed Sintering hinsichtlich der Absorption der Tinte sowie des Kunststoffes und der Emission des IR-Strahler durch geeignete Messmethoden. Unter Anwendung statistischer Versuchsplanung werden die Haupteinflussgrößen des HSS-Prozesses bestimmt und für die Untersuchung des neuen IR-Absorbers herangezogen, sodass das Ziel der Reduzierung der Bauteilfarbgebung ermöglicht wird.

4 IR-Absorberauswahl und -bewertung

Im folgenden Kapitel werden Materialien, die bereits als IR-Absorber eingesetzt und entsprechend am Markt angeboten werden, auf ihre mögliche Eignung zur Anwendung als IR-Absorber in einer Tinte für das High Speed Sintering untersucht. Dazu werden die vier Phasen der Methodik der Werkstoffauswahl nach *Reuter* angewendet [REU14, S. 25]. Anhand eines Anforderungsprofils (Phase I), das durch den Prozess des High Speed Sintering bestimmt ist, werden IR-Absorber vorausgewählt (Phase II). Anschließend erfolgt anhand der Anforderung die Feinauswahl sowie die Bewertung (Phase III). Darauf aufbauend erfolgt der Nachweis durch Versuche (Phase IV), dass der am besten bewertete IR-Absorber die gestellten Anforderungen erfüllt.

4.1 Ermittlung der IR-Absorberanforderungen

In der Phase I werden technische und wirtschaftliche Anforderungen für den IR-Absorber festgelegt. Dies entspricht gleichzeitig der ersten Phase der VDI-Richtlinie 2221 *Klären und Präzisieren der Aufgabenstellung* und liefert als Ergebnis eine Anforderungsliste der notwendigen und ausschließenden Eigenschaften [VDI19]. Zur Erstellung der Anforderungsliste wird zweistufig vorgegangen. Dabei werden zunächst die durch den HSS-Prozess offensichtlichen Anforderungen festgelegt, die nachfolgend konkretisiert und ergänzt werden. Dabei lassen sich die Anforderung in Forderungen (F) und Wünsche (W) unterteilen. Forderungen müssen für eine akzeptable Lösung unbedingt erfüllt werden und bilden die Muss-Anforderungen (Basisfaktoren). Wünsche hingegen können mit begrenzten zulässigen Mehraufwand Berücksichtigung finden und bilden die Kann-Anforderung (Leistungsfaktoren) [KAN84, PAH07, S. 214]. Die Bedeutung der Wünsche wird mit der Einteilung in die Klassen hoch, mittel und gering bewertet. In der Tabelle 2 sind die Anforderung für geeignete IR-Absorber im High Speed Sintering unterteilt nach den Kriterien, die durch die zu erreichenden Anforderungen durch den Prozess, durch die Anwendung der Bauteile und an die Wirtschaftlichkeit dargestellt:

Tabelle 2: Anforderungsliste für geeignete IR-Absorber im High Speed Sintering

Nr.	F/W	Anforderung	Eingrenzung	Bedeutung
		Anforderungen durch den Prozess		
1.1	F	Temperaturstabilität	> 350 °C	/
1.2	F	Partikelgrößenmaximum	< 1 µm	/
1.3	F	Partikelform	gleichförmig	/
1.4	F	Absorptionsbereich des Absorptionsmaximums	850 – 1.250 nm	/
1.5	W	Absorptionsmaximum λ_{max}	1.050 nm	hoch
1.6	W	Absorptionsbreite um Absorptionsmaximum	700 nm	mittel
		Anforderungen durch die Anwendung der Bauteile		
2.1	W	Farbgebungseinfluss	gering	hoch
2.2	W	Toxizität	keine	niedrig
		Anforderungen an die Wirtschaftlichkeit		
3.1	W	Kosten	gering	hoch
3.2	W	Verfügbarkeit	hoch	niedrig

Unter den Anforderungen durch den Prozess sind die durch den Sinterprozess oder die Verarbeitung entstehende Anforderungen zusammengefasst. Die auf dem Markt befindlichen HSS-Maschinen sind vor allem für das Material PA12 ausgelegt und dabei auf Prozesstemperaturen bis 190 °C beschränkt [VOX19]. Für zukünftige Anwendungen neuer Materialien im Hochtemperaturbereich wie bspw. Polyetheretherketon (PEEK) oder Polyimid (PI) sind für die Verarbeitung Prozesstemperaturen von 350 °C notwendig [REC11, S. 77]. Dabei dürfen die Partikel nicht während des Prozesses reagieren oder durch die unterschiedliche Umgebungstemperatur bei dem zu verarbeitenden Polymer die Absorptionseigenschaften verändern. Deshalb ist eine entsprechende Temperaturstabilität zu erfüllen. Um IR-Absorberpartikel mittels der Druckköpfe in der HSS-Maschine verarbeiten zu können, müssen diese durch die Düsenöffnungen und Vorfilter passen. Gleichzeitig müssen die Partikel möglichst klein sein, damit die Sedimentationsneigung in der Tinte reduziert wird und damit eine Verarbeitbarkeit in der HSS-Maschine sichergestellt werden kann. Es wird deshalb ein Partikelgrößenmaximum kleiner 1 µm bei einer gleichförmigen Partikelform gefordert. Des Weiteren muss möglichst wenig Energie durch die Sinterlampe in das nicht zu versinternde Polymerpulver eingetragen werden, damit bei zunehmender Sinterlampenleistung die Härte des Pulverkuchens nicht ansteigt. Daraus leitet sich ab, dass die Sinterlampe im niedrigen Absorptionsbereich von PA12 emittiert und der IR-Absorber dort maximal absorbiert (siehe Abbildung 17). Dabei sollen die IR-Absorber im Maximum bei 1.050 nm absorbieren, damit diese mit dem Emissionsmaximum der Sinterlampe übereinstimmen [NOR18, S. 145]. Dieser Wert wurde durch eigene Messungen bestätigt (siehe Kapitel 6.1.3). Daraus leitet sich für mögliche IR-Absorber die Lage des Absorptionsmaximums im Absorptionsbereich von 850 – 1.250 nm ab. Gleichzeitig wird eine hohe Absorptionsbreite um das Absorptionsmaximum von 700 nm gefordert.

Die mittels High Speed Sintering gefertigten Bauteile sind aufgrund der eingesetzten Rußpartikel als IR-Absorber grau bis dunkelgrau gefärbt, was eine Anwendung und Nachbearbeitung der Bauteile limitiert. Daher wird gefordert, dass die neuen Partikel keinen oder einen geringen Einfluss auf die Farbgebung haben. Dies kann durch eine geringe Partikelmenge sowie eine Transmission im VIS-Bereich umgesetzt werden. Gleichzeitig sollen die Partikel nicht toxisch (human- und umwelttoxisch) sein, damit ein Einsatz bspw. auch bei additiv gefertigten Bauteilen für die medizinische Anwendung möglich ist.

Ergänzend werden in der Anforderungsliste die wirtschaftlichen Kriterien betrachtet. Dies umfasst die Kosten für die IR-Absorberpartikel pro Kilogramm und die Marktverfügbarkeit der geeigneten IR-Absorber, um eine Beschaffung des benötigten Eigenschaftsprofils der IR-Absorber umsetzen können.

4.2 Vorauswahl der IR-Absorber

Das Ziel der Vorauswahl (Phase II) ist es, potentielle IR-Absorber mit weitestgehender Übereinstimmung zwischen dem Anforderungsprofil und den Eigenschaftsprofilen zu finden. Zur Vorauswahl werden die Anforderungen 1.1 – 1.4 (alle Forderungen) der Tabelle 2 herangezogen, um grobmaschig mögliche IR-Absorber zu identifizieren [REU14, S. 107].

IR-Absorber lassen sich im Allgemeinen in organische und anorganische Materialien einteilen [SIN21, S. 1.115]. Organische Partikel werden durch Synthese von Proteinen, Fetten, Kohlenhydraten oder anderen organischen Verbindungen hergestellt, die eine Größe von 100 nm aufweisen. Zu den Syntheseprodukten gehören Dendrimere (baumartige Strukturen), Mizellen (Aggregate aus polaren und unpolaren Anteilen) und Liposomen (Fettkörper in Blasenform). Die Schmelzpunkte bzw. die Zersetzungstemperaturen der organischen IR-Absorber sind meist unterhalb 350 °C [HÄD06, S. 2]. Entsprechend Anforderung 1.1 (Temperaturstabilität >350 °C) scheiden damit organische Partikel als geeignete IR-Absorber für das High Speed Sintering aus. Anorganische Partikel werden in kohlenstoffbasierte Materialien, Metalle, Keramiken und Polymere eingeteilt (siehe Tabelle 3) [SIN21, S. 1.115]. Polymere werden aus organischen Naturstoffen hergestellt und weisen deshalb ähnliche Zersetzungstemperaturen wie die organischen Partikel auf, weshalb diese anorganischen Partikel nicht als IR-Absorber genutzt werden können. Im Rahmen dieser Arbeit wird deshalb der Fokus auf die IR-Absorber aus den Kategorien der kohlenstoffbasierten Materialien, Metallen und Keramiken gelegt (siehe Tabelle 3 schwarze Schrift), da diese einen Schmelzpunkt oberhalb von 350 °C aufweisen.

Tabelle 3: Einteilung und Eingrenzung der organischen und anorganischen Partikel nach [SIN21, S. 1.115]

Organische Partikel	Anorganische Partikel
Dendrimere	Kohlenstoffbasierte Materialien
Mizellen	Metalle
Liposomen	Keramiken
	Polymere

4.2.1 Kohlenstoffbasierte Materialien

Als kohlenstoffbasierte Materialien werden Partikel bezeichnet, die ausschließlich aus dem Element Kohlenstoff bestehen. Diese können in Fullerene, Graphene, Kohlenstoffnanoröhrchen (engl. carbon nano tubes, CNTs), Kohlenstoffnanofasern (engl. carbon nano fibers, CNFs) oder Ruß klassifiziert werden [MAR17, S. 6]. Generell sind kohlenstoffbasierte Materialien schwarz und absorbieren bis in den IR-Bereich (siehe Tabelle 4).

Als Fullerene werden kugelförmige angeordnete Kohlenstoffmolekülstrukturen bezeichnet. Sie weisen einen Durchmesser zwischen 4 – 36 nm auf, können ein oder mehrlagig sein und haben ein Absorptionsmaximum im UV-Bereich [SUN14, S. 8074, BAR07, S. 146]. Graphene sind hexagonal angeordnete Wabengitter aus Kohlenstoffmolekülen in einer oder mehreren zweidimensionalen Ebene(n). Diese können eine Ausdehnung bis zu mehreren Mikrometer aufweisen und absorbieren ebenfalls maximal im UV-Bereich [MAR17, S. 3, BAL11, S. 240]. CNTs sind röhrenförmige Kohlenstoffmoleküle, die sich durch die Schichtanzahl in einwandige (SWCNTs[26]) oder mehrwandige (MWCNTs[27]) einteilen lassen. Der Zylinderdurchmesser kann zwischen 0,7 – 100 nm bei einer Länge von wenigen Mikrometern bis zu mehreren Millimetern variieren. Das Absorptionsmaximum liegt ebenfalls im UV-Bereich [MAR17, S. 3, QUT17, S. 489]. CNFs unterscheiden sich in der Form (Kegel oder Becher) zu den CNTs und werden deshalb nicht getrennt aufgeführt [MAR17, S. 3]. Im Gegensatz zu den bisher beschriebenen Materialien, handelt es sich bei Ruß um ein amorphes Material. Die kugelförmigen Partikel ha-

[26] engl. single walled carbon nano tubes
[27] engl. multi walled carbon nano tubes

ben einen Durchmesser zwischen 20 – 70 nm und die maximale Absorption ist im IR-Bereich [MAR17, S. 3, HAN11, S. 6]. Durch dieses Eigenschaftsprofil wird Ruß in den gegenwärtig auf dem Markt verfügbaren HSS-Maschinen eingesetzt [NOR18, S. 17].

Die alternativen kohlenstoffbasierten Materialien werden nicht weiter betrachtet, da zum einen das Absorptionsmaximum im UV-Bereich liegt. Zum anderen können die CNTs oder Graphene aufgrund ihrer Partikelgröße nicht die vorgegebene Forderung des Partikelgrößenmaximums erfüllen, sodass die Verarbeitung mittels Druckköpfen aufwendige Vorverarbeitungsschritte erfordert. Weiterhin soll keine Materialalternative innerhalb dieser Kategorie untersucht werden, sondern durch Auswahl eines Materials aus einer weiteren Kategorie sollen Materialinnovationen entstehen [REU14, S. 102].

Partikel, die eine oder mehrere der Anforderungen 1.1 – 1.4 (siehe Kapitel 4.1) nicht erfüllen, werden in diesem sowie den nachfolgenden Kapiteln in den zusammenfassenden Tabellen in grauer Schrift dargestellt und nicht weiter betrachtet.

Tabelle 4: Ausgewählte kohlenstoffbasierte Partikel und deren Absorptionsspezifikationen

Material	Absorptionsbereich in nm	Absorptionsmaximum λ_{max} in nm	Referenz
CNTs	200 - 2.000	300	[QUT17, S. 489]
Fullerene	200 - 1.200	300	[SUN14, S. 8074, BAR07, S. 146]
Graphene	200 - 900	250	[NAJ18, S. 805, SAN15, S. 4]
Ruß	400 - 2.500	1.100	[HAN11, S. 6]

4.2.2 Metalle

Zu den metallischen Absorbern im IR-Bereich zählen Gold (Au), Silber (Ag) und Kuper (Cu) (siehe Tabelle 5). Als kugelförmige Partikel liegen die Absorptionsbereiche von Au, Ag oder Cu im VIS-Bereich und sind für die Anwendung im High Speed Sintering nicht geeignet (Anforderung 1.4) [MAT18, S. 2]. Durch die Veränderung der Form (Erfüllung Anforderung 1.2 – 1.3) oder der Zusammensetzung können diese Materialien im IR-Bereich absorbieren [LER09, S. 3].

Tabelle 5: Ausgewählte Metallpartikel und deren Absorptionsspezifikationen

Material (Form)	Absorptionsbereich in nm	Absorptionsmaximum λ_{max} in nm	Referenz
Ag (Dreieck)	580 - 910	800	[MUR09, S. 294]
Ag (Kugel)	250 - 650	430	[ANA16, S. 399, MAT18, S. 2]
Au (Kugel)	350 - 750	525	[HEY05, S. 2.861, MAT18, S. 2]
Au (Prisma)	1.000 - 1.360	1.310	[GHO07, S. 4.804]
Au (Schale)	Keine Angabe	800	[TUE13, S.1.328]
Au (Stab)	900 - 1.200	1.050	[JAI08, S. 1.579]
Cu (Kugel)	450 - 850	575	[RAM11, S. 1.403, MAT18, S. 2]
CuS (Kugel)	700 - 1.000	900	[LIL10, S. 1.164]

So besitzen stabförmige Au-Partikel, sogenannte Gold Nanorods (GNRs), ein Absorptionsmaximum, das vom Aspektverhältnis (Verhältnis von Länge zu Breite) und der Beschichtungsstärke des Siliziumkerns abhängig ist [JAI08, S. 1.579]. Durch die Ummantelung von Siliziumdioxidkernen zu schalenförmigen Partikeln kann die Absorption ebenfalls in den IR-Bereich verschoben werden, sodass das Absorptionsmaximum im IR-Bereich liegt [TUE13, S.1.328]. Bei Kupfer hingegen kann durch die Oxidation mit Schwefel zu Kupfersulfid (CuS) die Absorption in den IR-Bereich verschoben werden [LIL10, S. 1.164]. Aufgrund des Schmelzpunkts der Kupferpartikel bei 103 °C wird es nicht weiter berücksichtigt (Anforderung 1.1) [AME22d].

4.2.3 Keramiken

Charakteristisch für Keramiken ist ein hoher Schmelzpunkt (Anforderung 1.1) und für deren Verarbeitung mittels Sinterprozessen die gleichmäßig pulverförmige Ausgangsform (Anforderung 1.2 und 1.3). [TEL07]

Eine Gruppe innerhalb der Keramiken bilden die Metalloxide (siehe Tabelle 6). Das im UV-Bereich absorbierende Wolframoxid kann durch die Dotierung mit Cäsium ($CsWO_3$) zu einem IR-Absorber mit einem Absorptionsmaximum bei ca. 1.500 nm modifiziert werden [ADA12, S. 966]. Kupfer kann in Form von Kupferhydroxidphosphat $Cu_3(PO_4)_2$ als IR-Absorber eingesetzt werden [CHE13, S. 2]. Siliziumdioxid (SiO_2) weist ohne eine Ummantelung durch Gold einen Absorptionspeak im VIS-Bereich und sein Absorptionsmaximum bei 370 nm auf [NIK14, S. 531]. Zinnoxide (SnO_2) werden als elektrische leitfähige Absorber in Photovoltaikanlagen eingesetzt, um im UV-Bereich elektromagnetische Strahlungsenergie umzuwandeln. Durch die Dotierung mit Antimon (engl. antimony doped tin oxide, ATO) kann die Absorption in den IR-Bereich verschoben werden, wobei diese im geforderten Absorptionsbereich um 1.000 nm nicht ausreichend ist [HAD18, S. 722, CHO11, S. 103].

Tabelle 6: Ausgewählte Metalloxidpartikel und deren Absorptionsspezifikationen

Material	Absorptionsbereich in nm	Absorptionsmaximum λ_{max} in nm	Referenz
$CsWO_3$	800 - 2.100	1.500	[ADA12, S. 966]
$Cu_3(PO_4)_2$	800 - 1.600	1.200	[CHE13, S. 8]
SiO_2	370 - 400	370	[NIK14, S. 531]
SnO_2	200 - 370	200	[CHO11, S. 103, HAD18, S. 726]
SnO_2 - ATO	200 - 370	200	[HAD18, S. 726]

Eine weitere Gruppe innerhalb der Keramiken bilden die Boride, insbesondere die (Metall-) Hexaboride (MB_6), da diese sich durch eine hohe Absorption im Wellenlängenbereich zwischen 800 – 1.500 nm und keine bzw. eine geringe Eigenfarbe im VIS-Bereich auszeichnen [MER10, S. 3]. Hexaboride werden deshalb als IR-Absorber in Beschichtungen von Fenstern, in Druckfarben für Sicherheitselemente oder zum Schweißen von Kunststoffteilen eingesetzt [MAT18, S. 1, MER10, S. 2, BAS05, S. 1]. Hexaboride werden bevorzugt in einer Partikelgröße zwischen 15 – 100 nm eingesetzt [BAS05, S. 6]. Aufgrund der Herstellung der Partikel mittels Mahlprozess liegen diese meist in kubischer Form vor [MER10, S. 5].

Takeda et al. [TAK08, S. 2.899] stellten in einer Transmissionsmessung verschiedene Hexaboride mit einer durchschnittlichen Partikelgröße von ca. 18 nm für die Anwendung als Filter von naher Infrarot (NIR)-Strahlung der Sonne an. Dabei wiesen vor allem Lanthanhexaborid (LaB_6), Cerhexaborid (CeB_6), Praseodymiumhexaborid (PrB_6) und Neodymiumhexaborid (NeB_6) sehr niedrige Transmission (< 35 %) bei 1.000 nm auf. Gadoliniumhexaborid (GdB_6) erreicht eine Transmission von 50 % und wird nicht weiter betrachtet (siehe Abbildung 19).

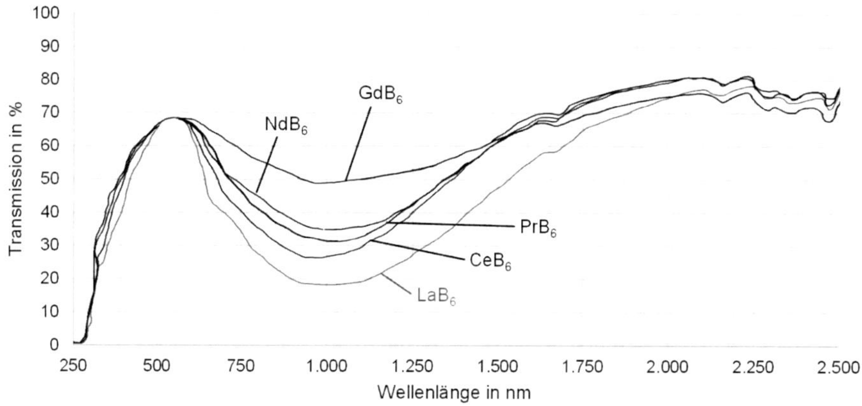

Abbildung 19: Vergleich der Transmission von LaB_6, CeB_6, PrB_6, NdB_6 und GdB_6 nach [TAK08, S. 2.899]

Neben den aufgeführten IR-Absorbern wurden zudem in einer Untersuchung von *Bao et al.* [BAO16b, S. 1.128, BAO16a, S. 19.168] neben LaB_6 weitere Hexaboride von Calcium (CaB_6), Barium (BaB_6) und Strontium (SrB_6) charakterisiert. Samariumhexaborid (SmB_6) besitzt einen zweiten Absorptionspeak bei 1.000 nm und weist gegenüber LaB_6 eine geringe Absorption bei dieser Wellenlänge auf [MAT18, S. 6]. Yttriumhexaborid (YB_6) besitzt im UV-Bereich ein

Tabelle 7: Ausgewählte Hexaboridpartikel und deren Absorptionsspezifikation

Material	Absorptionsbereich in nm	Absorptionsmaximum λ_{max} in nm	Referenz
BaB_6	350 - 900	420	[BAO16b, S. 1.128, BAO16a, S. 19.168]
CaB_6	350 - 1.800	900	[BAO16b, S. 1.128]
CeB_6	**800 - 1.800**	**1.000**	**[TAK08, S. 2.899, LIZ17, S. 10.719]**
LaB_6	750 - 1.300	1.000	[ADA10, S. 512, XIA12, S. 1, MAT18, S. 6]
NdB_6	1.000 - 2.125	1.500	[LIZ17, S. 10.719]
PrB_6	1.000 - 1.750	1.250	[LIZ17, S. 10.719]
SmB_6	300 - 1.250	400	[MAT18, S. 6, LIZ17, S. 10.719]
SrB_6	350 - 1200	470	[BAO16b, S. 1.128]
YB_6	200 - 2.500	200	[XIA11, S. 6]

Absorptionsmaximum und einen weiteren Absorptionspeak bei 1.180 nm im NIR-Bereich [XIA11, S. 6]. In Tabelle 7 wurden die aufgezählten Hexaboridpartikel mit dem relevanten Absorptionsmaximum zusammengefasst.

4.3 Feinauswahl der IR-Absorber

Die Vorauswahl wird im nächsten Schritt weiter eingeschränkt und für die anschließende Bewertung in einer Bewertungsmatrix vorbereitet [MOE14, S. 56]. Für die Feinauswahl der IR-Absorber wird in Abbildung 20 ein Überblick geschaffen, der die in Frage kommenden IR-Absorber (Erfüllung der Forderung) mit deren zugehörigem Absorptionsbereich und Absorptionsmaximum aus den verschiedenen Kategorien beschreibt. Die eingezeichneten querverlaufenden Linien stellen die Anforderung 1.5 und 1.6 dar.

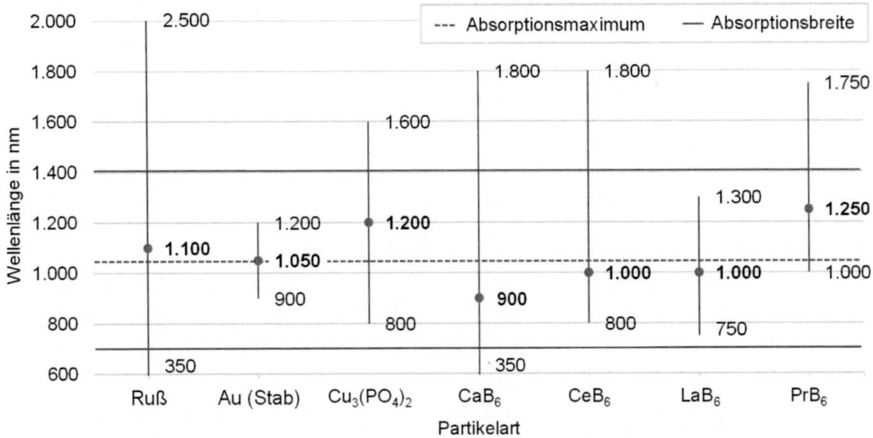

Abbildung 20: Feinauswahl der IR-Absorber mit Absorptionsmaxima und -bereichen

Ruß wird als Referenzmaterial in der Feinauswahl verwendet. Die Anforderungen 1.1–1.4 werden von den dargestellten Materialien erfüllt. Im Folgenden wird die Bewertung der Wünsche aus Tabelle 3 detailliert beschreiben.

4.4 Bewertung der IR-Absorber

Für die Bewertung der IR-Absorber gemäß der Nutzwertanalyse wird anhand der Gewichtung der Anforderung *i* und der Punkte des jeweiligen IR-Absorbers, welche dem ermittelten Teilwert jeder Anforderung *i* für jede Variante *j* (IR-Absorber) entsprechen, der gewichtete Teilwert jeder Anforderung *i* für jede Variante *j* ermittelt. Zusammen bilden diese den Gesamtwert der Berechnung (Gleichung 4-1). Der IR-Absorber als Variante *j* mit dem maximalen Gesamtwert erhält den höchsten Rang der Varianten und wird als IR-Absorber für die weitere Arbeit favorisiert. [PAH07, S. 174]

$$Gwg_j = \sum_{i=1}^{n} g_i \cdot w_{ij} = \sum_{i=1}^{n} wg_{ij} \qquad (4\text{-}1)$$

g_i Gewichtung der Anforderung *i*

w_{ij} Ermittelter Teilwert jeder Anforderung *i* einer Variante *j*

wg_{ij} Gewichteter Teilwert jeder Anforderung *i* einer Variante *j*

Gwg_j Gesamtwert einer Variante *j*

Anhand der Anforderungsliste (Tabelle 2) wird zunächst ein Zielsystem definiert, aus dem sich die jeweilige Gewichtung g_i der Anforderung unmittelbar ableiten lassen [PAH07, S. 167]. Dafür werden die Anforderungen in hierarchische Ebenen strukturiert, um die Anzahl gleichzeitig gegeneinander abzuschätzender Anforderungen zu reduzieren. Dadurch wird eine möglichst objektive Gewichtung ermöglicht [MOE14, S. 71]. Die Anforderung *A* ist durch die Hierarchieebene und die Reihenfolge im Index im oberen Halbkreis gekennzeichnet (siehe Abbildung 21).

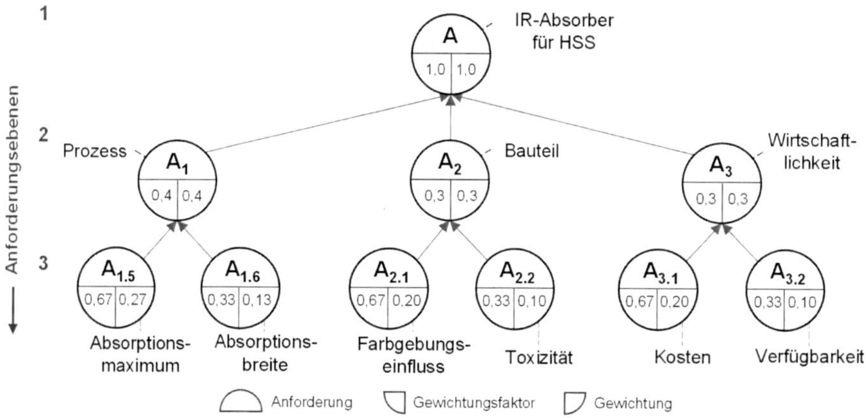

Abbildung 21: Zielsystem mit der Gewichtung der gewünschten Anforderungen

Die Gewichtung der jeweiligen Anforderung wird im rechten unteren Viertel des Kreises dargestellt. Diese errechnet sich aus der Multiplikation des linken unteren Viertels (Gewichtungsfaktor der Anforderung in der Anforderungsebene) mit der übergeordneten Gewichtung (Gleichung 4-2).

$$Gewichtung_{Ebene\,n+1} = Gewichtungsfaktor_{Ebene\,n+1} \cdot Gewichtung_{Ebene\,n} \qquad (4\text{-}2)$$

Zur Erreichung der Ziele der Arbeit ist in der zweiten Anforderungsebene der Prozess bzw. die Anforderung durch den Prozess am höchsten gewichtet und wird mit 40 % eingestuft. Dabei entscheidend ist vor allem die Lage des Absorptionsmaximums, um eine möglichst genaue Abstimmung mit dem IR-Strahler und somit einen hohen Energieeintrag in das Polymerpulver erreichen zu können. Die gleichzusetzenden Anforderungen durch die Anwendung der Bauteile oder für die Wirtschaftlichkeit sind mit 30 % niedriger gewichtet. Dabei sind die gewünschten Anforderungen durch die Anwendung der Bauteile hinsichtlich Farbgebungseinfluss und Toxizität des IR-Absorbers zu bewerten. Der Farbgebungseinfluss hat in der dritten Anforderungsebene eine höhere Relevanz gegenüber der Toxizität aufgrund der erfolgten Zielformulierung in Kapitel 1.2. Daher erhält der Farbgebungseinfluss den doppelten Gewichtungsfaktor. Bei den Anforderungen an die Wirtschaftlichkeit sind die Kosten der entscheidende Faktor für den Erfolg neuer Produkte, weshalb diese gegenüber der Verfügbarkeit der IR-Absorber mit dem doppelten Gewichtsfaktor bewertet werden. In der Bewertung der IR-Absorber (siehe Tabelle 10) werden die Gewichtungen g_i aus der dritten Anforderungsebene angewendet.

Nach der Ableitung der Gewichtung g_i gilt es, eine Werteskala für die Wünsche (Tabelle 8) zu erstellen, um Punkte für die Teilwerte jeder Anforderung i einer Variante j (w_{ij}) festzulegen. Für die Feinauswahl in Phase III wurde bereits bei den Anforderungen durch den Prozess darauf geachtet, dass sich das Absorptionsmaximum innerhalb des geforderten Absorptionsbereichs befindet (siehe Tabelle 2). In der Bewertung der verbliebenen IR-Absorber wird die genaue Lage des Absorptionsmaximums und die Absorptionsbreite um das Absorptionsmaximum betrachtet (siehe Tabelle 8).

In den Anforderungen durch die Anwendung der Bauteile wird der Farbgebungseinfluss durch die Absorption im VIS-Bereich bewertet. Eine farblose Erscheinung bzw. kein Farbgebungseinfluss ergibt die maximale Punktzahl. Entspricht die Erscheinungsfarbe der gefertigten Bauteile der Ausgangsfarbe des Kunststoffs (weiß bis gelblich), ist die Bewertung niedrig anzusetzen. Die Farben Rot und Grün des mittleren VIS-Bereichs werden als mittel eingestuft. Die Farbe Blau aus dem oberen VIS-Bereich dementsprechend als hoch. Sobald alle Wellenlängen des sichtbaren Spektrums absorbiert werden (Schwarz), wird der Farbgebungseinfluss als sehr hoch eingestuft (siehe Tabelle 8). Die Toxizität wird in der Nutzwertanalyse anhand des Globally Harmonized System (GHS)-Spaltenmodells zur Substitution von Gefahrstoffen bewertet [IFA20]. Die Einteilung der Gefahrstoffe erfolgt dabei in die fünf Kategorien von sehr hoch bis vernachlässigbar. Dafür werden die Gefahrenhinweise (sogenannte H-Sätze) der Sicherheitsdatenblätter der Materialien herangezogen und in das GHS-Spaltenmodell eingeordnet. In der Bewertung der IR-Absorber entspricht dies deren Ausgangsform als Pulver und nicht als in Lösung befindliche Tinte. Die Kategorien werden in die Werteskala in Tabelle 8 übernommen. Die Bauteile werden in dieser Arbeit nicht auf Toxizität untersucht.

Zur Bewertung der Anforderungen der Wirtschaftlichkeit werden die Kosten für das jeweilige Material pro Gramm und die Verfügbarkeit am Weltmarkt bestimmt. Für die Verfügbarkeitsbewertung wird sowohl die Verfügbarkeit in der Form von Nano- als auch Mikropartikel herangezogen (siehe Tabelle 9). Für Materialien, die nicht als Nanopartikel verfügbar sind, wird bei den Kosten eine Einstufung mit einer geringeren Bewertungspunktzahl vorgenommen.

Tabelle 8: Werteskala der Anforderung, nach [VDI98]

Werteskala		Anforderungen					
Punkte	**Bedeutung**	**Absorptions-maximum** λ_{max} in nm	**Absorptions-breite** in nm	**Farbgebungs-einfluss**	**Toxizität**	**Kosten (K)** in €/g	**Verfügbarkeit** (Anzahl der Lieferanten)
1	unbefriedigend	1.050 ± 250	100	sehr hoch	sehr hoch	> 40	nicht verfügbar (0)
2	gerade noch tragbar	1.050 ± 200	250	hoch	hoch	20 < K ≤ 40	niedrig (1 - 2)
3	ausreichend	1.050 ± 150	400	mittel	mittel	10 < K ≤ 20	mittel (3 - 4)
4	gut	1.050 ± 100	550	niedrig	niedrig	5 < K ≤ 10	hoch (5 - 7)
5	sehr gut	1.050 ± 50	700	kein	vernach-lässigbar	≤ 5	sehr hoch (>7)

Ruß

Rußpartikel zeigen eine hohe Absorption über die gesamte Absorptionsbreite mit einem Absorptionsmaximum, wie sie in Anforderung 1.5 gefordert wird (siehe Tabelle 4). Im Gegensatz dazu steht durch die schwarze Erscheinungsfarbe und damit vollständige Absorption im VIS-Bereich die sehr hohe Auswirkung auf die Farbgebung. Im GHS-Spaltenmodell wird Ruß, aufgrund des Verdachts krebserregend (H351) zu sein, in der Toxizität mit sehr hoch bewertet [AME22b]. Unter den wirtschaftlichen Aspekten weist Ruß Kosten zwischen 1,20 und 2,50 €/g auf und erreicht somit eine sehr gute Bewertung [PLA22, NAN22d]. Gleichzeitig hat Ruß als Nanopartikel eine hohe Verfügbarkeit (siehe Tabelle 9).

Au (Stab)

Stabförmige Goldpartikel weisen je ein Absorptionsmaximum für die Transversal- als auch für die Längsrichtung auf. Das Maximum in Längsrichtung liegt im NIR-Bereich und ist abhängig vom Aspektverhältnis. Das Absorptionsmaximum bei 1.050 nm resultiert aus dem Aspektverhältnis von ca. 6,8. Die Absorptionsbreite ist mit 300 nm schmal. Das Absorptionsmaximum in Transversalrichtung ist zwischen 500 – 600 nm und weist zusätzlich eine Absorption zwischen 400 – 500 nm auf. Daraus folgt für die Farbgebung eine rote bis purpurne Erscheinungsfarbe, wofür der Farbgebungseinfluss mit mittel beschrieben wird. [JAI08, S.1.579] Im GHS-Spaltenmodell wird aufgrund von Reizungserscheinungen (H315, H319, H335) die Toxizität als niedrig eingestuft [STR15]. Die stabförmigen Goldpartikel werden ausschließlich in Lösungen angeboten, wobei die umgerechneten Kosten nur für die Partikel über 40 €/g liegen [NAN22h]. Die Verfügbarkeit ist sehr hoch (siehe Tabelle 9).

$Cu_3(PO_4)_2$

Die $Cu_3(PO_4)_2$-Partikel besitzen ein Absorptionsmaximum bei 1.200 nm und eine Absorptionsbreite von 700 nm zwischen 700 und 1.400 nm (siehe Abbildung 20). Die Erscheinungsfarbe ist aufgrund der Absorption vom NIR-Bereich bis 600 nm und dem erneuten Beginn im UV-Bereich Türkis bis Blau [CHE13]. Der Farbgebungseinfluss wird somit als hoch eingestuft. $Cu_3(PO_4)_2$ eignet sich aufgrund seiner Lebensmittelverträglichkeit für die PET-Flaschenfertigung [CHE13, S. 2]. Die Toxizität des IR-Absorbers (H315, H319, H335) wird als niedrig eingestuft [AME22c]. Die Kosten des IR-Absorbers als Mikropartikel liegen unter 1 €/g. Aufgrund der ausschließlichen Verfügbarkeit als Makropartikel wird ein Zerkleinerungsprozess für den Einsatz im High Speed Sintering notwendig. Deshalb werden die Kosten einen Punktewert geringer (4 Punkte) eingestuft [ALF22b]. Die Verfügbarkeit der $Cu_3(PO_4)_2$-Partikel ist niedrig (siehe Tabelle 9).

CaB_6

Der IR-Absorber CaB_6 absorbiert über den gesamten geforderten Bereich mit einem Absorptionsmaximum bei 900 nm (siehe Tabelle 7). Aufgrund der abnehmenden Absorption hin zum UV-Bereich ist die Erscheinungsfarbe dunkelblau bis schwarz und wird mit hoch bewertet. Die Toxizität des IR-Absorbers wird aufgrund der Reizungserscheinungen (H315, H319, H335) als niedrig eingestuft [AME21a]. Die Kosten des IR-Absorbers betragen als Mikropartikel 5 - 10 €/g und werden wegen der notwendigen Zerkleinerungsprozesse nur mit 3 anstatt 4 Punkten eingestuft [ALF22a, FIS22]. Die Verfügbarkeit von CaB_6 ist anhand der Lieferantenanzahl 4 mit mittel bewertet. Zudem ist die Verfügbarkeit nur als Mikropartikel gegeben (siehe Tabelle 9).

CeB_6

Die CeB_6-Partikel absorbieren im NIR-Bereich maximal bei 1.000 nm und weisen eine Absorptionsbreite von 600 nm im geforderten Bereich (siehe Tabelle 7). Die Erscheinungsfarbe ist mit dunkelblau bis hin zu schwarz mit hoch bewertet. Für CeB_6 sind als Mikropartikel im Sicherheitsdatenblatt keine H-Sätze aufgeführt. Eine reizende Wirkung wird als Nanopartikel angenommen. Die Toxizität des IR-Absorbers wird deshalb als gering hochgestuft [AME21b]. Die Kosten werden aufgrund der fehlenden Daten und der Zugehörigkeit zu den Keramiken ähnlich der zu CaB_6 eingestuft (3 Punkte). Die Verfügbarkeit ist mittel, da CeB_6 als Mikropartikel beschafft werden kann (siehe Tabelle 9).

LaB_6

Der IR-Absorber LaB_6 weist eine hohe Absorption im Bereich zwischen 700 - 1300 nm auf mit einem Maximum bei 1.000 nm (siehe Tabelle 7). Aufgrund der schwächeren Absorption zwischen 500 - 600 nm als nanoskalige Partikel ist die Erscheinungsfarbe grünlich [ADA10, S. 512]. Die Toxizität des IR-Absorbers wird im Sicherheitsdatenblatt ähnlich wie CeB_6 ohne H-Sätze deklariert. Aufgrund der reizenden Wirkung der Nanopartikel wird die Toxizität von LaB_6 als gering in der Bewertung eingestuft [AME21c]. Die Kosten für den IR-Absorber können für Nanopartikel mit 8 €/g und als Mikropartikel mit 3 - 5 €/g ermittelt werden [SKY22, MAT22]. Daraus ergibt sich für die Bewertung eine Einstufung zwischen 5 - 10 €/g. LaB_6 wird vielfach als IR-Absorber verwendet, weshalb die Verfügbarkeit sowohl als Nano- als auch Mikropartikel gegeben ist und somit als sehr gut bewertet wird (siehe Tabelle 9).

PrB_6

Die PrB_6-Partikel absorbieren im geforderten Bereich zwischen 1.000 – 1.400 nm mit einem Absorptionsmaximum bei 1.250 nm (siehe Tabelle 7). Die Absorption im VIS-Bereich ist über die Wellenlängen konstant, sodass der IR-Absorber schwarz erscheint und somit einen hohen Farbgebungseinfluss hat [LIZ17, S. 10.719]. Die Toxizität wird für die Keramik PrB_6 als nanoskaliger Partikel ebenfalls mit einer reizenden Wirkung bewertet (H319). Die Kosten werden aufgrund der Zugehörigkeit zu den Keramiken ähnlich wie bei CaB_6 mit 10 – 15 €/g eingestuft. Die Verfügbarkeit als Mikropartikel ist niedrig (siehe Tabelle 9).

Tabelle 9: Verfügbarkeit der IR-Absorber als Nano- und Mikropartikel

	Nanopartikel		Mikropartikel		
Material	**Lieferant**	**Anzahl**	**Lieferant**	**Anzahl**	**Gesamt**
Ruß	[AME22a, NAN22d, NAN22i, PLA22, POW22, USR22a]	6		0	6
Au (Stab)	[AME22e, CDB22, MER22a, NAN22c, NAN22f, NAN22j, NAN22h, STR22]	8		0	8
$Cu_3(PO_4)_2$		0	[ALF22b, FUN22a]	1	1
CaB_6		0	[ALF22a, FIS22, MAT22, USR22b]	4	4
CeB_6		0	[ADV22a, ALB22c, HEE22a, STA21]	4	4
LaB_6	[ALB22a, AME22f ,SIN22, SKY22]	4	[ADV22b, ALI22, FUN22b, HEE22b, MER22b, NAN22b, NAN22e, NAN22g, NAN22a, NAN22k]	10	14
PrB_6		0	[ALB22b]	1	1

Die ermittelten Eigenschaften der IR-Absorber (e_{ij}) sind in Tabelle 10 aufgelistet und anhand der Werteskala aus Tabelle 8 und den ermittelten Gewichtungsfaktoren aus Abbildung 21 bewertet. In der ermittelten Rangfolge der IR-Absorber in der rechten Spalte der Tabelle 10 weist LaB_6 die beste Erfüllung aller Anforderungen auf. Der bisher eingesetzte IR-Absorber Ruß erreicht Rang 2. Dabei ist Ruß bei den Anforderungen durch den Prozess und an die Wirtschaftlichkeit führend. Im Gegensatz dazu stehen die eindeutigen Nachteile des IR-Absorbers bei der Anforderung durch die Anwendung der Bauteile hinsichtlich der Toxizität und des Farbgebungseinflusses.

In dieser Arbeit wird in den weiterführenden Untersuchungen der IR-Absorber LaB_6 für die Anwendung im HSS erforscht.

Tabelle 10: Bewertung der IR-Absorber aus der Feinauswahl

Bezeichnung		**Anforderungen**						**Ergebnis**	
Gewichtung g_i		0,27	0,13	0,20	0,10	0,20	0,10		
Material	**Wert**	**Absorptions-maximum** λ_{max} in nm	**Absorptions-breite** in nm	**Farbgebungs-einfluss**	**Toxizität**	**Kosten (K)** in €/kg	**Verfügbarkeit**	**Gesamtwert der Bewertung** *(Gwg_j)*	**Rang**
Ruß	e_{i1}	1.100	700	sehr hoch	sehr hoch	1 – 5	6		
	w_{i1}	5	5	1	1	5	4	3,70	2
	wg_{i1}	1,34	0,66	0,20	0,10	1,00	0,40		
Au (Stab)	e_{i2}	1.050	300	mittel	niedrig	> 40	8		
	w_{i2}	5	2	3	4	1	5	3,30	4
	wg_{i2}	1,34	0,26	0,60	0,40	0,20	0,50		
$Cu_3(PO_4)_2$	e_{i3}	1.200	600	hoch	niedrig	5 – 10	1		
	w_{i3}	3	4	2	4	4	1	3,03	6
	wg_{i3}	0,80	0,53	0,40	0,40	0,80	0,10		
CaB_6	e_{i4}	900	700	hoch	niedrig	10 – 15	3		
	w_{i4}	3	5	2	4	3	2	3,06	5
	wg_{i4}	0,80	0,66	0,40	0,40	0,60	0,20		
CeB_6	e_{i5}	1.000	600	hoch	niedrig	10 – 15	3		
	w_{i5}	5	4	2	4	3	2	3,27	3
	wg_{i5}	1,34	0,53	0,40	0,40	0,60	0,20		
LaB_6	e_{i6}	1.000	600	mittel	niedrig	5 – 10	12		
	w_{i6}	5	4	3	4	4	5	**4,17**	**1**
	wg_{i6}	1,34	0,53	0,60	0,40	0,80	0,50		
PrB_6	e_{i7}	1.000	400	sehr hoch	niedrig	10 – 15	1		
	w_{i7}	5	3	1	4	3	1	3,04	7
	wg_{i7}	1,34	0,40	0,2	0,40	0,60	0,10		

5 Versuchseinrichtung und -durchführung

Im folgenden Kapitel werden die Rahmenbedingungen für die in der vorliegenden Arbeit durchgeführten Versuche definiert. Zur Durchführung der Versuche werden die verwendeten Anlagen und Versuchsaufbauten vorgestellt. Weiterhin werden die Messmethoden zur Beschreibung der Eigenschaften definiert. Um die Reproduzierbarkeit und Vergleichbarkeit der Ergebnisse zu gewährleisten, erfolgt die Durchführung sämtlicher experimenteller Versuche und die Erfassung der Zielgrößen auf den benannten Systemen. Die Planung der experimentellen Versuche wird nach der Methode der statistischen Versuchsplanung durchgeführt.

5.1 Bauteilfertigung

Die verwendete Anlagentechnik kann in die HSS-Maschine und den Versuchsstand unterteilt werden. In Abhängigkeit der zu untersuchenden Tinte für die Bauteil- und Prüfkörperfertigung wird eine entsprechende Anlagentechnik gewählt. Im Folgenden werden diese beschrieben und deren Einsatzzwecke vorgestellt. Des Weiteren wird auf die Materialien, die Orientierung und Positionierung sowie die Herstellung und Aufarbeitung der Prüfkörper eingegangen.

5.1.1 Anlagentechnik

HSS-Maschine

Für die Bauteil- und Prüfkörperfertigung zur Durchführung der Parameteruntersuchungen wird die HSS-Maschine VX200 HSS der Firma *voxeljet AG* eingesetzt (siehe Abbildung 22).

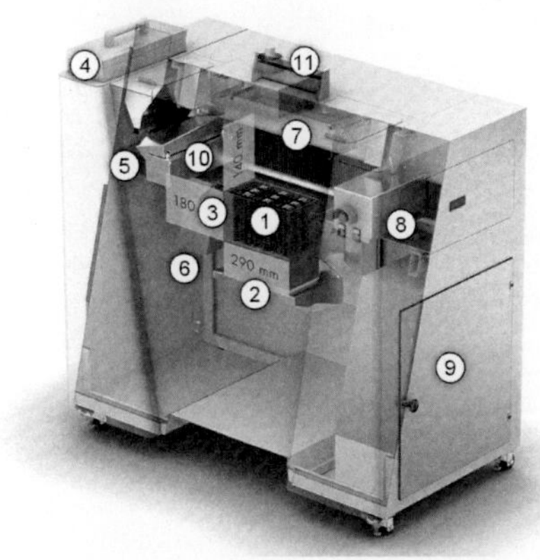

① Bauraum
② Bauplattform
③ Seitenwand
④ Pulvervorrat
⑤ Recoater
⑥ Pulverüberlauf
⑦ Overhead-Strahler
⑧ Druckeinheit
⑨ Fluidsystem
⑩ Sinterlampe
⑪ Abluft

Abbildung 22: Grundlegender Aufbau der High Speed Sintering Maschine voxeljet VX200 HSS, Bildquelle [VOX21]

Der Bauraum (1) der voxeljet VX200 HSS beträgt x = 290 mm × y = 180 mm × z = 180 mm und besteht aus einer bis 190 °C beheizbaren Bodenplatte (2) sowie vier bis 190 °C beheizbaren Seitenwänden (3). Vor dem Fertigungsbeginn wird das Pulver gesiebt und gemischt in den Pulvervorrat (4) eingefüllt. Das Pulver fließt anschließend mit Vibrationsunterstützung durch verschließbare Löcher in den darunter stehenden Recoater (5). Im Recoater wird das Pulver bis

145 °C vorgeheizt und von rechts nach links mit einer Schwingklinge aufgetragen. Das überschüssige Pulver der Pulverwelle landet im Pulverüberlauf (6). Während und nach dem Pulverauftrag heizen Overheadstrahler (7) die Pulverbettoberfläche auf die Prozesstemperatur. Anschließend werden die zu versinternden Flächen mittels der Druckeinheit (8), die über das Fluidsystem (9) versorgt wird, bedruckt. Die am Recoater befindliche Sinterlampe (10) mit eingebautem Halogen-IR-Strahler fährt im Anschluss von links nach rechts und versintert die bedruckten Flächen. Nach Absenkung des Pulverbetts kann mit dem erneuten Auftrag der Pulverschicht begonnen werden. Die Luftfilterstation zur Absaugung der Abluft (11) und die Heat Control Unit (HCU) zur Steuerung der Temperatureinstellung der Prozessstation sind zusätzliche Komponenten, die in Abbildung 22 nicht abgebildet sind. Für eine homogene Temperaturverteilung sind die Overheadstrahler rechteckig über dem Pulverbett angeordnet und zusätzlich mit Reflektorblechen eingerahmt. Die maximal einstellbare Pulverbettoberflächentemperatur der HSS-Maschine beträgt 190 °C. [VOX19]

Die Druckeinheit in der voxeljet VX200 HSS besteht aus drei Druckköpfen 1003 GS6 der Firma *Xaar*. Diese sind versetzt in zwei Reihen eingebaut, um bei einer Überfahrt der Druckeinheit die komplette Pulverbettbreite selektiv mit Tinte bedrucken zu können. Die zu bedruckende Fläche wird in Bilddateien definiert, die im Slicing des Baujobs erzeugt wurden. Der Xaar 1003 GS6 Druckkopf besitzt eine Auflösung von 360 dpi und bringt pro Voxel (Pixel) eine Tropfengröße von 6 pl auf die Pulverbettoberfläche auf. Um die Tintenaufbringungsmenge zu erhöhen, können mehrere Tropfen nacheinander geschossen werden, sodass ein Voxel mit einem Vielfachen der Tropfengröße benetzt wird (siehe Tabelle 11). Während einer Überfahrt können die Druckköpfe unterschiedliche Tintenmengen je Voxel aufbringen. Diese kann in den Bilddateien aus dem Slicing durch Zuordnung von Grauwerten definiert werden, die in der Druckeinheit in eine Graustufe und somit eine Tropfengröße umgewandelt werden. [XAA16, VOX19]

Tabelle 11: Tintenaufbringungsmenge in Abhängigkeit der Graustufe

Bild						
Graustufe	1	2	3	4	5	6
Grauwertebereich	223–176	175–144	143–112	111–80	79–32	31–0
Tropfengröße in pl	6	12	18	24	30	36
Tintenaufbringungsmenge in pl/mm²	1.206	2.412	3.618	4.824	6.030	7.236

Zur Bestrahlung der bedruckten Pulverbettoberfläche verfügt die HSS-Maschine über eine Sinterlampe mit einem 3 kW-NIR-Strahler, dessen Leistung stufenlos über einen einzustellenden Prozentwert regelbar ist. Aus der Temperatur von 2.900 K kann unter Anwendung der Gleichung 2-20 eine idealisierte Peakwellenlänge von 1.000 nm errechnet werden. Der IR-Strahler ist in einem flüssigkeitsgekühlten Gehäuse verbaut. Zwischen dem IR-Strahler und der Pulverbettoberfläche sind zwei Glasscheiben zum Schutz des IR-Strahlers vor einer Polymerpulverexposition eingebaut. Der Abstand des IR-Strahlers zur Pulverbettoberfläche beträgt 51 mm und der Abstand der Pulverbettoberfläche zur Glasscheibe beträgt 13 mm. Die Geschwindigkeit der Sinterlampe kann zwischen 0,01 und 0,40 m/s variiert werden. [VOX15b, S. 4, VOX19]

Versuchstand

Die Verarbeitung neuer Tinten in der HSS-Maschine erfordert einen hohen Aufwand zur Reinigung und Einstellung der Druckköpfe sowie des Fluidsystems und ist dabei mit dem Risiko der Beschädigung der Druckköpfe behaftet. Des Weiteren kann aufgrund der schwierigen vollständigen Entfernung der IR-Absorber der Tinte aus dem Fluidsystem bei einem Tintenwechsel eine ungewollte Verschleppung und somit eine Vermischung der IR-Absorber eintreten. Für die Umsetzung in der HSS-Maschine müssen zudem die Druckköpfe sowie das Fluidsystem kompatibel mit den Trägermedium (Dispersionsmittel) der Tinte sein. Im Falle der Kompatibilität ist die Ansteuerung der Druckköpfe für eine definierte Tintenaufbringungsmenge notwendig. Um die Untersuchungen des Einflusses neuer Tinten schnell und kostengünstig durchführen zu können, wurde deshalb im Rahmen dieser Arbeit ein Versuchsstand entwickelt (siehe Abbildung 23). Im Versuchsstand werden die Grundfunktionen zum Sinterprozess mittels der Sinterlampe (1) und der beheizten Bauplattform (2) der HSS-Maschine nachgebildet.

Abbildung 23: Entwickelter Versuchsstand zur Nachstellung des Sinterprozesses der HSS-Maschine

Der Pulverauftrag und die Tintenaufbringung werden im Versuchsstand kombiniert, sodass keine Druckköpfe oder kein Fluidsystem notwendig sind. Das Pulver wird dahingehend außerhalb des Versuchsstandes mit der Tinte (Pulver-Tinten-Gemisch) vermengt und anschließend mit einer Rakel auf eine Glasplatte aufgetragen. Die Glasplatte wird dann auf die unter der Sinterlampe befindliche Bauplattform gelegt. Als Bauplattform wird eine Präzisionsheizplatte PZ28-2 von der Firma *Gestigkeit Harry GmbH* verwendet. Diese ermöglicht eine Temperaturverteilung auf der Heizplatte von ±0,5 °C bis zu einer Temperatur von 300 °C.

Anders als in der HSS-Maschine wird nicht die Sinterlampe, sondern die Bauplattform verfahren. Die Geschwindigkeit kann wie in der HSS-Maschine zwischen 0,01 und 0,40 m/s variiert werden. Der Aufbau der Sinterlampe ist gleich dem der HSS-Maschine, sodass zwischen dem 3 kW-NIR-Strahler und der Pulverbettoberfläche ein Abstand von 51 mm eingestellt ist. Die Einstellung der Sinterlampenleistung kann im Versuchsstand ebenfalls stufenlos prozentual gewählt werden. Zur Sicherstellung, dass der Energieeintrag durch die Sinterlampe der HSS-Maschine und des Versuchsstands übereinstimmend ist, wird dies durch die Messaufbauten in Abschnitt 5.2 verifiziert.

Gegenüberstellung HSS-Maschine und Versuchsstand

Beim Versuchsstand handelt es sich um eine Vereinfachung des Fertigungsprozesses der HSS-Maschine. Der Energieeintrag und die damit einhergehende Versinterung des Polymerpulvers erfolgen nach demselben Prinzip. Im Gegensatz zum automatisierten Fertigungsprozess von Bauteilen mit mehreren Schichten in der HSS-Maschine, können beim Versuchsstand nur Folien mittels einmaligem Rakeln (einer Schicht) gefertigt werden. Aus Tabelle 12 lassen sich die Unterschiede entnehmen.

Tabelle 12: Gegenüberstellung HSS-Maschine und Versuchsstand

	HSS-Maschine	Versuchsstand
Funktion	– Fertigung von Bauteilen	– Fertigung von Folien
Material	– Polymerpulver und Tinte	– Pulver-Tinten-Gemisch
Komponenten	– Recoater und Druckeinheit – Sinterlampe mit 3 kW-NIR-Strahler – Bauplattform bis 190 °C beheizbar – Overheadstrahler	– Rakel – Sinterlampe mit 3 kW-NIR-Strahler – Präzisionsheizplatte bis 300 °C – Keine Overheadstrahler
PRE-Prozess	– Befüllung mit Polymerpulver und Tinte – Baujobvorbereitung (CAD, Slicing) – Aufheizen 1 h	– Vermengung Polymerpulver und Tinte – Keine Baujobvorbereitung – Aufheizen 10 min
IN-Prozess	– Automatisierter Pulverauftrag und Tintenaufbringung – Verfahren Sinterlampe – Abkühlen 4 h	– Manueller Auftrag des Pulver-Tinten-Gemisches – Verfahren Bauplattform – Abkühlen 10 min
POST-Prozess	– Entfernung der Pulveranhaftungen durch Strahlen	– Entfernung der Pulveranhaftungen durch Bürsten

5.1.2 Ausgangsmaterialien

Als Ausgangsmaterialien für die Bauteilfertigung im High Speed Sintering werden ausgehend von dem Standardpolymer und der standardmäßig eingesetzten Tinte mit Rußpartikel, neue Tinten mit dem IR-Absorber LaB_6 untersucht.

Polymer

Im High Speed Sintering dominiert ebenso wie im Lasersintern das Material PA12. Im Rahmen dieser Arbeit wird das PA12 HSS Pulver Typ B der Firma *voxeljet AG* eingesetzt. Das auf das HSS-Verfahren angepasste und optimierte Material weist eine mittlere Korngröße von 62 µm, eine Klopfdichte von 0,54 g/cm³ sowie eine Schmelztemperatur von ca. 186 °C auf [VOX20].

Für die Untersuchungen des Tinteneinflusses im High Speed Sintering werden die vom Materialhersteller vorgeschlagenen Pulvermischungen aus Neupulver und Altpulver eingesetzt. Für das Material PA12 voxeljet HSS Pulver Typ B wird Altpulver zu Neupulver im definierten Verhältnis von 70 % zu 30 % gemischt. Die Verwendung von Pulvermischungen wird in der industriellen Praxis aus wirtschaftlichen Gründen vollzogen und soll aufgrund der angestrebten

Übertragbarkeit der ermittelten Ergebnisse analog gehandhabt werden. Das Altpulver aus vorherigen Baujobs wird mit einem Mini Sifter der Firma *Russel Finex* mit einem Sieb der Maschenweit 190 µm gesiebt. Die mehrdimensionale Vermischung der Pulver erfolgte im Mischer PM 10 der Firma *Dr. Fritsch Sondermaschinen GmbH* bei einer Mischzeit von 30 min. Um eine Vergleichbarkeit innerhalb der Versuche auf der HSS-Maschine und dem Versuchsstand zu gewährleisten, werden für die Versuche die gleichen Mischverhältnisse verwendet.

Tinte

Für das High Speed Sintering wird standardmäßig die Tinte voxeljet HSS Tinte Type B eingesetzt. Die Basis dieser Tinte bildet ein Erdöldestillat als Trägermedium. Mittels thermografischer Analyse (siehe Kapitel 5.3.1) konnte eine Siedetemperatur von ca. 160 °C und eine Rußpartikelmenge von 5,3 Gew.-% ermittelt werden. Unter Berücksichtigung der Skalierungsfaktoren für die Schrumpfung eines Bauteils kann ein Anteil zwischen 0,07 (GS1) bis 0,51 Gew.-% (GS6) im Bauteil an Ruß (bei einer Schichtdicke von 0,08 mm) erreicht werden.

Zur Untersuchung von LaB_6 als IR-Absorber werden verschiedene mineralölfreie Trägermedien und Konzentrationen an LaB_6 eingesetzt. Trägermedium 1 (TM1) sowie Trägermedium 2 (TM2) besitzen einen Siedepunkt von ca. 350 °C und Trägermedium 3 (TM3) von ca. 100 °C. Weiterhin wird die Konzentration in den neuartigen LaB_6-haltigen Tinten mit <0,5 und 0,5 – <1,0 und 1,0 – <1,5 und ≥1,5 Gew.-% angegeben (siehe Tabelle 13).

Tabelle 13: Übersicht der eingesetzten LaB_6-haltigen Tinten auf Basis verschiedener Trägermedien

	Trägermedium	**Konzentration** in Gew.-%
Beschreibung	TM1 / TM2 / TM3	< 0,5 / 0,5 - <1,0 / 1,0 - <1,5 / ≥1,5

5.1.3 Positionierung und Orientierung der Prüfkörper

Im Rahmen dieser Arbeit wird für die Positionierung der Prüfkörper der Bauraum der voxeljet VX200 HSS in vier gleich große Quadranten eingeteilt. Im ersten Quadranten befindet sich auf dem Baufeld der Pyrometermesspunkt (siehe Abbildung 24).

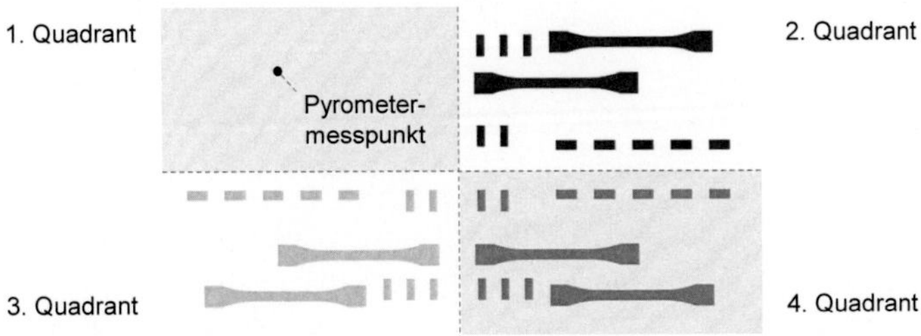

Abbildung 24: Quadranten für Positionierung bei der Bauteilfertigung

Der Messpunkt wird für die Regelung der Prozesstemperatur durch die Overheadstrahler der HSS-Maschine verwendet. Mit der Positionierung eines Bauteils unter dem Messpunkt würde bei der Erfassung der Prozesstemperatur hier ein höherer Wert als beim Polymerpulver gemessen, weil im bedruckten Bereich bei der Sinterlampenüberfahrt die Temperatur stärker ansteigt. Somit würde die Leistung der Overheadstrahler aufgrund einer zu hohen, gemessenen Prozesstemperatur reduziert werden und die eingestellte Prozesstemperatur wäre nicht erreicht. Dementsprechend kann an dieser Stelle kein Bauteil positioniert werden.

Die Bauteile werden in den Quadranten 2 – 4 für die bestmögliche Ausnutzung des Bauraums zur Umsetzung dreier verschiedener Graustufen symmetrisch angeordnet (siehe Kapitel 5.5.2). Gleichzeitig sind durch die symmetrische Positionierung der Bauteile im Bauraum die Beeinflussung durch andere Bauteile gleichbleibend. Während des Abkühlvorgangs sind pro Quadrant nahezu die gleichen Umgebungsbedingungen gegeben, sodass diese Beeinflussungen reduziert werden [BRE13, S. 47].

Des Weiteren wird die Orientierung der Prüfkörper (bspw. Zugprüfkörper) zwischen 0° – 90°-Winkel angegeben. Die Orientierung der Oberflächen (bspw. Oberflächenrauheitsprüfkörper) wird von 0° – 180° festgelegt. Die Oberflächen, die sich auf der Bauplattform zugewandten Seite befinden, sind sogenannte Downskin-Oberflächen. Der Winkel dieser Oberflächen ist zwischen 0 und 90°. Die Oberflächen, die der Energiequelle zugewandt sind, werden als Upskin-Oberflächen bezeichnet. Deren Winkel beträgt 90° bis 180° (siehe Abbildung 25).

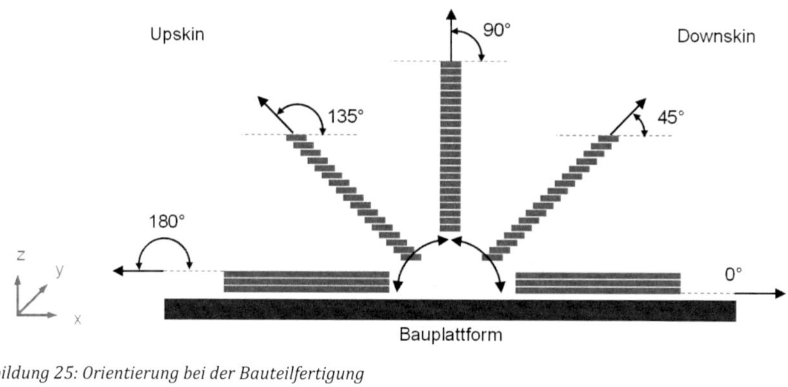

Abbildung 25: Orientierung bei der Bauteilfertigung

5.1.4 Herstellung und Aufbereitung der Prüfkörper

HSS-Maschine

Nach einer einstündigen Aufheizphase wird mit dem Auftrag von mindestens 80 Leerschichten begonnen, um konstante Prozessbedingungen für die Fertigung der Bauteile zu schaffen. Dabei fährt nach jedem Schichtauftrag die Druckeinheit und die Sinterlampe mit der eingestellten Leistung über die Pulverbettoberfläche. Mit dem Beginn der Bauphase starten die Druckköpfe mit der Tintenaufbringung. Die Druckköpfe können über die Einstellung der Graustufe verschiedene Tintenaufbringungsmengen realisieren. Nach Beendigung der Bauphase werden zusätzlich Leerschichten als Wärmeisolation aufgetragen. Der entstandene Pulverkuchen mit den eingeschlossenen Bauteilen wird nach der Abkühlphase mittels einer Vorrichtung aus der HSS-

Maschine entnommen. Nach dem Auspacken der Bauteile aus dem Pulverkuchen erfolgt das Strahlen mit einer Injektor-Strahlkabine Normfinish DI 12 der Firma *KALO* mit einem Strahldruck von 5 bar bei einem Abstand von ca. 20 cm.

Versuchsstand

Die Herstellung des Pulver-Tinten-Gemisches erfolgt durch einen Magnetrührer mit Heizplatte. Dafür werden Pulver und Tinte für das zu fertigende Mischverhältnis abgewogen, welches analog der Graustufe der HSS-Maschine gewählt werden kann. Die GS1 bspw. entspricht bei der gegebenen Auflösung der Druckköpfe von 360 dpi einer Tintenaufbringungsmenge von 1.206 pl/mm^2, welche bei einer Schichtdicke 0,08 mm appliziert wird. Unter der Annahme der vollständigen Verdunstung des Trägermediums, der Einbeziehung der erreichbaren Dichte der Bauteile aus PA12 (1,02 g/cm^3) und der Skalierungsfaktoren für den Ausgleich der Schrumpfung nach dem Fertigungsprozess werden die Mischverhältnisse für die Menge berechnet (siehe Tabelle 14). Anschließend werden die Komponenten bei einer Temperatur von 40 °C und einer Mischdauer von mindestens einer Stunde vermengt, bis ein homogenes Gemisch entsteht.

Tabelle 14: Mischverhältnis von Tinte zu Pulver für den Versuchsstand für eine Charge

Graustufe	**1**	**2**	**3**	**4**	**5**	**6**
Tintenmenge in ml	0,25	0,5	0,75	1	1,25	1,5
Pulvermenge in g	15,63					

Nach dem Auftrag mittels Rakel wird die Glasplatte mit dem Pulver mehrere Minuten aufgeheizt, bis sich eine Prozesstemperatur des Pulvers wie in der HSS-Maschine einstellt, um dann unter der Sinterlampe durchzufahren. Die Schichtdicke des Pulvers kann durch die Wahl des Rakels bzw. dessen Höhe variiert werden. Es besteht dabei nicht die Möglichkeit, das Pulver mehrmalig aufzutragen, da das Pulver nicht oberhalb der Kristallisationstemperatur gehalten werden kann. Nach der Entnahme der versinterten Prüfkörper wird das anhaftende Polymerpulver mittels einer Bürste entfernt.

5.2 Bestimmung der Flächenenergiedichte, Emission und Absorption

Zur Bestimmung des Energieeintrags ist es notwendig, möglichst genaue Kenntnisse sowohl über die Emission des IR-Strahlers als auch über die Absorption der Materialien für den Sinterprozess zu besitzen. Der Energieeintrag wird durch das IR-Strahlermodell und durch den Einbau in der HSS-Maschine vordefiniert. Dies gilt es, gleichzeitig mit der Variation der Intensität und Dauer des Energieeintrags, in einer Leistungsmessung des IR-Strahlers zu erfassen, um die für den Sinterprozess zur Verfügung stehende Flächenenergiedichte zu bestimmen.

Zudem hängt vom IR-Strahlermodell die Emission ab. Zur Charakterisierung ist es notwendig, die Strahlungsintensität in Abhängigkeit der Wellenlänge zu messen, um den Energieeintrag bei einem IR-Absorber mit spezifischen Absorptionsmaximum quantifizieren zu können.

Während des HSS-Prozesses hängt die Versinterung des Polymerpulvers zudem von der Absorption durch die variable Tintenaufbringungsmenge und damit der IR-Absorbermenge ab.

Aus der zuvor ermittelten zur Verfügung stehenden Energie und der graustufenabhängigen Absorption kann dann der Energieeintrag bestimmt werden.

5.2.1 Thermische Leistungsmessung der Flächenenergiedichte

Im High Speed Sintering erfolgt der Energieeintrag, wie bereits in Kapitel 2.2.2 beschrieben wurde, durch einen IR-Strahler, der in ein Gehäuse eingebaut wurde. Während der Überfahrt der Sinterlampe treffen die elektromagnetischen Strahlen vom IR-Strahler in verschiedenen Strahlwinkeln auf der Pulverbettoberfläche auf. Der Energieeintrag in das Pulverbett kann aufgrund der daraus resultierenden unterschiedlichen Abstände zum IR-Strahler in unterschiedliche Intensitätszonen eingeteilt werden. So herrscht bspw. direkt unter dem IR-Strahler eine höhere Intensität als an den Randbereichen der auftreffenden IR-Strahlung. Während der Überfahrt der Sinterlampe gilt es deshalb, die elektromagnetische Strahlung nicht nur direkt unter der Sinterlampe zu vermessen, sondern den gesamten Energieeintrag über die Zeit in Form der Flächenenergiedichte zu quantifizieren.

Für die Erfassung der Flächenenergiedichte E_A auf der Bauteiloberfläche wird im High Speed Sintering erstmalig eine thermische Leistungsmessung eingesetzt. Thermische Sensoren können kontaktlos die Energie messen, die durch elektromagnetische Strahlung transportiert wird. Dafür wird die elektromagnetische Strahlung auf einer Absorberfläche (Membran) in Wärme umgewandelt. Die Empfindlichkeit der thermischen Sensoren ist dabei annährend unabhängig von der Wellenlänge [HER18, S. 628].

Der eingesetzte thermische Sensor S442C mit der optischen Leistungsmesskonsole PM400 der Firma *Thorlabs Inc.* misst die auf der Sensoroberflächenmembran absorbierte elektromagnetische Strahlung mittels Thermosäulen. Durch den thermoelektrischen Effekt der Thermoelemente zwischen der erwärmten Sensoroberfläche und der Referenztemperatur am Kühlkörper wird eine Spannung induziert, welche abhängig vom Temperaturunterschied ist. Die ermittelte Spannung kann in die thermische Leistung des IR-Strahlers umgerechnet werden. Anhand des Oberflächendurchmessers des thermischen Sensors von 17,5 mm und dem Integral der Messkurve der Leistung des IR-Strahlers während der Überfahrt der Sinterlampe kann mittels Gleichung 5-1 die Flächenenergiedichte auf dem thermischen Sensor E_{TS} ermittelt werden. Der Messbereich des thermischen Sensors liegt im Wellenlängenbereich von 190 bis 10.000 nm und weist eine Reaktionszeit von kleiner 0,6 s auf. Die durchschnittliche Absorption des thermischen Sensors (Wirkungsgrad η_{TS}) erreicht im genannten Wellenlängenbereich etwa 90 %. [THO22]

$$E_{TS} = \frac{\int P_S \, dt}{A_{TS}} \cdot \eta_{TS} \qquad (5\text{-}1)$$

E_{TS} Flächenenergiedichte auf dem thermischen Sensor in J/mm²

P_S Gemessene Leistung der Sinterlampe in W

A_{TS} Oberfläche des thermischen Sensors in mm²

η_{TS} Wirkungsgrad des thermischen Sensors in %

Im Messaufbau für die Flächenenergiedichte wird die Oberfläche des thermischen Sensors auf die gleiche Höhe wie die Pulverbettoberfläche eingestellt (siehe Abbildung 26). Bei der Durchführung der Messungen wird die Geschwindigkeit und die Leistung der Sinterlampe variiert.

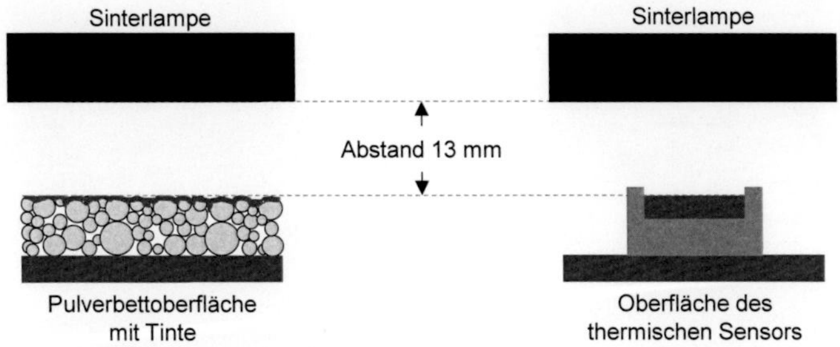

Abbildung 26: Messaufbau zur Erfassung der Flächenenergiedichte

5.2.2 UV-VIS-NIR-Spektroskopie der Emission

Neben der Flächenenergiedichte ist der Emissionsbereich und die Strahlungsintensität bei der jeweiligen Wellenlänge entscheidend für das Zusammenspiel mit dem IR-Absorber. Um dieses Emissionsprofil zu vermessen, wird wie in der Leistungsmessung ein Messaufbau gewählt, der die Prozessbedingungen in der HSS-Maschine darstellt (siehe Abbildung 27). Der Kosinuskorrektor zur Aufnahme der elektromagnetischen Strahlung befindet sich auf der gleichen Höhe wie die Pulverbettoberfläche. Dabei wird ein Kosinuskorrektor verwendet, um Schnittstellenprobleme durch die Positionierungsungenauigkeiten des IR-Strahlers zur Glasfaser zu vermeiden und die elektromagnetische Strahlung aus einem Winkel bis zu 180° zu detektieren. Die elektromagnetische Strahlung wird über zwei 600 µm starke Glasfasern zu den Detektoren für die Erfassung der unterschiedlichen Wellenlängenbereiche geleitet. [AVA22]

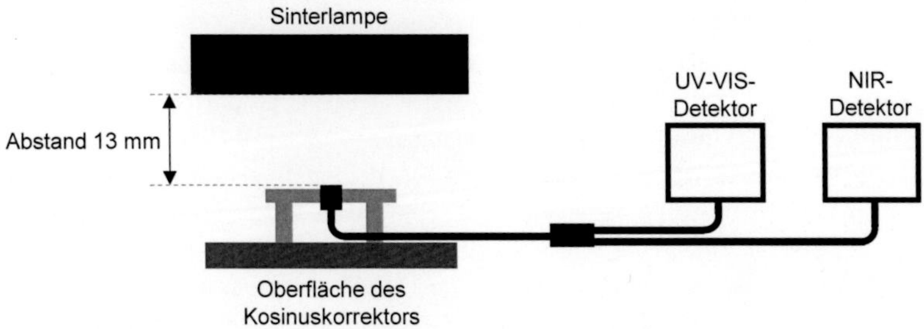

Abbildung 27: Messaufbau zur Erfassung der wellenlängenabhängigen Emission der IR-Strahler

Im dargestellten Messaufbau kann der Wellenlängenbereich von 200 – 2.500 nm mit einem Messintervallabstand von 5 nm aufgenommen werden. Für die Vermessung des Wellenlängenbereichs von 200 – 1.100 nm wird der UV-VIS-Detektor AvaSpec-ULS2048CL-EVO-RS-UA und für den Wellenlängenbereich von 1.100 – 2.500 nm wird der NIR-Detektor AvaSpec-NIR256-

2.5-HSC-EVO der Firma *Avantes* eingesetzt (siehe Tabelle 15). Die Kalibrierung der beiden Detektoren erfolgt mit der werkskalibrierten Lichtquelle AvaLight-HAL-CAL-MINI. Aufgrund der hohen Intensität der IR-Strahler ist es zudem notwendig, diese durch einen Spalt zu reduzieren. Der eingesetzte Spalt wird durch die vorangegangene Kalibrierungsmessung einbezogen.

Tabelle 15: Auflistung und Eigenschaften der Komponenten für den Messaufbaus [AVA22]

	UV-VIS-Bereich	**NIR-Bereich**
Gerätebezeichnung	AvaSpec-ULS2048CL-EVO-RS-UA	AvaSpec-NIR256-2.5-HSC-EVO
Detektor	CMOS[28]	InGaAs[29]
Messbereich	200 - 1.100 nm	1.000 - 2.500 nm
Spalt	25 µm	50 µm
Faser	FCB-UVIR600-2-ME	
Kosinuskorrektor	CC-VIS/NIR	

5.2.3 UV-VIS-NIR-Spektroskopie der Absorption

Für die vorliegende Arbeit ist die Absorption durch die Interaktion zwischen dem Polymerpulver und den IR-Absorbern eine bestimmende Einflussgröße des HSS-Prozesses. Die Absorption der verschiedenen IR-Absorber wurde in Kapitel 4.2 anhand der Literatur bereits beschrieben. Dabei wichen beim Vergleich der Studien die Vorgehensweise zur Erfassung der Absorption und der Messbereich der IR-Absorber voneinander ab. Zudem wurden bei den Messungen ausschließlich die IR-Absorber betrachtet und nicht in Kombination mit einem Polymer. Deshalb gilt es, die Absorption des Pulver-Tinten-Gemisches zu erfassen.

Mittels Spektroskopie kann das Verhalten von Materie gegenüber elektromagnetischer Strahlung charakterisiert werden [APR17, S. 114]. Dabei wird gemessen, wie viel Energie einer definierten Wellenlänge durch eine Probe reflektiert sowie transmittiert wird [APR17, S. 131]. Für die Messung der Absorption an der Probe wird das Cary 5000 UV-VIS-NIR Spektrophotometer der Firma *Agilent Technologies Inc.* verwendet, welches eine photometrische Leistung im Wellenlängenbereich von 175 bis 3.300 nm besitzt. Dabei verwendet das Cary 5000 UV-VIS-NIR Spektrometer einen PbSmart-NIR-Detektor mit zwei holographischen Gittern. Das Gitter für den UV-VIS-Bereich absorbiert den Wellenlängenbereich von 175 bis 850 nm und das Gitter für den NIR-Bereich von 850 bis 3.300 nm. Durch den Zweistrahlphotometer kann der Lichtstrahl mittels eines Strahlenteilers abwechselnd auf die Referenz und die zu vermessende Probe gelenkt werden, sodass die Schwankungen der Lichtquelle während der Messung direkt durch die Referenzmessung korrigiert werden [AGI22]. Der Messbereich für die Charakterisierung der Proben wird auf die Wellenlängen zwischen 400 und 2.500 nm eingegrenzt.

Um für die HSS-Maschine und den Versuchsstand die Absorption des IR-Absorbers Ruß als auch für LaB_6 zu bestimmen, wird ein zweistufiges Vorgehen angewendet. Zunächst wird in der HSS-Maschine mit der Druckeinheit auf ein Filterpapier vom Typ 601A die GS1 bis GS6 gedruckt. Das Filterpapier weist eine ähnliche Oberflächenstruktur wie das Pulverbett auf. Bei

[28] CMOS: Complementary metal-oxide-semiconductor
[29] InGaAs: Indiumgalliumarsenid

der Messung kann sowohl die Reflexion als auch die Transmission ermittelt und anhand Gleichung 2-16 bestimmt werden.

Daneben wird das Pulver-Tinten-Gemisch mit den in Tabelle 14 aufgeführten Mischverhältnissen hergestellt. Die Messung des Pulver-Tinten-Gemisches wird in einer Pulverküvette (Powder-Cell-Holder) durchgeführt und mit einer Messung des Spectralon®-Weißstandards referenziert. Aufgrund der Pulverküvette und dem Zusammenpressen des Pulver-Tinten-Gemisches kann keine Transmission gemessen werden, sodass die Gleichung 2-18 angewendet wird. Zudem gilt es zu beachten, dass aufgrund der Glasscheibe der Pulverküvette die Reflexion geringfügig abweicht.

5.3 Bestimmung der Materialeigenschaften

Zur Bestimmung der Materialeigenschaften wird das Polymerpulver, die rußhaltige Tinte sowie die neuartigen LaB_6-haltigen Tinten und die Pulver-Tinten-Gemische mittels verschiedener Methoden charakterisiert.

5.3.1 Thermogravimetrie

Die Thermogravimetrische Analyse (TGA) nach der DIN EN ISO 11358:2014 wird zur Bestimmung der Temperaturstabilität und des Zersetzungsverhaltens von Materialien eingesetzt [DIN14]. Gleichzeitig kann bei der Beaufschlagung mit Wärmeenergie die Massenänderung einer Probe mit einer elektromagnetischen Waage von den darin enthaltenen flüchtigen Anteilen, Zusatzstoffen und/oder Füllstoffen infolge von Verflüchtigung, Verdampfung, Zersetzung oder Oxidationsreaktionen quantifiziert werden [EHR20, S. 15]. Der Temperaturverlauf kann entweder dynamisch (programmierte Temperatur- oder Zeitbedingungen) oder isotherm (konstante Temperatur) bei unterschiedlichen Prüfatmosphären erfolgen.

Für die Ermittlung der Siedetemperaturen und der IR-Absorberpartikelmenge der eingesetzten Tinten wird ein TGA-Gerät vom Typ STA PT1600/1000 der Firma *Linseis Messgeräte GmbH* eingesetzt. Die rußhaltige Tinte wird bis zu einer Temperatur von 600 °C unter Stickstoffatmosphäre und anschließend bis 1.100 °C unter Sauerstoffatmosphäre bei einer Heizrate von 20 K/min gemessen, um den IR-Absorber Ruß nicht gleichzeitig mit dem Trägermedium zu verbrennen. Die LaB_6-haltigen Tinten werden nur unter Sauerstoffatmosphäre bei einer Heizrate von 20 K/min charakterisiert.

5.3.2 Dynamische Differenzkalorimetrie

Für die Charakterisierung der endothermen Vorgänge (Energieaufnahme), wie dem Aufschmelzen, dem Verdampfen oder der Glasübergangstemperatur sowie der exothermen Vorgänge (Energieabgabe) wie der Kristallisation, der Härtung oder der Zersetzung wird eine Dynamische Differenzkalorimetrie (DSC) angewendet. Anhand dieser Messmethode lassen sich die Wärmemengen bestimmen, die zur physikalischen oder chemischen Umwandlung eines Stoffes aufgebracht werden [EHR20, S. 43]. Dafür wird das kalorische Verhalten einer Probe und einer inerten Referenzprobe durch eine kontrollierte Wärmezu- oder abfuhr in einer festgelegten Atmosphäre untersucht. Ein symmetrisches Messsystem misst die Wärmeströmung der beiden Proben während der Aufheizung über die Schmelztemperatur und der anschließenden Abkühlung. Die Differenz der beiden Probentemperaturen ergibt die resultierende Wärmestromänderung $\dot{Q}$ [FRI13, S. 21]

Die Untersuchungen werden mit einer DSC 1-von *Mettler Toledo Inc.* gemäß DIN ES ISO 11357-1 und -3 durchgeführt [DIN17, DIN18]. Die Materialproben werden in Form der Pulver, Folien und Bauteile untersucht. Dafür werden die Materialproben mit ca. 10 mg unter Stickstoffatmosphäre von 20 °C auf 220 °C mit einer Heizrate von 10 K/min aufgeheizt und anschließend mit einer Kühlrate von 10 K/min auf 20 °C abgekühlt. Im Rahmen der Untersuchungen werden DSC-Messungen genutzt, um die Schmelztemperatur T_m und den Kristallinitätsgrad X_C des PA12-Pulvers, der Bauteile und der Folien zu ermitteln (siehe Gleichung 5-2) [EHR03, S. 19, EHR20, S. 44]. Dabei wird für die Schmelzenthalpie des 100 % kristallinen Materials $\Delta H_m{}^0 = 209{,}3$ J/g verwendet [GOG80]. Für die Proben aus den Bauteilen, wird zunächst die äußere Pulverschicht entfernt und aus dem Inneren eines Dichteprüfkörpers entnommen. Neben dem Einfluss der Prozessbedingungen wird zudem der Einfluss der Tinte untersucht.

$$X_C = \frac{\Delta H_m}{\Delta H_m{}^0} \cdot 100 \qquad (5\text{-}2)$$

X_C Kristallinität in %

ΔH_m Schmelzenthalpie des Materials in J/g

$\Delta H_m{}^0$ Schmelzenthalpie des 100 % kristallinen Materials in J/g

5.3.3 Rasterelektronenmikroskopie

Im Rasterelektronenmikroskop (REM) werden die Bauteiloberflächen bzw. die Bruchflächen der Zugprüfkörper aus der HSS-Maschine analysiert, um die Bauteileigenschaften in Abhängigkeit der Tinte, der Graustufe und des Fertigungsprozesses zu untersuchen.
Für die Untersuchungen im Rahmen dieser Arbeit wird ein ApreoVS der Firma *Thermo Fisher Scientific Inc.* verwendet, welches ein Energiespektrum für die Beschleunigungsspannung von 20 V bis 30 kV besitzt. Die Vergrößerungen der Partikeloberflächen und der Bruchflächen wird mit dem Everhart-Thornley Detektor (ETD) und die Vergrößerungen der Folien mit dem Trinity Detektor (T2) bei einer Beschleunigungsspannung von 2 kV aufgenommen. Um die Oberflächen von Kunststoffen im REM aufnehmen zu können, werden die Proben zur Vorbereitung mittels eines Hochvakuumbeschichtersystems EM ACE600 der Firma *Leica Microsystems GmbH* mit einer ca. 1,3 nm Schicht Platin besputtert.

5.3.4 Kontaktwinkelmessung

Für eine gleichmäßige Tintenaufbringung und somit einer gleichmäßigen Verteilung der IR-Absorber auf der Pulverbettoberfläche ist das Benetzungsverhalten der Tinte ein entscheidendes Kriterium für einen reproduzierbaren Fertigungsprozess mit neuen Tinten. Die Kontaktwinkelmessung ermöglicht die Bestimmung unterschiedlicher Ober- und Grenzflächenparameter von Flüssigkeiten. Dafür wird ein an einer Dosiernadel hängender Flüssigkeitstropfen auf der Oberfläche des zu untersuchenden Festkörpers abgesetzt. Am abgesetzten Flüssigkeitstropfen kann an der Außenkante der Kontaktwinkel Θ_C gemessen werden, der das Benetzungsverhalten einer Flüssigkeit charakterisiert (siehe Abbildung 28).

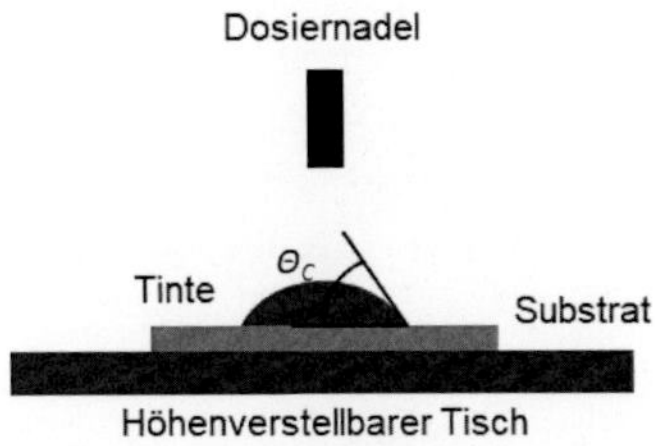

Abbildung 28: Kontaktwinkel an zwischen den fest-flüssig und flüssig-gas Kontaktlinien

Die im Rahmen dieser Arbeit eingesetzten Tinten werden mittels eines optischen Kontaktwinkelmessgeräts und Konturanalysesystems OCA 25 der Firma *DataPhysics Instruments GmbH* untersucht. Es wird dafür der Kontaktwinkel der Tinte voxeljet HSS Tinte Type B und der HP Fusing Agent V1Q63Series als Referenz zur Bewertung der LaB_6-haltigen Tinten auf PA12-Substratplättchen aufgenommen. Die PA12-Substratplättchen werden aus dem voxeljet HSS Pulver Typ B mittels eines Parallel-Doppelschnecken-Extruders Process 11 der Firma *Thermo Fisher Scientific Inc.* hergestellt.

5.4 Bestimmung der Bauteileigenschaften

Zur Untersuchung der Einflussgrößen des Fertigungsprozesses werden anhand von Prüfkörper aus der HSS-Maschine und anhand von Folien vom Versuchsstand die folgenden Bauteileigenschaften herangezogen.

5.4.1 Bauteildichte

Die Dichteprüfkörper werden angelehnt an die DIN EN ISO/ASTM 52924:2020 konstruiert und auf der HSS-Maschine gefertigt [DIN20b, S. 13]. Zur eindeutigen Identifizierung der Orientierung im Bauraum und zur Reduzierung der Fertigungszeit werden die Breite sowie Höhe verkleinert, sodass der Dichteprüfkörper die Abmessung in 20,0 mm × 17,5 mm × 15,0 mm aufweist.

Die Bestimmung der Bauteildichte ρ erfolgt nach der Gleichung 5-3. Zur Ermittlung der Masse m wird eine Analysewaage ALJ 160-4A der Firma *Kern* verwendet. Der Dichteprüfkörper wird mit dem 3D-Scanner ATOS Compact Scan 5M der Firma *GOM GmbH* eingescannt und anschließend mit der Software GOM Inspect das Volumen V ermittelt. Durch den 3D-Scan kann eine Volumenvergrößerung durch oberflächliche Pulveranhaftungen (siehe Abbildung 14) berücksichtigt werden [GEB13, S. 65].

$$\rho = \frac{m}{V} \qquad (5\text{-}3)$$

5.4.2 Mechanische Eigenschaften

Die mechanischen Eigenschaften (Zugfestigkeit, E-Modul und Bruchdehnung) der im High Speed Sintering hergestellten Zugprüfkörper werden mittels Zugversuchen nach der DIN EN ISO 527-1:2019 untersucht [DIN19a]. Im Lasersintern konnte für die Untersuchung der mechanischen Eigenschaften bereits Zugstäbe mit einer Länge von 150 mm (Zugprüfkörpertyp 1A) erfolgreich eingesetzt werden [WEG15a, S. 42]. Aufgrund der Bauraumgröße der voxeljet VX200 HSS werden für den Screening-Versuchsplan (siehe Kapitel 5.5.2) der Zugprüfkörpertyp 1A als auch der kleinere Zugprüfkörpertyp 1BA nach der DIN EN ISO 527-2:2012 [DIN12b] getestet, um dessen Eignung nachzuweisen (siehe Abbildung 29). In den Versuchen nach dem Screening auf der HSS-Maschine wird auf den Zugprüfkörpertyp 1BA zurückgegriffen.

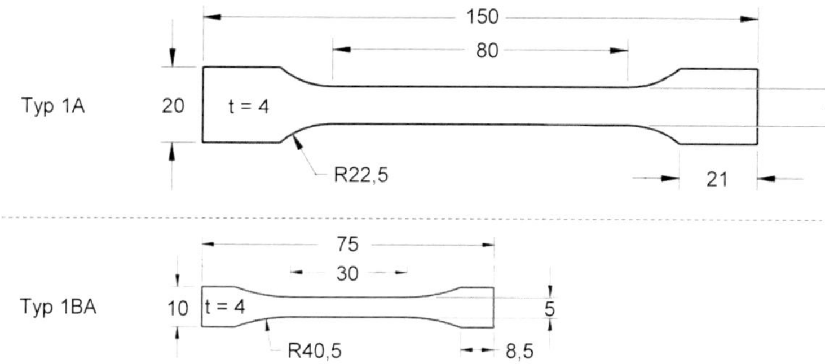

Abbildung 29: Zugprüfkörpertypen 1A und 1BA für die Zugprüfung nach [DIN12b]

Die gefertigten Zugprüfkörper werden vor der Zugprüfung gemäß der DIN EN ISO 291:2008 für eine Dauer von 48 h bei einer Temperatur von 23 °C und einer Luftfeuchtigkeit von 50 % in einer Klimakammer der Firma *Binder GmbH* konditioniert [DIN08]. Die Zugprüfung wird an einer Tischprüfmaschine Z020 der Firma *ZwickRoell GmbH & Co. KG* bei einer Prüfgeschwindigkeit von 50 mm/min getestet. Die Vorkraft für den Zugprüfkörpertyp 1A beträgt 5 N und für den Zugprüfkörpertyp 1BA 2 N.

Zur Untersuchung der mechanischen Eigenschaften der Folien des Versuchsstandes werden diese in Zugprüfkörper von ca. 160 mm Länge und 14 ± 2 mm Breite nach der DIN EN ISO 527-3:2019 geschnitten [DIN19b]. Die Konditionierung erfolgt analog zu den Zugprüfkörpern aus der HSS-Maschine. Die Zugprüfung der Zugprüfkörper aus dem Versuchsstand wird mit einer Vorkraft von 2 N bei einer Prüfgeschwindigkeit von 5 mm/min durchgeführt.

5.4.3 Form- und Maßhaltigkeit

Zur Bestimmung der Form- und Maßhaltigkeit, der im High Speed Sintering gefertigten Bauteile, wird ein 3D-Scanner ATOS Compact Scan 5M der Firma *GOM GmbH* verwendet. Dabei wird die Formhaltigkeit anhand eines Stufenprüfkörpers erfasst, der in Anlehnung an *Reinhardt* konstruiert wurde [REI16, S. 40]. Der Stufenprüfkörper besitzt an zwei Seiten je sechs Flächen mit den Abmessungen von 5 × 15 mm², die in 15°-Schritten von 0 – 180° als Winkelmaßelemente angeordnet sind (siehe Abbildung 30). Diese Flächen sind für die Untersuchungen der Downskin- und Upskin-Orientierung vorgesehen. Des Weiteren befinden sich extrudierte Maßelemente mit verschiedenen Radien in Form von Zylindern an einer Seite des Stufenprüfkörpers. In der Mitte ist eine Durchgangsbohrung als subtrahiertes Maßelement angelegt [DIN12a]. Beim Soll-Ist-Abgleich der Form erfolgt nach der Digitalisierung des Stufenprüfkörpers eine Ausrichtung des Scans zum CAD-Modells durch die Software. Nach der Ausrichtung zueinander werden zwischen dem Scan und dem CAD-Modell Toleranzzonen gebildet. Für diese Toleranzzonen berechnet die Software virtuelle Kugeln, deren Mittelpunkt in der Oberfläche des CAD-Modells liegt. Je größer die Toleranzzone, desto größer ist die mögliche Kugel, die darin abbildbar wäre. Die größte Kugel bestimmt das Maß für die Formhaltigkeit.

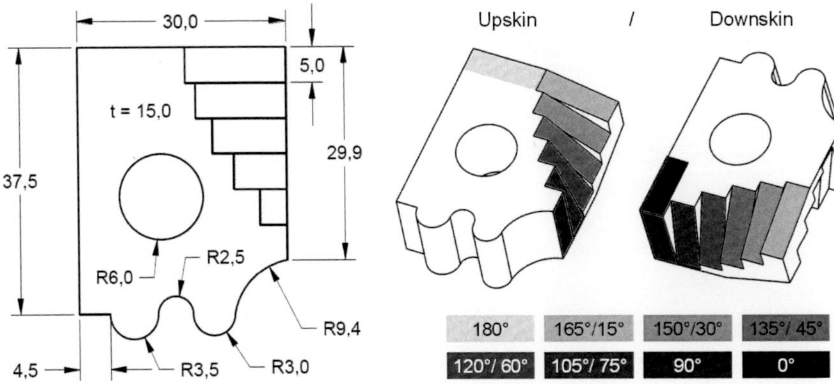

Abbildung 30: Stufenprüfkörper für die Formhaltigkeitsmessung nach [REI16, S. 40]

Die Bestimmung der Maßhaltigkeit erfolgt durch einen Soll-Ist-Abgleich der Kantenlänge des CAD-Modells mit dem gefertigten Dichteprüfkörper. Dafür wird das bereits digitalisierte Modell des Dichteprüfkörpers herangezogen, das für die Bestimmung der Bauteildichte erzeugt wurde. In der Software GOM Inspect werden für die Bestimmung der Maßhaltigkeit Hilfsebenen in die sechs Oberflächen des Dichteprüfkörpers unter Anwendung der *Gauß*-Best-Fit-Methode gebildet. Anschließend wird mittels der Funktion Lotlänge der Abstand zwischen den beiden gegenüberliegenden Oberflächen bestimmt. Mittels der ermittelten Kantenlängen des Dichtprüfkörpers wird die Maßhaltigkeit des Dichteprüfkörpers M_D in Gleichung 5-4 bestimmt:

$$M_D = \frac{\left|1-\frac{h_I}{h_S}\right| \cdot h_S + \left|1-\frac{b_I}{b_S}\right| \cdot b_S + \left|1-\frac{l_I}{l_S}\right| \cdot l_S}{h_S + b_S + l_S} \cdot 100 \qquad (5\text{-}4)$$

M_D Maßhaltigkeit des Dichteprüfkörpers in %

$l_I; b_I; h_I$ Ist-Wert der Länge, Breite, Höhe des Dichteprüfkörpers in mm

$l_S; b_S; h_S$ Soll-Wert der Länge, Breite, Höhe des Dichteprüfkörpers in mm

5.4.4 Oberflächenrauheit

Die Bauteile, die mittels der additiven PBF-Verfahren hergestellt werden, weisen im Gegensatz zu den Bauteilen aus formativen Fertigungsverfahren wie der Spritzguss oder den additiven Fertigungsverfahren wie der badbasierten Photopolymerisation aufgrund des pulverförmigen Ausgangsmaterials deutlich höhere Oberflächenrauheiten auf. Nach der DIN 4760:1982 werden die Oberflächenabweichung von Bauteilen in sechs Ordnungen gegliedert [DIN82, S. 2]. Wobei in der AM die dritte bis fünfte Ordnung von Bedeutung sind, da diese die Oberflächenrauheit beschreiben [SEH10, S. 82].

Im Rahmen dieser Arbeit wird angelehnt an die DIN EN ISO/ASTM 52902:2020 der Prüfkörper für die Oberflächenbeschaffenheit konstruiert (siehe Abbildung 31) [DIN20a, S. 26]. Die Länge des Oberflächenrauheitsprüfkörpers errechnet sich aus der fünffachen Messstrecke, die zur Ermittlung des arithmetischen Mittels notwendig ist [DIN98, S. 7]. Für ein im PBF gefertigten Prüfkörper ist die Oberflächenrauheit für R_a im Bereich 5 zwischen 10 – 80 µm anzunehmen [WEG15a, S. 71, DIN98, S. 7]. Durch anschließende Nachbehandlung kann dieser einen R_a zwischen 2 – 10 µm (Bereich 4) erreichen [REI16, S. 42]. Daraus ergibt sich nach DIN EN ISO 4288:1998 eine benötigte Messstrecke von 12,5 mm (einfach 2,5 mm) [DIN98, S. 7]. Die einzelnen Oberflächenprüfkörper sind in 15°-Schritten von 0 – 90° zur Bauplattform orientiert. Für die Messung der Oberflächenrauheit werden die Prüfkörper voneinander getrennt und der S_a-Wert mittels eines 3D-Profilometers VR 5000 der Firma *Keyence* ermittelt.

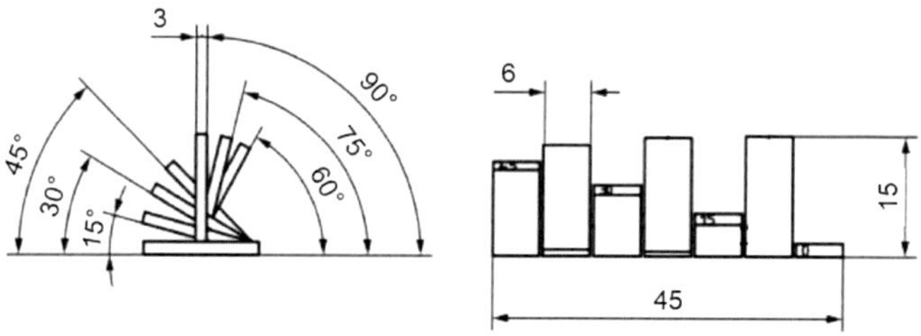

Abbildung 31: Prüfkörper für die Oberflächenrauheit in Anlehnung an [DIN20a]

5.4.5 Farbabstufung

Für das Versintern des Polymerpulvers wird im HSS-Prozess das Aufbringen eines zusätzlichen IR-Absorber notwendig. Dabei handelt es sich, wie bereits in Kapitel 2.3.4 beschrieben, um eine rußhaltige Tinte mit einer Partikelmenge von über 5 Gew.-%. Zur Variation des Energieeintrags und damit der Bauteileigenschaften können verschiedene Graustufen (Tintenaufbringungsmengen) eingestellt werden. Dies resultiert in einer Einfärbung des weißen Polymerpulvers, wodurch das farbliche Erscheinungsbild zwischen dunkelgrau bis schwarz variiert.

Die Farbtiefe[30] von Schwarz-Weiß-Bildern wird mit 8 Bit ($2^8 = 256$) Grautönen wiedergegeben. Dies zeigt sich in Abbildung 32 mit einem fließenden Übergang und Verlauf von Schwarz zu Weiß. Die Einteilung der verschiedenen Farbabstufungen der gefertigten Bauteile erfolgt in

[30] Farbtiefe ist eine Angabe der Anzahl der Farben, aus der sich ein Bild zusammensetzt

der vorliegenden Arbeit mittels der reduzierten Farbtiefe von 4 Bit ($2^4 = 16$) Grautönen. Damit ergeben sich 16 Farbabstufungen mit dazugehörigen eingestellten Grauwert[31] (siehe Abbildung 32). Für die Bestimmung in die jeweilige Farbabstufung werden die Bauteile und die Skala mit16 Farbabstufungen nebeneinander fotografiert. Beim aufgenommenen Bild wird in der Gradition[32] der Weißpunkt auf dem weißen Untergrund referenziert und anschließend die Farbabstufung der Dichteprüfkörper auf dem Bild mittels der Software Photoshop von *Adobe Inc.* zugeordnet. Dadurch erfolgt eine objektive Bestimmung der Farbabstufung der Bauteile. Bei einer Abweichung durch einen Farbton wird in der Software ein Schwarz-Weiß-Filter auf das Bild angewendet.

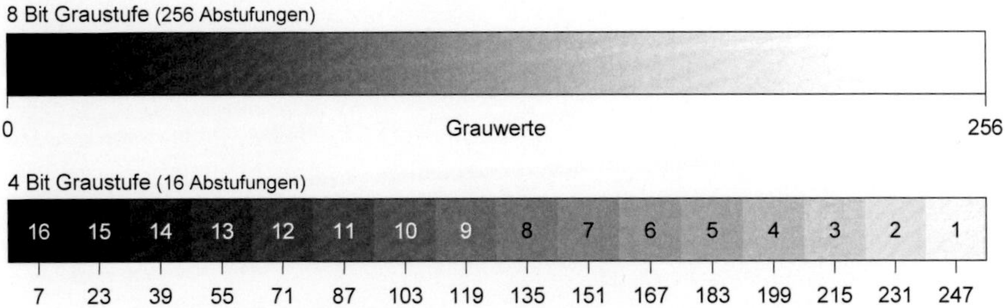

Abbildung 32: Grauwerte für die Unterscheidung der 16 Farbabstufungen für Schwarz bis Weiß

5.5 Vorgehensweise und Versuchsmethodik

Für die Untersuchung der Prozessparameter im High Speed Sintering wird die Methode der statistischen Versuchsplanung (engl. Design of Experiments, DoE) angewendet. Diese ermöglicht für die Einflussgrößen (einstellbare Steuergrößen und unkontrollierbare Störgrößen) des HSS-Prozesses die Beschreibung der Zielgrößen anhand von Ursache-Wirkbeziehung bei einem reduzierten Versuchsaufwand. Dafür werden im Folgenden zunächst die Grundlagen der statistischen Versuchsplanung, Grundbegriffe und Versuchspläne aufgeführt und anschließend deren Anwendung in der Versuchsbeschreibung dargestellt.

5.5.1 Statistische Versuchsplanung

Aufgrund einer Vielzahl an Prozessparametern besteht die Herausforderung, signifikante Einflussgrößen mit einem geringen Versuchsaufwand zu bestimmen. Die statistische Versuchsplanung stellt durch ein systematisches Variieren der Prozessparameter eine effiziente Methode zur Planung und Auswertung für die Bestimmung der Wirkung der Prozessparameter in Versuchsreihen dar. Durch die Auswahl eines Versuchsplanes können bspw. multikriterielle Optimierungen der betrachteten Einflussgrößen realisiert werden. Gleichzeitig bietet die Methode bei geringer Versuchsanzahl eine sichere Analyse und ausreichende Genauigkeit der Vorhersage. Dabei kann nur innerhalb des betrachteten Systems das Beschreibungsmodell[33] angewendet und interpretiert werden. [SIE17, S. 3]

[31] Abstufungen werden als spezifischer numerischer Wert zwischen 0–255, dem Grauwert, im Farbmodell ausgegeben
[32] Farbübergangskurve von Schwarz nach Weiß für ein Bild
[33] Beschreibende Gleichung, die die Zusammenhänge bzw. Wirkung der Faktoren auf das Qualitätsmerkmal y abbildet [SIE17, S. 21]

Systemgrenzen

Das System ist der Untersuchungsgegenstand. Der Ausgangspunkt in der statistischen Versuchsplanung wird mit der Festlegung des zu untersuchenden Bereichs, den sogenannten Systemgrenzen, definiert. Die Systemgrenzen können entweder zum System gehören oder außerhalb des abgegrenzten Bereichs liegen. Werden die Systemgrenzen zu weit gewählt, so sinkt der Wirkungsgrad der Untersuchung wegen einer großen Anzahl an Einflussgrößen. Bei einer zu engen Begrenzung bleiben Einflussgrößen ungenutzt und deren Einfluss unbekannt. Die Abgrenzung entscheidet somit über die Aussagekraft des Ergebnisses. [SIE17, S. 3]

Im Rahmen dieser Arbeit sind die Systemgrenzen durch die Maschine VX200 HSS von *Voxeljet* und des Versuchsstandes abgebildet. Dabei wird der In-Prozess im High Speed Sintering betrachtet.

Zielgrößen

Die Zielgrößen beschreiben die experimentellen Versuchsergebnisse. Dabei kann eine Zielgröße ein einzelner Messwert oder ein durch verschiedene Messwerte definierter, errechneter Wert sein. In einem Versuch können mehrere Zielgrößen unabhängig voneinander bestimmt werden. Eine anschließende Optimierung hinsichtlich mehrerer Zielgrößen ist mit geringem Aufwand möglich. [KLE20, S. 12, SIE17, S. 4]

Für die Untersuchungen des HSS-Prozesses werden auf der voxeljet VX200 HSS die Bauteildichte, die mechanischen Eigenschaften, die Oberflächenrauheit sowie die Form- und Maßhaltigkeit und die Farbabstufung der Prüfkörper als Zielgröße definiert. Im Versuchsstand sind die Zielgrößen die mechanischen Eigenschaften der Prüfkörper.

Einflussgrößen

Unter den Einflussgrößen werden die prozessseitig einstellbaren Parameter verstanden, die das Versuchsergebnis (Zielgröße) beeinflussen. Dabei findet eine Unterscheidung zwischen Steuergrößen und Störgrößen statt (siehe Abbildung 33).

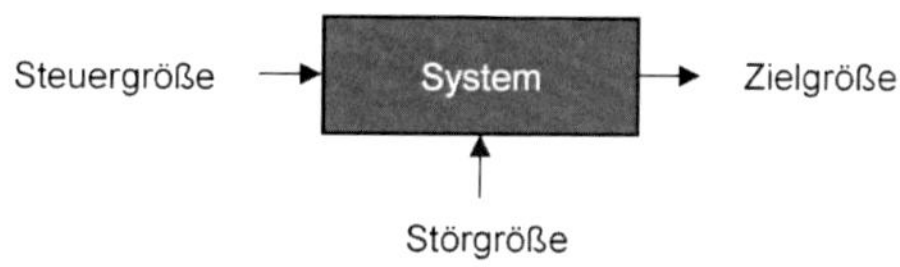

Abbildung 33: Wirkung der Einflussgrößen hinsichtlich der Zielgröße auf das System, in Anlehnung an [SIE17, S. 3]

Mittels einer Steuergröße wird das Versuchsergebnis (Zielgröße) mit einem bestimmten Wert bzw. Prozessparameter eingestellt und zwischen den Systemgrenzen gehalten. Eine Störgröße hingegen kann nicht durch einen Prozessparameter eingestellt werden oder wird bspw. aus Kostengründen nicht vorgegeben (bspw. Positionierung in einer Charge). [KLE20, S. 13]

Bei den Untersuchungen des HSS-Prozesses werden aufgrund der benötigten Bauteilanzahl und der vorhandenen Bauraumgröße der voxeljet VX200 HSS nur die Steuergrößen (Prozessparameter) und keine Störgrößen (Positionierung im Bauraum) betrachtet.

Parameter und Faktoren

Die Menge an Einflussgrößen wird als Parameter bezeichnet. Um für Untersuchungen die Parameter mit hohem Einfluss auf die Zielgrößen vorzuselektieren und den Versuchsaufwand gering zu halten, wird aus einer möglichst vollständigen Parameterliste anhand von Expertenwissen oder Erkenntnissen aus der Literatur die Parameteranzahl reduziert. Die zu betrachtenden Parameter aus dieser Priorisierung werden im Versuchsplan als Faktoren bezeichnet und stellen eine ausgewählte Teilmenge dar. [KLE20, S. 14, SIE17, S.°5]

Faktorstufen

Die Werte, die für die ausgewählten Einflussgrößen eingestellt werden, werden als Faktorstufen bezeichnet. Um die Wirkung eines Faktors beschreiben zu können, müssen diese auf mindestens zwei Stufen getestet werden, wobei die Wirkung eines Faktors signifikant vom Stufenabstand abhängt. Wird der Stufenabstand sehr klein gewählt, wird die Wirkung dementsprechend gering ausfallen und der Effekt wird von der Zufallsstreuung verdeckt. Zu weit auseinanderliegende Stufen können eine nicht hinreichende Beschreibung zur Folge haben. Die einzelnen Stufen der verschiedenen Faktoren müssen zudem aufeinander abgestimmt sein, damit die Zielgröße gemessen werden kann. Die Faktorstufen sind deshalb im Voraus zu ermitteln. [SIE17, S. 6]

Effekte und Wechselwirkungseffekte

Der Effekt beschreibt in der statistischen Versuchsplanung die Wirkung eines Faktors bei einer Stufenänderung auf das System. Die Berechnung erfolgt aus der Differenz der arithmetischen Mittelwerte der Zielgröße auf der oberen Faktorstufeneinstellung und auf der unteren Faktorstufeneinstellung. Der Effekt wird in einem standardisierten Effektdiagramm dargestellt und auch als Haupteffekt (HE) bezeichnet. [SIE17, S. 15]

Weiterhin kann festgestellt werden, dass die Faktorstufeneinstellung weitere Faktoren beeinflusst. Dieser Effekt der Abhängigkeit eines Faktors von einem anderen Faktor (= zwei Faktoren) wird als Wechselwirkungseffekt (WE) oder Zweifachwechselwirkungseffekt (2WE) bezeichnet. Die Berechnung erfolgt analog des HE. Die Ergebnisse werden ebenfalls im standardisierten Effektdiagramm dargestellt. [SIE17, S. 15]

Vollfaktorieller Versuchsplan

Im vollfaktoriellen oder faktoriellen Versuchsplan werden alle Kombination der Faktoren für eine Zielgröße untersucht. Untersuchungen mit zwei Stufen gehören zu den Versuchsplänen 1. Ordnung (linearer Versuchsplan). Unter Anwendung der Gleichung 5-5 ergeben sich bei zwei Stufen und acht Faktoren 256 Versuche. Aufgrund der hohen Anzahl an Versuchen werden diese Pläne mit einer geringen Anzahl an Faktoren durchgeführt. Ein Kriterium zur Auswahl eines vollfaktoriellen Versuchsplans ist durch alle Kombinationen die genaue Beschreibung der WE zwischen den einzelnen Faktoren. [KLE20, S. 13, SCH20b, S. 255]

$$z = n^k \qquad (5\text{-}5)$$

z Anzahl der Versuch

n Zahl der Faktorstufen

k Anzahl der Faktoren

Wie bereits in Kapitel 2.3.5 beschrieben, treten bei der Bauteilfertigung beim Lasersintern nichtlineare Zusammenhänge für die sich daraus ergebenden Bauteileigenschaften auf. Aufgrund der Ähnlichkeit des High Speed Sinterings zum Lasersintern werden diese nichtlinearen Zusammenhänge ebenfalls angenommen und können mit Versuchsplänen 2. Ordnung (quadratischer Versuchsplan) mit drei Faktorstufen abgebildet werden. Die Beschreibung nicht linearer Zusammenhänge beruht im Beschreibungsmodell darauf, dass zur minimalen und maximalen Faktorstufenwert ein Mittelwert eingeführt wird. Die drei Stufen werden im gleichen Abstand definiert und mit -1, 0 und +1 bezeichnet. [SCH20b, S. 270]

Teilfaktorieller Versuchsplan

Wie bereits erwähnt, ist eine der Stärken der statistischen Versuchsplanung die Effizienz, also die Möglichkeit mit minimalen Versuchsaufwand viele Faktoren zu untersuchen. Ein vollfaktorieller Versuchsplan ist bei vielen Faktoren aufgrund der hohen Versuchsanzahl nicht mehr durchführbar. Zur Untersuchung möglichst vieler relevanter Faktoren wird deshalb zunächst ein teilfaktorieller Versuchsplan, ein sogenanntes Screening, angewendet. Im Gegensatz zu einem vollfaktoriellen Versuchsplan werden bei einem teilfaktoriellen Versuchsplan nicht alle Kombinationen untersucht, wodurch sich eine Reduktion der Versuchsanzahl ergibt. Somit kann im Screening eine höhere Anzahl an Faktoren bei weniger Versuchen mit geringen Informationsverlust untersucht werden. [KLE20, S. 129, SIE17, S. 28]

Ausgehend von einem vollfaktoriellen Versuchsplan mit vier Faktoren mit zwei Stufen ergibt sich ein Beschreibungsmodell, auf das 16 Konstanten[34] entfallen. Dabei beschreibt eine Konstante den Gesamtmittelwert (c_0), vier Konstanten die HE, sechs Konstanten Zweifachwechselwirkungseffekte (2WE), vier Konstanten Dreifachwechselwirkungseffekte[35] (3WE) und eine Konstante Vierfachwechselwirkungseffekt (4WE). Mit der Annahme, dass die Terme höherer Ordnung, also die mehrfachen WE, keine signifikanten Werte erreichen, können diese vernachlässigt werden. In der Spalte Berechnung ist ersichtlich, wo zur Versuchsreduktion eine Vermengung stattfindet. Je nach Auflösung (der Vermengung bestimmter HE oder WE) ist das Ergebnis kritisch[36] bis unkritisch[37] zu bewerten, da die Bestimmung der HE beeinflusst sein kann (siehe Tabelle 16). [KLE20, S. 140, SIE17, S. 31]

Im Rahmen dieser Arbeit wird ein definitiver Screening-Versuchsplan ausgewählt. Dieser kann nur für numerische Faktoren angewendet werden und wird mit drei Stufen im gleichen Abstand (−1, 0, +1) durchgeführt. Durch den Faktor im Zentrum (0) ergibt sich die Auflösung IV.

[34] Das Beschreibungsmodell $y = c_0 + c_1x_1 + c_2x_2 + c_{12}x_1x_2$ liefert zu jedem Faktor/jeder Faktorkombination eine Konstante $c_0 \ldots c_{12}$ [SIE17, S. 21]
[35] Abhängigkeit eines Faktors von zwei anderen Faktoren; diese drei Faktoren wechselwirken miteinander
[36] Keine eindeutige Bestimmung von HE möglich, da eine Verfälschung durch 2WE eintreten kann
[37] Eindeutige Bestimmung von 2WE möglich

Der definitive Screening-Versuchsplan bietet einen guten Kompromiss zwischen Aufwand und Vermengungsrisiko, da signifikante 2WE identifiziert werden können. [KLE20, S. 162]

Tabelle 16: Auflösung und Bewertung von Versuchsplänen, in Anlehnung an [KLE20, S. 140, SIE17, 31]

Auflösung	Vermengung	Vernachlässigung	Berechnung	Bewertung
III	HE mit 2WE	2WE und höher	HE	kritisch
IV	HE und 3WE, 2WE mit 2WE	3WE und höher	HE	weniger kritisch
V	HE und 4WE, 2WE mit 3WE	3WE und höher	HE, 2WE	unkritisch
VI	HE und 5WE, 2WE mit 4WE, 3WE mit 3WE	4WE und höher	HE, 2WE	unkritisch

Varianzanalyse

Mit der ANOVA (engl. ANalysis Of VAriance), allgemein als Varianzanalyse bekannt, wird die prozentuale Wirkung der Faktoren auf die durch die Versuche beschriebene Zielfunktion mithilfe einer detaillierten Faktoranalyse ermittelt. Ziel dieses von *Fisher* entwickelten Verfahrens ist es, Mittelwerte verschiedener Faktoreinstellungen auf signifikante Abgrenzung zu untersuchen. Dabei wird die Varianz aller gesammelten Daten in die Teilvarianz innerhalb der Faktoreinstellungen (Rauschen, welches nicht durch die Faktoren erklärt wird) und der Teilvarianz zwischen den Faktoreinstellungen (Faktoreffekte) zerlegt. Der Vergleich der beiden Teilvarianzen lässt bei nahezu gleichem Mittelwert den Rückschluss zu, dass der Faktor keinen Effekt hat. Umso stärker der Effekt, desto geringer ist seine Wahrscheinlichkeit für eine zufällige Entstehung. In der Statistik wird das Signifikanzniveau mit 5 % angenommen und der Einfluss eines Faktors als Signifikant bezeichnet. Entsprechend ist der p-Wert kleiner 0,05. [SIE17, S. 6]

Der Mittelwertvergleich wird in der Varianzanalyse auf mehr als einen Faktor erweitert. Dabei wird zwischen Einflüssen der Faktoren und der Wechselwirkung unterschieden (siehe Tabelle 17). Über die Art der Unterschiede liefert die Varianzanalyse keine Aussage. [KLE20, S. 243]

Tabelle 17: Varianzanalyse, in Anlehnung an [KLE20, S. 243]

Signifikanter Faktor	Bedeutung
A	Unterschiede zwischen den Stufen des Faktors A
B	Unterschiede zwischen den Stufen des Faktors B
WE AB	Einfluss des Faktors A hängt von der Stufe des Faktors B ab und umgekehrt

5.5.2 Versuchsbeschreibung

Zur Zielerreichung dieser Arbeit werden im Allgemeinen die Ermittlung sowie Analyse der Haupteinflussgrößen durch die eingebrachte Energie und die Übertragung der Erkenntnisse auf den Einsatz eines neuen Materials als IR-Absorber und neuer Trägermedien beim High Speed Sintering und im Besonderen bei der Verarbeitung von PA12 durchgeführt. Dazu werden die Untersuchungen mittels statistischer Versuchsplanung realisiert, die sich in sechs aufeinanderfolgende Blöcke gliedern (siehe Abbildung 34). Dabei finden die Blöcke 1, 2 und 6 auf der HSS-Maschine und die Blöcke 3 – 5 auf dem entwickelten Versuchsstand statt. Dabei werden die Versuche in den Blöcken anhand der eingebrachten Volumenenergiedichte beschrieben und verglichen.

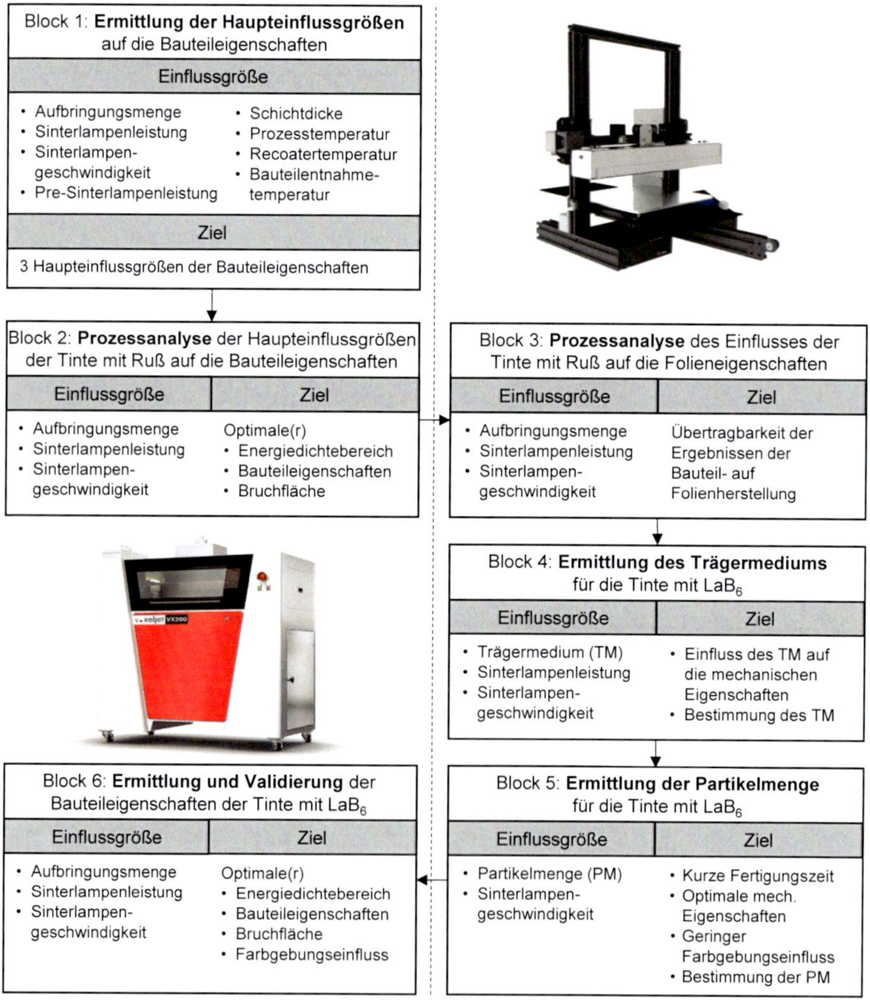

Abbildung 34: Ablaufschema der Versuche in sechs aufeinander aufbauenden Blöcken, Bildquelle [VOX21]

Im ersten Block werden zunächst die drei Haupteinflussgrößen auf die Bauteileigenschaften in Form der Bauteildichte, der mechanischen Eigenschaften, der Oberflächenrauheit sowie der Form- und Maßhaltigkeit in der HSS-Maschine ermittelt. Für die ermittelten Haupteinflussgrößen wird im Block 2 der optimale Energiedichtebereich für die Bauteileigenschaften und Bruchflächen auf der HSS-Maschine bestimmt. Der Block 3 findet auf dem Versuchsstand mit den gleich gewählten Haupteinflussgrößen und deren Parameterstufen statt, um die Übertragbarkeit der Ergebnisse von der HSS-Maschine auf den Versuchsstand und umgekehrt zu beurteilen. Dabei werden auf dem Versuchsstand, wie in Kapitel 5.1.4 beschrieben, die Folien gefertigt. In Block 4 wird anschließend erstmalig der in Kapitel 4 ausgewählte IR-Absorber eingesetzt und ein Trägermedium für den Einfluss auf die Folieneigenschaften bestimmt. Darauf aufbauend wird im fünften Block die Partikelmenge an IR-Absorber definiert, der für eine Versinterung bei einer möglichst kurzen Fertigungszeit und einem gering ausgeprägten Farbgebungseinfluss notwendig ist. Im abschließenden Block wird die HSS-Maschine dahingehend technisch modifiziert, dass die neue Tinte angewendet werden kann, um im Block 6 die Untersuchungsergebnisse des Versuchsstandes auf der HSS-Maschine zu validieren.

Block 1

Für die Anwendung weiterer möglicher IR-Absorber gilt es, zunächst die mit dem Energieeintrag in Zusammenhang stehenden Parameter bzw. Faktoren zu identifizieren und die Haupteinflussgrößen zu ermitteln. Die Faktoren werden anhand des energetischen Verfahrensablaufs (siehe Abbildung 10) und des Einflusses auf die Energiedichte (siehe Abbildung 11) aus Kapitel 2.3.2 für den Block 1 gewählt:

In der Vorheizphase und im Sinterprozess wird das Energieniveau durch die Prozesstemperatur *TP* des Sinterprozesses und die Recoatertemperatur *TR* eingestellt. Diese beiden Einflussgrößen werden untersucht, da sie die im Prozess aufzubringende Energiedichte durch die Sinterlampe bestimmen, um die notwendige eingebrachte Energie zur Versinterung zu erreichen. Die unter der Energiedichte aufgeführten Parameter der Intensität und Dauer des Energieeintrags können nicht alle untersucht werden (siehe Abbildung 11). Die einbauseitigen Einstellungen wie Sinterlampenart und Sinterlampenabstand werden nicht verändert. Ebenfalls nicht verändert wird die Pre-Sinterlampengeschwindigkeit, da diese Auswirkung auf den Materialauftrag und somit auf die Pulverbettoberfläche zur Folge hat. Aus Abbildung 11 (dunkelgrau hinterlegte Kasten) leiten sich die weiteren zu untersuchenden Parameter Sinterlampenleistung *LL*, Pre-Sinterlampenleistung *PLL*, Sinterlampengeschwindigkeit *LG* und Graustufe *GS* (Aufbringungsmenge) ab. Hinzu kommt der Einfluss der Materialmenge in Form der Schichtdicke *SD* auf die Energiedichte. In der Abkühlphase kann die Form- und Maßhaltigkeit sowie die Kristallinität durch die Entnahmetemperatur *TE* beeinflusst werden, weshalb diese ebenfalls in die Ermittlung möglicher Haupteinflussgrößen aufgenommen wird. Um für die Abkühlung die gleichen Voraussetzungen hinsichtlich Baujobhöhe zu gewährleisten, wird je nach Schichtdicke *SD* die Anzahl Start- und Deckschichten variiert (siehe Tabelle 18).

Die Haupteinflussgrößen werden anhand von sieben Kontrollfaktoren auf die Zielgrößen der Bauteildichte, der mechanischen Eigenschaften (Zugfestigkeit, E-Modul, Bruchdehnung), der Form- und Maßhaltigkeit sowie der Oberflächenrauheit (mittlere arithmetische Höhe S_a,) im High Speed Sintering gefertigter Oberflächenrauheitsprüfkörper ermittelt.

Tabelle 18: Anzahl der Start- und Deckschichten in Abhängigkeit der Schichtdicke

SD in mm	**Startschichten**	**Deckschichten**
0,08	100	38
0,09	89	34
0,10	80	30

Unter Anwendung eines definitiven Screening-Versuchsplans ergeben sich für alle Faktoren in den Grenzen des Prozessfensters insgesamt 17 Versuchsdurchläufe (siehe Tabelle 19). Neben der Darstellung der Faktorstufenkombinationen sind die Energiedichten in den rechten Spalten hinterlegt (Berechnung Kapitel 6.1.4). Diese decken hierbei einen breiten Bereich von $E_V =$ 0,14 bis 0,38 J/mm^3 ab und beinhaltet die Grenzbereiche. Die untere und obere Grenze für die minimale (SC4) bzw. maximale (SC5) Volumenenergiedichte für eine Erreichung einer Dichte des Bauteils von 0,9 g/cm^3 ohne Auftreten von Curling bzw. Übersinterung durch Pulveranhaftung oder einer erhöhten Pulverkuchenhärte wurden vorab ermittelt. Gleichzeitig kann mittels des Screenings eine Eingrenzung der Faktorstufen vorgenommen werden und eine Lokalisierung des optimalen Prozessfensters für die bestmöglichen Bauteileigenschaften erfolgen.

Tabelle 19: Screening zur Ermittlung der Haupteinflussgrößen auf der HSS-Maschine in Block 1

	Faktor								**Energiedichte**	
Nr.	**LL** in %	**LG** in m/s	**GS**	**SD** in mm	**TP** in °C	**TR** in °C	**TE** in °C	**PLL** in %	**E_A** in J/mm^2	**E_V** in J/mm^3
SC1	80	0,17	5	0,10	175	140	120	20	0,023	0,23
SC2	80	0,13	1	0,08	173	120	80	0	0,022	0,27
SC3	100	0,15	5	0,08	175	120	80	20	0,028	0,35
SC4	60	0,15	1	0,10	173	140	120	0	0,014	0,14
SC5	100	0,13	3	0,08	175	140	120	0	0,030	0,38
SC6	60	0,17	3	0,10	173	120	80	20	0,016	0,16
SC7	100	0,17	5	0,09	173	140	80	0	0,017	0,28
SC8	60	0,13	1	0,09	175	120	120	20	0,016	0,18
SC9	100	0,13	1	0,10	174	140	80	20	0,024	0,24
SC10	60	0,17	5	0,08	174	120	120	0	0,017	0,21
SC11	100	0,17	1	0,08	173	130	120	20	0,018	0,22
SC12	60	0,13	5	0,10	175	130	80	0	0,023	0,23
SC13	100	0,17	1	0,10	175	120	100	0	0,018	0,18
SC14	60	0,13	5	0,08	173	140	100	20	0,023	0,29
SC15	100	0,13	5	0,10	173	120	120	10	0,033	0,33
SC16	60	0,17	1	0,08	175	140	80	10	0,012	0,15
SC17	80	0,15	3	0,09	174	130	100	10	0,024	0,26

SC=Screening; LL=Sinterlampenleistung; LG=Sinterlampengeschwindigkeit; GS=Graustufe; SD=Schichtdicke; TP=Prozesstemperatur; TR=Recoatertemperatur; TE=Entnahmetemperatur; PLL=Pre-Sinterlampenleistung

Für die Untersuchung der Bauteileigenschaften wird ein spezifischer Versuchsbaujob mit den notwendigen Prüfkörpern zusammengestellt. Jeder Versuchsdurchlauf entspricht einem Baujob. Der Baujob für das Screening enthält zwei Typen von Zugprüfkörpern, um zugleich Erkenntnisse der Übertragbarkeit der Ergebnisse für Folgeversuche des verwendeten Typ 1BA auf den Standardtyp 1A darzustellen. Die Anordnung der Prüfkörper erfolgt möglichst gleichmäßig verteilt im Bauraum (siehe Abbildung 35). Dadurch wird eine gegenseitige Beeinflussung der Prüfkörper durch lokale Temperaturerhöhung berücksichtigt. [BRE13, S. 47]

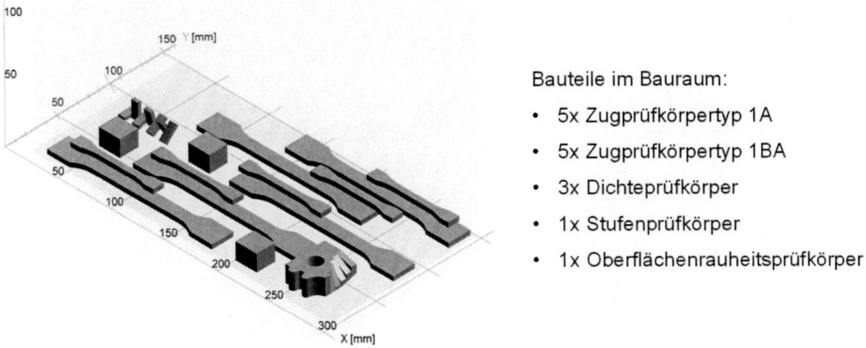

Abbildung 35: Bauteilanordnung zur Ermittlung der Haupteinflussgrößen – Block 1

Block 2

Aus den Ergebnissen des ersten Blocks werden in Kapitel 6.2 die Haupteinflussgrößen bestimmt und in Block 2 genauer untersucht.

Tabelle 20: Prozessanalyse auf der HSS-Maschine in Block 2

	Faktor			Energiedichte	
Nr.	LL in %	LG in m/s	GS	E_A in J/mm²	E_V in J/mm³
HV1	80	0,13	1	0,022	0,30
HV2	80	0,13	3	0,028	0,35
HV3	80	0,13	5	0,031	0,38
HV4	80	0,15	1	0,019	0,23
HV5	80	0,15	3	0,024	0,30
HV6	80	0,15	5	0,026	0,32
HV7	80	0,17	1	0,016	0,20
HV8	80	0,17	3	0,021	0,26
HV9	80	0,17	5	0,023	0,28
HV10	90	0,13	1	0,023	0,29
HV11	90	0,13	3	0,030	0,37
HV12	90	0,13	5	0,033	0,41
HV13	90	0,15	1	0,020	0,24
HV14	90	0,15	3	0,025	0,31
HV15	90	0,15	5	0,027	0,34
HV16	90	0,17	1	0,016	0,22
HV17	90	0,17	3	0,022	0,28
HV18	90	0,17	5	0,024	0,30
HV19	100	0,13	1	0,024	0,30
HV20	100	0,13	3	0,030	0,38
HV21	100	0,13	5	0,033	0,42
HV22	100	0,15	1	0,020	0,25
HV23	100	0,15	3	0,025	0,32
HV24	100	0,15	5	0,028	0,35
HV25	100	0,17	1	0,018	0,22
HV26	100	0,17	3	0,023	0,28
HV27	100	0,17	5	0,025	0,31

HV=HSS-Maschinenversuch; LL=Sinterlampenleistung; LG=Sinterlampengeschwindigkeit; GS=Graustufe

Als Haupteinflussgrößen wurden die Sinterlampenleistung *LL*, die Sinterlampengeschwindigkeit *LG* und die Graustufe *GS* identifiziert. Zur Durchführung weiterer Untersuchungen wird ein vollfaktorieller Versuchsplan auf drei Faktorstufen verwendet (siehe Tabelle 20), da dieser eine eindeutige Zuordnung aller Wechselwirkungen ermöglicht. Im Versuchsplan Block 2 sind alle Faktorkombinationen und die dazugehörigen Energiedichten gelistet. Der Bereich der Energiedichte wird im Vergleich zu Block 1 reduziert durch die Eingrenzung der Sinterlampenleistung auf 80 bis 100 %, da bei 60 % durchgängig die niedrigsten Bauteileigenschaften vorlagen. Im weiteren Verlauf wird die Volumenenergiedichte verwendet, da die Schichtdicke nicht weiter variiert wird. Der Bereich der Volumenenergiedichte liegt bei Block 2 bei $E_V = 0{,}20$ bis 0,42 J/mm^3. Die Schichtdicke beträgt 0,08 mm. Des Weiteren werden die maschinenseitigen Standardparameter verwendet (siehe Anhang A1).

Zur Herstellung der für die Versuchsauswertung notwendigen Prüfkörper wurde erneut ein spezifischer Versuchsbaujob zusammengestellt, welcher in neun Durchläufen Anwendung findet. Pro Durchlauf eines Versuchsbaujobs können durch eine Einteilung in vier Quadranten jeweils drei symmetrisch zueinander angeordnete Versuche gefertigt werden (Quadrant 1 wegen Pyrometermesspunkt nicht nutzbar, siehe Kapitel 5.1.3). Dabei wird einem Versuch jeweils eine Graustufe (1, 3 und 5) zugeordnet, da dieser Parameter der einzige mehrfach verwendbare Parameter pro Baujob ist. Der obere linke Quadrant (siehe Abbildung 36) kann aufgrund maschinenspezifischer Beschränkungen der voxeljet VX200 HSS durch die dort stattfindende Temperaturmessung nicht genutzt werden. Pro Quadrant werden 15 Zugprüfkörper mit unterschiedlicher Orientierung (0°, 45° und 90°) und die Prüfkörper wie beim definitiven Screening-Versuchsplan gefertigt.

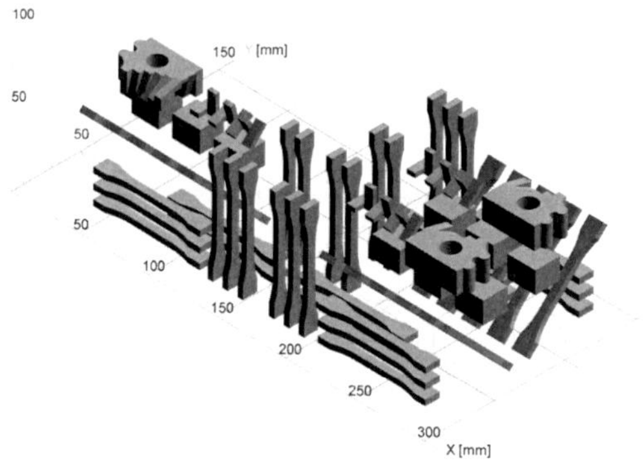

Bauteile pro Quadrant:

- 5x Zugprüfkörpertyp 1BA mit 0°
- 5x Zugprüfkörpertyp 1BA mit 45°
- 5x Zugprüfkörpertyp 1BA mit 90°
- 3x Dichteprüfkörper
- 1x Stufenprüfkörper
- 1x Oberflächenrauheitsprüfkörper

Abbildung 36: Bauteilanordnung zur Prozessanalyse der Haupteinflussgrößen – Block 2

Block 3

In Block 3 wird der vollfaktorielle Versuchsplan aus Block 2 auf dem Versuchsstand nochmals durchgeführt. Dadurch können maschinenspezifische Eigenschaften abgeleitet werden.

Vor der Durchführung des vollfaktoriellen Versuchsplanes wurden anhand von Vorversuchen Folien mit zwei Schichten je 0,08 mm mittels der HSS-Maschine und Folien mit einer Pulver-

Tinten-Gemisch-Schicht von 0,4 mm mittels dem Versuchsstand bei den gleichen Faktorstufenkombinationen gefertigt. Als Prozesstemperatur des Versuchsstandes wird 178 °C und eine Aufheizzeit von 4 min eingestellt, sodass keine Versinterung des Pulver-Tinten-Gemisches ohne eine Überfahrt der Sinterlampe erfolgt. Die in der HSS-Maschine sowie Versuchsstand hergestellten Folien erreichten eine Dicke von 0,25 – 0,35 mm. Dabei konnten Folien mit dem Mischverhältnis der GS1 (für die Schichtdicke von 0,08 mm nach Tabelle 14) bei Sinterlampenleistung *LL* 80 % auf dem Versuchsstand nicht gefertigt werden, da diese eine zu geringe Versinterung erreichten. Durch die Erhöhung der Tintenauftragsmenge um eine Graustufe konnten mit der gleichen Sinterlampenleistung Folien für Zugprüfkörper gefertigt werden.

Aufgrund der Erkenntnisse der Vorversuche wird das Mischverhältnis für die Folien jeweils um eine Graustufe erhöht. Daraus ergibt sich der Versuchsplan Block 3 für die Fertigung der Folien auf dem Versuchsstand (siehe Tabelle 21). Die Volumenenergiedichte wurde mit einem $E_V = 0{,}048$ bis $0{,}086\ \mathrm{J/mm^3}$ berechnet. Pro Faktorstufenkombination werden zehn Folien zum Zuschnitt für Zugprüfkörper gefertigt.

Tabelle 21: Prozessanalyse auf dem Versuchsstand in Block 3

	Faktor			**Energiedichte**	
Nr.	**LL** in %	**LG** in m/s	**GS**	**E_A** in J/mm²	**E_V** in J/mm³
VV1	80	0,13	2	0,026	0,065
VV2	80	0,13	4	0,030	0,074
VV3	80	0,13	6	0,032	0,079
VV4	80	0,15	2	0,022	0,055
VV5	80	0,15	4	0,025	0,062
VV6	80	0,15	6	0,027	0,067
VV7	80	0,17	2	0,019	0,048
VV8	80	0,17	4	0,022	0,055
VV9	80	0,17	6	0,023	0,059
VV10	90	0,13	2	0,027	0,069
VV11	90	0,13	4	0,031	0,078
VV12	90	0,13	6	0,034	0,084
VV13	90	0,15	2	0,023	0,057
VV14	90	0,15	4	0,026	0,066
VV15	90	0,15	6	0,028	0,070
VV16	90	0,17	2	0,020	0,051
VV17	90	0,17	4	0,023	0,058
VV18	90	0,17	6	0,025	0,062
VV19	100	0,13	2	0,028	0,070
VV20	100	0,13	4	0,032	0,080
VV21	100	0,13	6	0,034	0,086
VV22	100	0,15	2	0,023	0,059
VV23	100	0,15	4	0,027	0,067
VV24	100	0,15	6	0,029	0,072
VV25	100	0,17	2	0,021	0,052
VV26	100	0,17	4	0,024	0,060
VV27	100	0,17	6	0,026	0,064

VV=Versuchsstandversuch; LL=Sinterlampenleistung; LG=Sinterlampengeschwindigkeit; GS=Graustufe;

Block 4

Grundlage für die Anwendung neuer Tinten mit dem neuen IR-Absorber LaB_6 ist die im Vorfeld durchgeführte Ermittlung eines optimalen Prozessfensters. Dafür gilt es, zunächst das Trägermedium und anschließend die Fertigungsparameter zu definieren. Die Partikelmenge wird zur besseren Stabilität gegen Sedimentation sowie Oxidation und aus Kostengründen niedrig gewählt. Die für den Block 4 eingesetzten LaB_6-haltigen Tinten besitzen die gleiche Partikelmenge (< 0,5 Gew.-%) und drei verschiedene Trägermedien (TM1–3). Für das Mischverhältnis wird GS4 bei einer Schichtdicke von 0,08 mm nach Tabelle 14 angewendet. Die Sinterlampenleistung *LL* wird analog zu den Versuchen auf der HSS-Maschine eingestellt (Block 1 und 2). Die gewählten Faktorstufen der Sinterlampenleistung *LL* (80 – 100 %) stellen für die bisherigen Versuche die maximalen Leistungen dar, sodass kein höherer Energieeintrag durch diesen Faktor möglich ist. Für die Sinterlampengeschwindigkeit *LG* besteht im Versuchsstand als auch in der HSS-Maschine die Möglichkeit, diese zu verringern. In Vorversuchen erreichte die Sinterlampengeschwindigkeit im Bereich 0,02 bis 0,03 m/s eine nach optischer Beurteilung gute Verschmelzung und wurde als geeignet für den Block 4 eingestuft. Aus den Absorptionsmessungen und der Berechnung nach Kapitel 6.1.4 ergibt sich ein Volumenenergiedichtebereich $E_V = 0{,}13$ bis $0{,}23\ J/mm^3$ (siehe Tabelle 22). Pro Faktorstufenkombination werden zehn Folien zum Zuschnitt für Zugprüfkörper gefertigt.

Tabelle 22: Definition des Trägermediums mit einer Partikelmenge < 0,5 Gew.-% LaB_6 in Block 4

	Faktor			Energiedichte	
Nr.	**LL in %**	**LG in m/s**	**TM**	**E_A in J/mm^2**	**E_V in J/mm^3**
VV1-TM	80	0,02	TM1	0,080	0,20
VV2-TM	80	0,02	TM2	0,081	0,20
VV3-TM	80	0,02	TM3	0,069	0,17
VV4-TM	80	0,03	TM1	0,062	0,15
VV5-TM	80	0,03	TM2	0,062	0,15
VV6-TM	80	0,03	TM3	0,053	0,13
VV7-TM	100	0,02	TM1	0,093	0,23
VV8-TM	100	0,02	TM2	0,093	0,23
VV9-TM	100	0,02	TM3	0,079	0,20
VV10-TM	100	0,03	TM1	0,069	0,17
VV11-TM	100	0,03	TM2	0,069	0,17
VV12-TM	100	0,03	TM3	0,059	0,15

VV=Versuchsstandversuch; TM=Trägermedium; LL=Sinterlampenleistung; LG=Sinterlampengeschwindigkeit

Block 5

Entsprechend der Versuchsergebnisse aus Block 4 werden die Versuche zur Partikelmengenbestimmung in Block 5 auf dem TM1 aufgebaut. Dafür werden drei weitere Partikelmengen im gleichen Mischverhältnis (GS4) wie in Block 4 untersucht. Die Sinterlampenleistung *LL* wird mit dem maximalen Wert von 100 % eingesetzt. Analog zu den vorherigen Versuchen wird deshalb die Sinterlampengeschwindigkeit *LG* variiert, sodass ein Prüfkörper gefertigt werden kann. Bewertungskriterium hierfür ist nach optischer Beurteilung ein gleichmäßig verschmolzenes Polymerpulver nach dem Sintervorgang und zudem, dass sich der Prüfkörper von der Glasplatte lösen lässt. Bei einem zu hohen Energieeintrag ist ein Lösen von der Glasplatte nicht mehr möglich. Hieraus werden die in der Tabelle 23 gelisteten maximalen Sinterlampengeschwindigkeiten LG der jeweiligen Partikelmenge ermittelt und anschließend mit zehn Versuchsdurchführungen pro Faktorstufenkombination Folien zum Zuschnitt für Zugprüfkörper gefertigt. Die Volumenenergiedichte beträgt $E_V = 0{,}14$ bis $0{,}26\ \mathrm{J/mm^3}$.

Tabelle 23: Definition des Partikelmenge für TM1 in Block 5

	Faktor		Energiedichte	
Nr.	**LG** in m/s	**Partikelmenge** in Gew.-%	**E_A** in J/mm²	**E_V** in J/mm³
VV1-PM	0,02	< 0,5	0,093	0,23
VV2-PM	0,02	0,5 - <1,0	0,103	0,26
VV3-PM	0,04	1,0 - <1,5	0,061	0,15
VV4-PM	0,05	≥ 1,5	0,057	0,14

VV=Versuchsstandversuch; PM=Partikelmenge; LG=Sinterlampengeschwindigkeit

Block 6

Im Block 6 erfolgt die Validierung der Zusammenhänge, die auf dem Versuchsstand mit der LaB_6-haltigen Tinte (TM1) erzielt wurden, auf der HSS-Maschine.

Tabelle 24: Ermittlung der Bauteileigenschaften der LaB_6-haltigen Tinte auf der HSS-Maschine in Block 6

	Faktor			Energiedichte	
Nr.	**LL** in %	**LG** in m/s	**GS**	**E_A** in J/mm²	**E_V** in J/mm³
HV1-V	80	0,13	1	0,010	0,13
HV2-V	80	0,13	3	0,017	0,21
HV3-V	80	0,13	5	0,019	0,23
HV4-V	80	0,15	1	0,009	0,11
HV5-V	80	0,15	3	0,014	0,18
HV6-V	80	0,15	5	0,016	0,20
HV7-V	80	0,17	1	0,008	0,10
HV8-V	80	0,17	3	0,012	0,16
HV9-V	80	0,17	5	0,014	0,17
HV10-V	90	0,13	1	0,011	0,14
HV11-V	90	0,13	3	0,018	0,22
HV12-V	90	0,13	5	0,020	0,25
HV13-V	90	0,15	1	0,009	0,12
HV14-V	90	0,15	3	0,015	0,19
HV15-V	90	0,15	5	0,017	0,21
HV16-V	90	0,17	1	0,008	0,10
HV17-V	90	0,17	3	0,013	0,17
HV18-V	90	0,17	5	0,015	0,18
HV19-V	100	0,13	1	0,011	0,14
HV20-V	100	0,13	3	0,018	0,23
HV21-V	100	0,13	5	0,020	0,25
HV22-V	100	0,15	1	0,009	0,12
HV23-V	100	0,15	3	0,015	0,19
HV24-V	100	0,15	5	0,017	0,21
HV25-V	100	0,17	1	0,008	0,11
HV26-V	100	0,17	3	0,014	0,17
HV27-V	100	0,17	5	0,015	0,19

HV=HSS-Maschinenversuch; V=Validierung; LL=Sinterlampenleistung; LG=Sinterlampengeschwindigkeit; GS=Graustufe;

Dafür wird die HSS-Maschine mit einem zweiten Tintenkreislauf und einem zusätzlichen Druckkopf erweitert (siehe Kapitel 7.1). Es soll überprüft werden, ob die durchgeführten Materialversuche auf dem Versuchsstand mit einem neuen IR-Absorber zu den gleichen Bauteileigenschaften bei einer Reduzierung des Farbgebungseinflusses des Bauteils bestätigt werden können. Dafür wird der bereits in Block 2 und 3 angewendete vollfaktorielle Versuchsplan mit den gleichen Grenzen der Sinterlampenleistung LL, der Sinterlampengeschwindigkeit LG und der Graustufe GS verwendet (siehe Tabelle 24). Die eingesetzte LaB_6-haltige Tinte weist eine Partikelmenge >1,5 Gew.-% auf und basiert auf dem TM2. Die Berechnung des Bereichs der Volumenenergiedichte unterscheidet sich durch das IR-Absorber bedingte Absorptionsspektrum zu den bisherigen Werten mit $E_V = 0{,}10$ bis $0{,}25\ \mathrm{J/mm^3}$. Wie bereits in Block 2 werden die maschinenseitigen Standardparameter verwendet (siehe Anhang A1).

Mit dem zusätzlichen Druckkopf kann nur der mittlere Bereich mit LaB_6-haltiger Tinte bedruckt werden (siehe Kapitel 7.1). Für die Auswertung der Versuchsergebnisse der Validierung wird aufgrund der veränderten Gegebenheiten für den zur Verfügung stehenden Bauraum ein spezifischer Versuchsbaujob zusammengestellt. Um entsprechend des Blocks 2 drei Graustufen (1, 3 und 5) pro Versuchsdurchlauf fertigen zu können, wird die Anzahl an Prüfkörpern reduziert (siehe Abbildung 37).

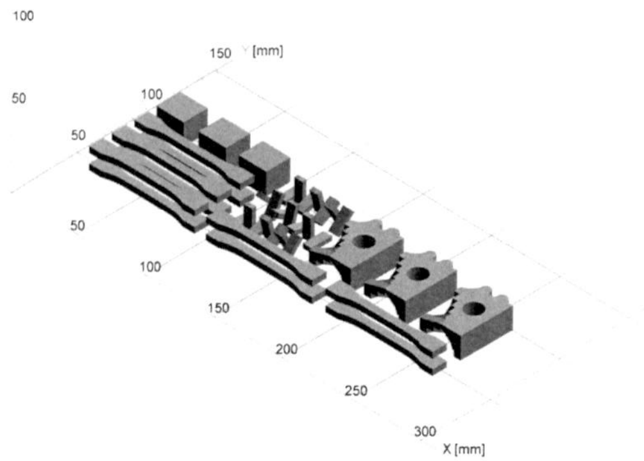

Bauteile pro Graustufe:

- 3x Zugprüfkörpertyp 1BA
- 1x Dichteprüfkörper
- 1x Stufenprüfkörper
- 1x Oberflächenrauheitsprüfkörper

Abbildung 37: Bauteilanordnung für die Validierung der LaB_6-haltigen Tinte – Block 6

6 Versuchsergebnisse und Diskussion

Im Kapitel 6 erfolgt die Auswertung und Diskussion der beschriebenen Versuchseinrichtung und -durchführung. Dafür werden im ersten Schritt die für die Berechnung der Energiedichte relevanten Messgrößen gemessen. Danach erfolgt die Auswertung der Versuchsblöcke. Diese werden aufgeteilt in Ermittlung der Haupteinflussgrößen und die Prozessanalyse für den bekannten IR-Absorber Ruß auf der HSS-Maschine und den Versuchsstand. Anschließend erfolgt die Auswertung der Versuchsergebnisse mit dem neuen IR-Absorber LaB_6. Abschließend werden weitere IR-Strahler untersucht.

6.1 Bestimmung des Energieeintrags

Die Messung der thermischen Leistung mittels eines optischen Sensors erlaubt es, den Energieeintrag in Abhängigkeit der Sinterlampengeschwindigkeit unter realen Bedingungen in der HSS-Maschine zu quantifizieren. In Kombination mit der Messung der Absorption können daraus Erkenntnisse über die Flächenenergiedichte gezogen werden.

6.1.1 Flächenenergiedichte des IR-Strahlers

Für die Leistungsmessung in der HSS-Maschine wurde der thermische Sensor mit Kühlkörper mittig im Bauraum positioniert (siehe Abbildung 38). Der Abstand zum IR-Strahler wurde wie in Kapitel 5.2.1 beschrieben eingestellt. Die Leistungsmesskonsole wurde außerhalb der HSS-Maschine aufgebaut und der Energieeintrag mit der Software Optical Power Monitor von *Thorlabs Inc.* aufgezeichnet. Pro Kombination der Sinterlampenleistung und Sinterlampengeschwindigkeit wurden je fünf Wiederholungen einer Überfahrt der Sinterlampe durchgeführt. Der thermische Sensor wurde zwischen den Messungen kalibriert, sodass das Rauschen eliminiert werden konnte.

Abbildung 38: Aufbau zur Messung der Flächenenergiedichte in der HSS-Maschine voxeljet VX200 HSS

Der über die Zeit aufgezeichnete Verlauf der auf den Sensor auftreffenden Flächenenergiedichte wurde anhand der Gleichung 5-1 berechnet. Aus den ermittelten Einzelwerten ergibt sich der Flächenenergiedichteverlauf für die Leistung und Geschwindigkeit der Sinterlampe (siehe Abbildung 39). Der Verlauf der Flächenenergiedichte einer definierten Sinterlampengeschwindigkeit kann für die Sinterlampenleistung zwischen 20 und 80 % als nahezu linear angenommen werden. Zwischen 80 und 100 % der Sinterlampenleistung erfolgt eine Plateauausbildung. Anhand der Einzelwerte in Anhang A2 wird ersichtlich, dass die Flächenenergiedichte zwischen 60 und 80 % Sinterlampenleistung und zwischen 80 und 100 % einen Unterschied von ca. 24 % respektive 8 % bei der Sinterlampengeschwindigkeit 0,15 m/s aufweist. Der Flächenenergiedichtebereich für die Untersuchungen der Haupteinflussgrößen bzw. für die Validierung auf der HSS-Maschine ist in Abbildung 39 grau markiert und leitet sich aus Block 1 ab.

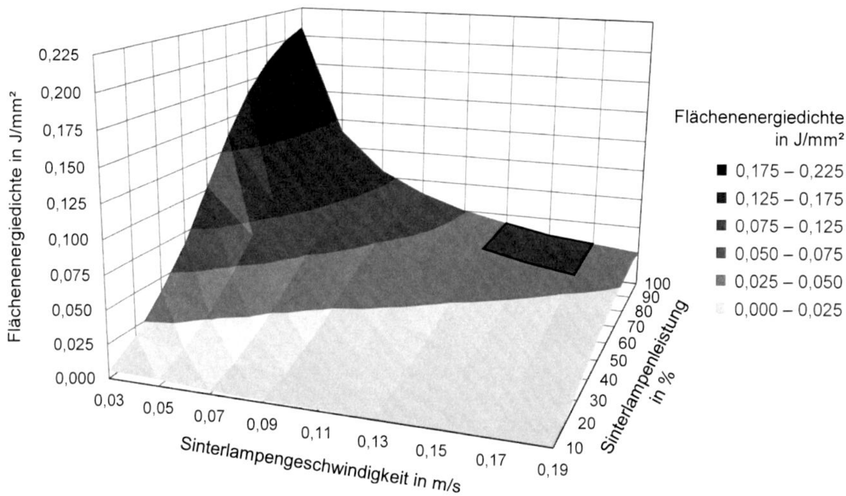

Abbildung 39: Gemessene Flächenenergiedichte in Abhängigkeit der Sinterlampenleistung und -geschwindigkeit

6.1.2 Absorptionsmessung bei unterschiedlichen Graustufen

Im High Speed Sintering erfolgt die Versinterung des Polymerpulvers durch Absorption der IR-Strahlung in den mit der Tinte bedruckten Bereichen (siehe Kapitel 2.2.2). Um weitere Berechnungen für die Flächenenergiedichte abzuleiten (siehe Kapitel 6.1.4), wird der Bereich mittels UV-VIS-Spektroskopie zwischen 400 und 2.500 nm genauer spezifiziert. Dafür wird die Absorption mittels des in Kapitel 5.2.3 beschriebenen Messaufbaus quantifiziert.

Zur Bestimmung der Absorption wurde das unbedruckte Filterpapier (FP) sowie das mit GS1 bis GS6 bedruckte Filterpapier (FP + GS) gemessen. Die Ergebnisse der Absorptionsmessung in Abbildung 40 zeigen eine Zunahme der Absorption bei einer Erhöhung der Graustufe bzw. der Partikelmenge an IR-Absorber. Bei einer Verdopplung der Partikelmenge des IR-Absorbers Ruß (bspw. GS1 auf GS2 oder GS3 auf GS6) wird die Absorption unabhängig von der Wellenlänge um etwa 10 – 15 % erhöht. Je höher der Ausgangswert der Absorption einer Graustufe ist, desto geringer ist die Erhöhung der Absorption zur nächsten Graustufe. Die Absorption nähert sich an den Grenzwert der Messung reiner Rußpartikel (siehe Abbildung 17) an, erreicht diesen jedoch nicht aufgrund der bspw. poröseren Oberfläche des Polymerpulvers oder der Agglomeration von IR-Absorberpartikeln.

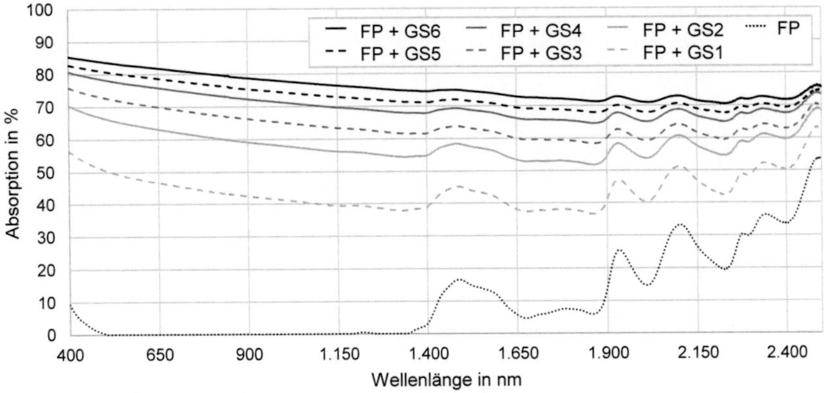

Abbildung 40: Absorptionsmessung der Graustufen mit rußhaltiger Tinte auf Filterpapier

Die Vermessung der Pulver-Tinten-Gemische (nach Tabelle 14) weist nahezu durchgehend eine höhere Absorption als das bedruckte Filterpapier auf. Aufgrund der höheren Absorption des Polymerpulvers im Bereich zwischen 400 und 1.000 nm und insbesondere 1.000 und 2.500 nm ist die durchschnittliche Absorption nach der Vermengung mit Ruß nahezu konstant über alle Wellenlängenbereiche (siehe Abbildung 41). Für die Berechnung der Flächenenergiedichte werden die Absorptionskurven der Pulver-Tinten-Gemische verwendet. Als Absorptionswert für Graustufen mit Ruß als IR-Absorber wird der Durchschnittswert des gemessenen Wellenlängenbereichs $\alpha_{A,R}$ herangezogen.

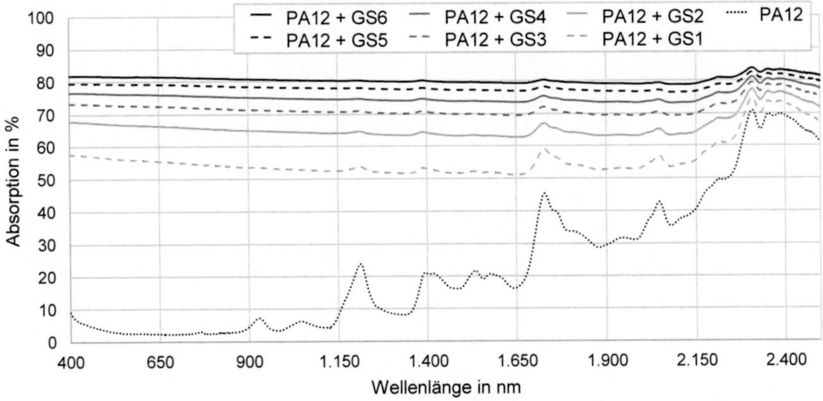

Abbildung 41: Absorptionsmessung der Graustufen bei PA12-Pulver vermengt mit Ruß

Analog zur Vermessung der rußhaltigen Tinte werden die verschiedenen Graustufen der LaB_6-haltigen Tinte auf dem Filterpapier vermessen. LaB_6 als IR-Absorber weist anders als Ruß keine konstante Absorption über die verschiedenen Wellenlängen auf, sondern hat ein LaB_6-

bedingtes Absorptionsmaximum bei 990 nm (siehe Abbildung 42). Aufgrund der stark unterschiedlichen Absorptionswerte für verschiedene Wellenlängen werden die Bereiche für die Absorption in 100 nm-breite Schritte der Wellenlänge für die spätere Berechnung unterteilt (siehe Kapitel 6.1.4).

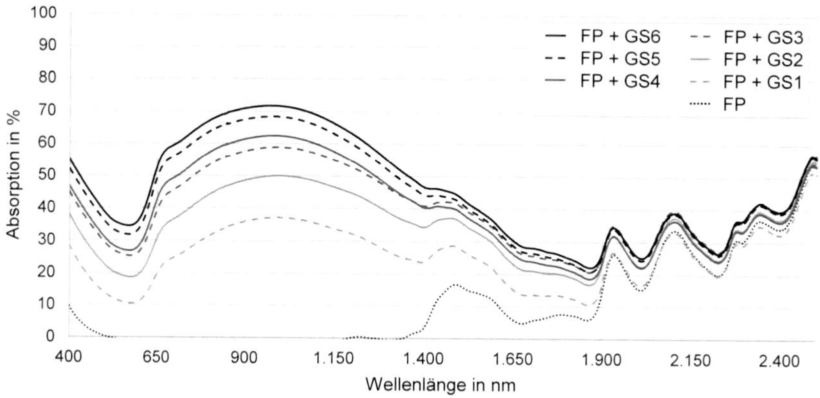

Abbildung 42: Absorptionsmessung der Graustufen mit LaB_6-haltiger Tinte auf Filterpapier

6.1.3 Emissionsmessung des IR-Strahlers

Für die Berechnung der Flächenenergiedichte bei LaB_6 als IR-Absorber wird aufgrund der unterschiedlichen Absorptionsgrade bei verschiedenen Wellenlängen die eingebrachte IR-Strahlung bei der entsprechenden Wellenlänge benötigt. In Abbildung 43 sind die mittels eines Polynoms sechsten Grades geglätteten Emissionsspektren (Bestrahlungsstärke) bei verschiedenen Sinterlampenleistungen in der voxeljet VX200 HSS dargestellt.

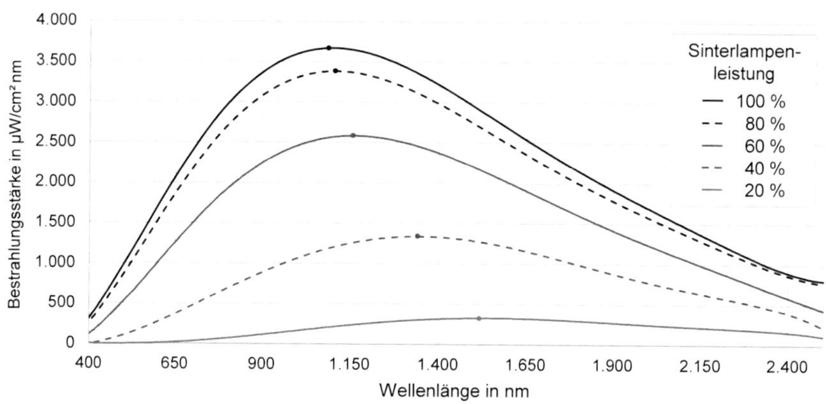

Abbildung 43: Geglättete Emissionsspektren mit den Maxima der Sinterlampe bei unterschiedlichen Leistungen

Die maximale Emission der Sinterlampe in der voxeljet VX200 HSS wird bei 100 % mit einem Maximum bei der Wellenlänge 1.060 nm erzielt. Mit einer Reduzierung der Sinterlampenleistung nimmt die Bestrahlungsstärke ab und das Emissionsmaximum verschiebt sich hin zu höheren Wellenlängen. Wie bereits bei der gemessenen Flächenenergiedichte beschrieben, ist der Unterschied zwischen 80 und 100 % der Sinterlampenleistung gering (max. 9 %).

6.1.4 Berechnung der Flächen- und Volumenenergiedichte

In Kapitel 2.4.2 wurden bereits verschiedene Modelle zur Berechnung des Energieeintrag bzw. der Flächenenergiedichte für das High Speed Sintering vorgestellt. Das HSS-Flächenenergiedichte-Modell $E_{A,HSS}$ berücksichtigt nur die Datenblattkennwerte (Leistung und Länge des IR-Strahlers) ohne Einbeziehung der konstruktiven Gegebenheiten, wie bspw. des Abstandes oder den Einsatz einer Glasscheibe. Beim EAV-Modell handelt es sich um ein statisches Modell. Beim HSS_{ED}-Modell erfolgt eine Berechnung der eingebrachten Leistung und die Absorption der Materialien (Polymer, IR-Absorber) wird getrennt betrachtet.

Unter Anwendung der gemessenen Flächenenergiedichte des IR-Strahlers (Kapitel 6.1.1), der Absorptionskurven (Kapitel 6.1.2) sowie der Emissionskurven (Kapitel 6.1.3), beschreiben die nachfolgenden Gleichungen die Energiedichteberechnungen für verschiedene IR-Absorber unter den vorherrschenden Prozessbedingungen (Energieniveau) im High Speed Sintering.

IR-Absorber Ruß

Die Leistungsmessung mittels thermischer Sensoren ermöglicht die Beschreibung der Flächenenergiedichte in Abhängigkeit der eingestellten Leistung und Geschwindigkeit der Sinterlampe. Durch die Erweiterung der Gleichung 5-1 um die Absorptionsrate kann die tatsächlich eingebrachte Energiedichte auf der Pulverbettoberfläche berechnet werden (siehe Gleichung 6-1 und 6-2). Für den IR-Absorber Ruß kann aufgrund der gleichmäßigen Absorption über alle Wellenlängen die durchschnittliche Absorption des IR-Absorbers und des Polymers $\alpha_{A,R}$ herangezogen werden. Für jede Graustufe wird der Absorptionswert des Pulvers vermengt mit der rußhaltigen Tinte erfasst (siehe Abbildung 41 und Anhang A3).

$$E_{A,R} = \frac{\int P_S \, dt}{A_{TS}} \cdot \eta_{TS} \cdot \alpha_{A,R} \qquad (6\text{-}1)$$

$$E_{V,R} = \frac{\int P_S \, dt}{A_{TS}} \cdot \eta_{TS} \cdot \frac{\alpha_{A,R}}{s} \qquad (6\text{-}2)$$

$E_{A,R}$ Flächenenergiedichte für IR-Absorber Ruß und Polymer in J/mm^2

$E_{V,R}$ Volumenenergiedichte für IR-Absorber Ruß und Polymer in J/mm^3

$\alpha_{A,R}$ Durchschnittliche Absorption IR-Absorber Ruß zwischen 400 und 2.500 nm in %

In der Versuchsbeschreibung in Kapitel 5.5.2 wurde bereits die jeweilige Faktorstufenkombination um die ermittelte Energiedichte ergänzt (rechten Spalten). Beim Screening gilt es zudem zu beachten, dass in die Berechnung der Energiedichten keine Prozesstemperaturen mit einbezogen werden. Ähnlich wie beim Lasersintern muss die Energiedichte für jede Prozesstemperatur separat betrachtet werden. Die möglichen Energiedichten für die Verarbeitung von PA12 im High Speed Sintering sind vergleichbar zu den Energiedichten von PA12 im Lasersintern (vgl. [WEG15a, S. 42]).

IR-Absorber LaB_6

Aufbauend auf der Leistungsmessung wird für die Berechnung der Flächenenergiedichte mit LaB_6 als IR-Absorber ebenfalls die gemessene Absorptionskurve verwendet. Aufgrund der unterschiedlich stark ausgeprägten Absorptionsgrade über die verschiedenen Wellenlängen (siehe Abbildung 42) werden diese mit der Bestrahlungsstärke des jeweiligen Wellenlängenbereichs in Bezug gesetzt (gewichtete Absorption). Der Mittelwert des Absorptionsgrads wird dafür in 100 nm-breiten Schritten der Wellenlänge (beginnen ab 400 bis 2.500 nm) berechnet. Anschließend wird mit einem Gewichtungsfaktor des entsprechenden Wellenlängenbereichs, der sich aus dem Verhältnis des entsprechenden Integralabschnitts mit dem Gesamtintegral der Emissionskurve bestimmt, multipliziert. Dadurch wird das Zusammenwirken der Bereiche der Absorption und der Emission prozessnah dargestellt. Die Erweiterung der Gleichung 5-1 um die gewichtete Absorption wird für die Berechnung der Energiedichte herangezogen (siehe Gleichung 6-3 und 6-4). Für jede Graustufe wird ein gewichteter Absorptionswert des Pulvers mit Tinte erfasst (siehe Anhang A3).

$$E_{A,LaB_6} = \left(\frac{\int P_S\,dt}{A_{TS}} \cdot \eta_{TS}\right) \cdot \sum_{n=4}^{24} \left[\int_{n\cdot 100}^{n\cdot 100+99} E_S\,d\lambda \div \int_{400}^{2499} E_S\,d\lambda \cdot \sum_{i=n\cdot 100}^{n\cdot 100+99} \frac{\alpha_i}{100} \right] \tag{6-3}$$

$$E_{V,LaB_6} = \left(\frac{\int P_S\,dt}{A_{TS}} \cdot \eta_{TS}\right) \cdot \sum_{n=4}^{24} \left[\int_{n\cdot 100}^{n\cdot 100+99} E_S\,d\lambda \div \int_{400}^{2499} E_S\,d\lambda \cdot \sum_{i=n\cdot 100}^{n\cdot 100+99} \frac{\alpha_i}{100 \cdot s} \right] \tag{6-4}$$

E_{A,LaB_6} Flächenenergiedichte für IR-Absorber LaB_6 und Polymer in J/mm^2

E_{V,LaB_6} Volumenenergiedichte für IR-Absorber LaB_6 und Polymer in J/mm^3

E_S Bestrahlungsstärke des IR-Strahlers in μW/cm^2 nm

α_i Durchschnittliche Absorption IR-Absorbers LaB_6 zwischen 400 und 2.500 nm in %

In Kapitel 5.5.2 wurde die Flächenenergiedichte für die IR-Absorber Ruß sowie LaB_6 berechnet und neben den jeweiligen Faktorstufenkombinationen der Blöcke 1–6 ergänzt. Aufgrund der niedrigeren Absorption war eine Reduzierung der Sinterlampengeschwindigkeit auf dem Versuchsstand für Block 4 und 5 notwendig. Die Energiedichtewerte für die Prüfkörper mit der LaB_6-haltigen Tinte liegen auf dem Versuchsstand höher als bei den hergestellten Prüfkörpern mit der rußhaltigen Tinte (Block 1–3). Für die Validierungsversuche der LaB_6-haltigen Tinte in Block 6 wurden die Prüfkörper mit der gleichen Sinterlampengeschwindigkeit wie bei der rußhaltigen Tinte gefertigt, sodass die berechnete Flächenenergiedichte aufgrund der niedrigen Absorption von LaB_6 geringer ausfiel.

6.2 Ermittlung der Haupteinflussgrößen

Die Haupteinflussgrößen werden, wie in Kapitel 5.5.2 beschrieben, mittels der Statistiksoftware Minitab V18 anhand eines definitiven Screening-Versuchsplanes mit acht Faktoren hinsichtlich vier Zielgrößen ermittelt.

6.2.1 Bauteildichte

Das Netzdiagramm der standardisierten Effekte für die Zielgröße Bauteildichte zeigt (siehe Abbildung 44), dass die Faktoren, die Einfluss auf die Volumenenergiedichte haben, den größten Einfluss auf die Bauteildichte besitzen, der im High Speed Sintering gefertigten Bauteile. Signifikant ist dabei die Sinterlampenleistung *LL* mit einem p-Wert von 0,045 (in der Abbildung hellgrau dargestellt). Die Graustufe *GS* hat das Signifikanzniveau mit einem p-Wert von 0,079 nicht erreicht und deshalb grau dargestellt. Die Kreiswerte im Netzdiagramm stehen für die Absolutwerte der standardisierten Effekte, wobei der innere hervorgehobene schwarze Kreis zusätzlich als Referenzlinie für das Erreichen des Signifikanzniveaus von 5 % dient.

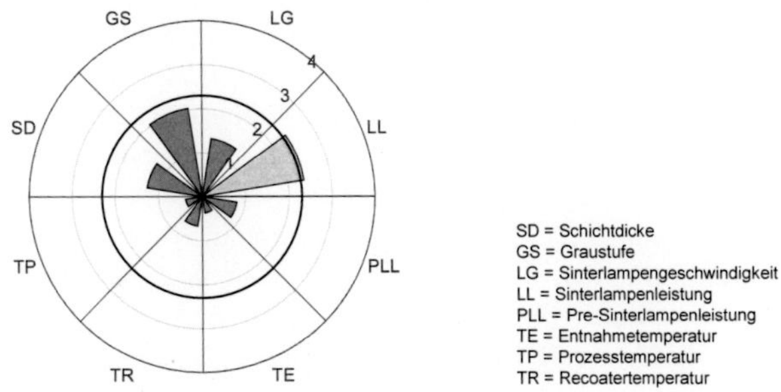

Abbildung 44: Netzdiagramm der standardisierten Effekte für die Bauteildichte in Block 1

In den Haupteffektdiagrammen (siehe Abbildung 45) werden die Auswirkungen der Einflussgrößen und deren Faktorstufen auf die Bauteildichte dargestellt:

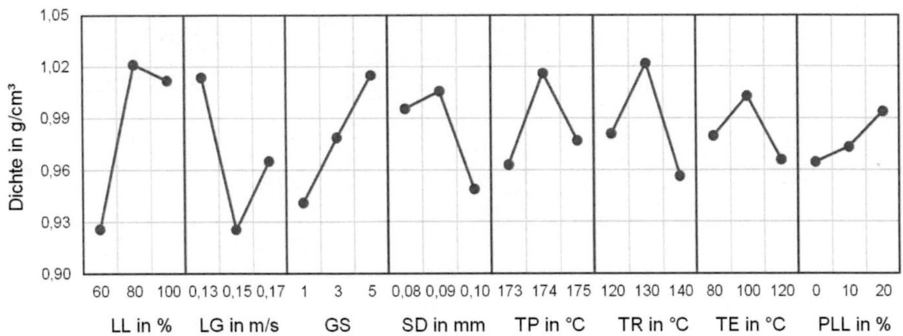

Abbildung 45: Haupteffektdiagramme auf die Bauteildichte in Block 1

Bei einer Sinterlampenleistung von 80 % wird die höchste Bauteildichte erreicht, während die Bauteildichte bei 60 % minimal ist. Die Reduzierung der Bauteildichte bei 100 % Sinterlampenleistung ist bedingt durch die Ausbildung von Pulveranhaftungen an der Bauteiloberfläche. Das unvollständig versinterte Pulver an der Bauteiloberfläche weist eine höhere Porosität auf, woraus eine geringere Dichte für das gesamte Bauteil resultiert, obwohl im Bauteilinneren die nahezu maximale Dichte erreicht wird (siehe Kapitel 2.4.3). Mit einer zunehmenden Sinterlampengeschwindigkeit und damit abnehmendem Energieeintrag nimmt die Bauteildichte ab. Die Graustufenerhöhungen bewirken eine stetige Zunahme der Bauteildichte. Mit zunehmender Schichtdicke nahm die Bauteildichte aufgrund des geringeren Energieeintrags (geringere Volumenenergiedichte) ab. Die Einflussgrößen Prozesstemperatur bis Pre-Sinterlampenleistung haben einen deutlich geringeren Effekt (geringe Abstände der Punkte der Zielfunktion), wie bereits im Netzdiagramm ersichtlich (vgl. Abbildung 44).

In der Beschreibung der Bauteildichte als Funktion der Volumenenergiedichte (siehe Abbildung 46) wird deutlich, dass die Bauteile unterhalb der Volumenenergiedichte von 0,20 J/mm^3 eine Bauteildichte kleiner 1,00 g/cm^3 aufweisen. Im Volumenenergiedichtebereich zwischen 0,20 und 0,38 J/mm^3 bildet sich ein Plateau mit nahezu konstanter Bauteildichte bei 1,01 bis 1,03 g/cm^3 aus (grau hinterlegter empfohlener Volumenenergiedichtebereich). Eine Einstellung der Fertigungsparameter zur Erreichung der Feststoffdichte konnte nicht realisiert werden [DOM12, S. 58]. Dies kann durch die Einbeziehung der Oberflächenrauheit und die Restporosität im Bauteil durch den Sinterprozess begründet werden. Bei höheren Volumenenergiedichten und Bauraumtemperaturen beginnt im High Speed Sintering die Ausbildung von Pulveranhaftungen, die ebenfalls eine hohe Versinterung aufweisen. Durch den flächigen Energieeintrag werden Randbereiche nicht nur vom entstehenden Bauteil erwärmt, sondern zusätzlich durch die überfahrende Sinterlampe. Dadurch bedingt eine Erhöhung der Volumenenergiedichte durch die höhere Sinterlampenleistung oder geringere Sinterlampengeschwindigkeit eine stärkere Pulveranhaftung. Zudem konnte eine zunehmende Pulverkuchenhärte mit höheren Volumenenergiedichten und Bauraumtemperaturen festgestellt werden.

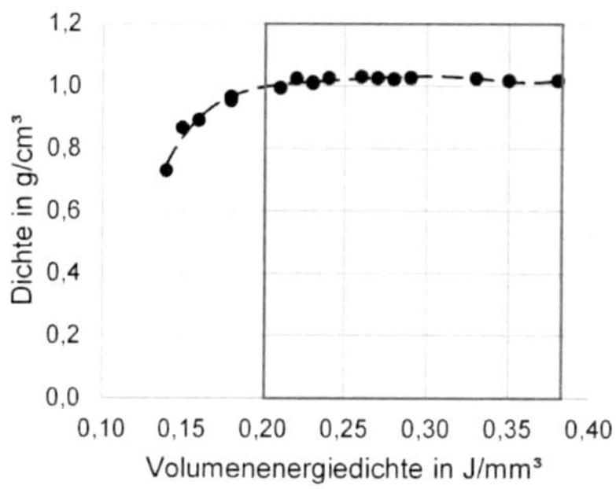

Abbildung 46: Bauteildichte als Funktion der Volumenenergiedichte E_V in Block 1

6.2.2 Mechanische Eigenschaften

Die mechanischen Eigenschaften werden anhand der Zugprüfkörpertypen 1A und 1BA untersucht. Durch die Gegenüberstellung wird die Eignung des Typs 1BA für eine Interpretation der mechanischen Eigenschaften sichergestellt. Somit kann bei der Prozessanalyse der Haupteinflussgrößen eine weitere Störgröße, die Orientierung im Bauraum, untersucht werden.

Aus den gegenübergestellten Netzdiagrammen der Zugprüfkörpertypen 1A und 1BA der Zugfestigkeit (siehe Abbildung 47) ist ersichtlich, dass sich die standardisierten Effekte geringfügig unterscheiden. In beiden Netzdiagrammen ist die Sinterlampenleistung *LL* signifikant mit einem p-Wert von 0,013 (Typ 1A) respektive 0,028 (Typ 1BA). Die Sinterlampengeschwindigkeit *LG* hingegen erreicht bei Typ 1A das Signifikanzniveau (p-Wert 0,037). Die Graustufe *GS* ist in beiden Netzdiagrammen unterhalb des Signifikanzniveaus (p-Wert von 0,055 bzw. 0,059).

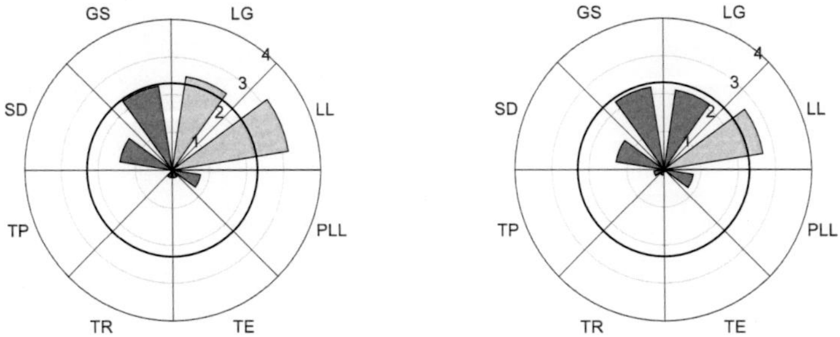

Abbildung 47: Netzdiagramm der standardisierten Effekte für die Zugfestigkeit in Block 1: Typ 1A links, Typ 1BA rechts

Die einzelnen Haupteffektdiagramme von Zugprüfkörpertyp 1A und 1BA weisen das gleiche Verhalten auf. In den Haupteffektdiagrammen (siehe Abbildung 48) werden die verschiedenen Faktorstufen des Zugprüfkörpertyps 1BA dargestellt, da dieser Zugprüfkörpertyp im Weiteren verwendet wird.

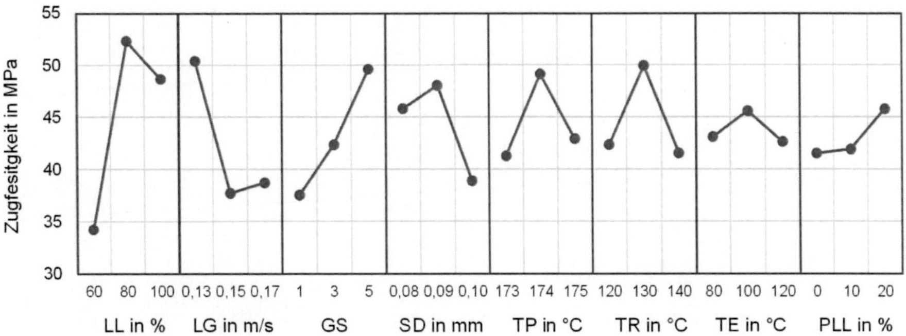

Abbildung 48: Haupteffektdiagramme auf die Zugfestigkeit bei Typ 1BA in Block 1

Die Haupteffektdiagramme der Zugfestigkeit zeigen einen ähnlichen Verlauf der Zielfunktionen wie die Haupteffektdiagramme der Bauteildichte. Die Sinterlampenleistung *LL*, die Sinterlampengeschwindigkeit *LG* und die Graustufe *GS* weisen den größten Einfluss auf. Die Sinterlampenleistung *LL* von 80 %. zeigt bei der Zugfestigkeit, wie bei der Bestimmung der Bauteildichte, den höchsten Wert. Der Abnahme der Zugfestigkeit bei einer Sinterlampenleistung von 100 % kann auf Pulveranhaftungen und somit auf eine Querschnittserhöhung zurückgeführt werden, da bei gleicher anliegender Zugkraft mehr Pulverpartikel im Randbereich anhaften. Die Kraft pro Fläche wird dadurch geringer. Die Einflussgrößen Schichtdicke *SD* bis Pre-Sinterlampenleistung *PLL* haben einen deutlich geringeren Einfluss.

In Abbildung 49 sind analog zur Darstellung der Dichte der Bauteile für die unterschiedlichen Zugprüfkörpertypen 1A und 1BA die Zugfestigkeitswerte in Abhängigkeit der Volumenenergiedichte dargestellt. Ähnlich zur Bauteildichte nimmt die Zugfestigkeit mit steigendem Energieeintrag zu, bis sich ein Plateau bei etwa 50 MPa ausbildet. Die maximalen Kennwerte werden anders als bei der Bauteildichte erst ab einer Volumenenergiedichte ab 0,22 J/mm^3 erreicht. Die beiden Zugprüfkörpertypen weisen zudem einen sehr ähnlichen Verlauf der erreichten Kennwerte auf.

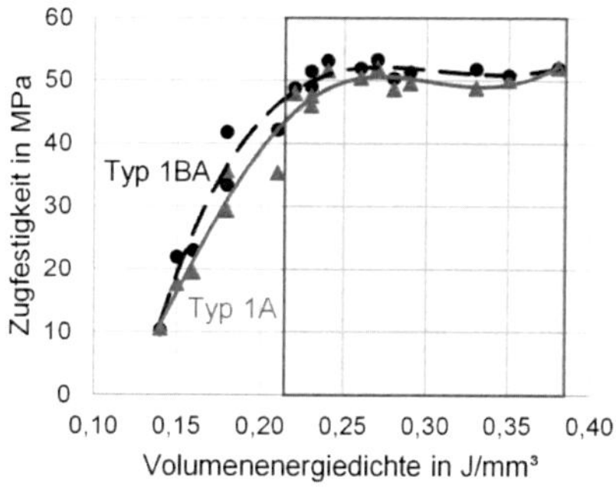

Abbildung 49: Zugfestigkeit als Funktion der Volumenenergiedichte E_V in Block 1

Als weitere mechanische Eigenschaft wird der E-Modul dargestellt (siehe Abbildung 50). Die standardisierten Effekte für die Zugprüfkörper Typ 1A und 1BA weisen wie bei der Zugfestigkeit ein ähnliches Verhalten auf. Beim Zugprüfkörper 1BA sind die Effekte erneut etwas schwächer ausgeprägt, sodass beim E-Modul keine signifikante Einflussgröße vorliegt, wohingegen beim Prüfkörper 1A die Sinterlampenleistung das Signifikanzniveau überschreitet.

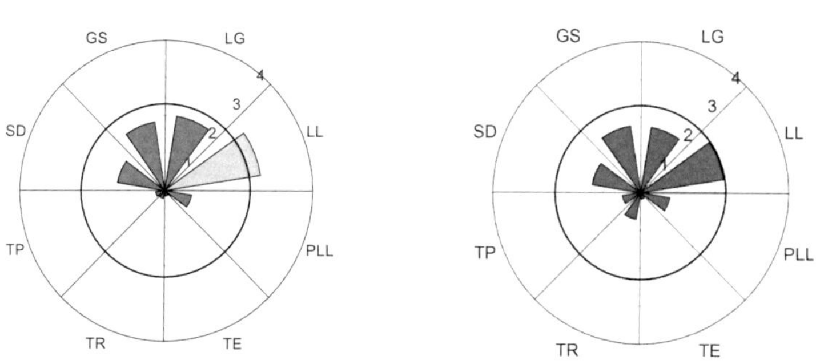

Abbildung 50: Netzdiagramme der standardisierten Effekte für den E-Modul in Block 1: Typ 1A links, Typ 1BA rechts

Bei der Darstellung der Haupteffektdiagramme des E-Moduls (siehe Abbildung 51) werden nahezu die gleichen Ausprägungen der untersuchten Einflussgrößen wie bei der Zugfestigkeit ermittelt. Die Sinterlampenleistung *LL* bei 80 % erreicht den maximalen E-Modul.

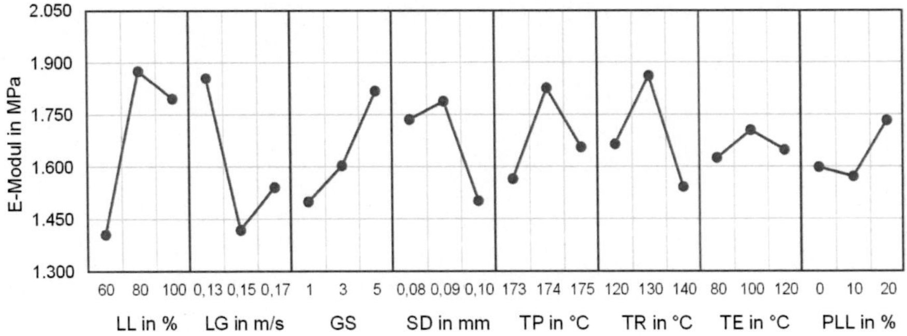

Abbildung 51: Haupteffektdiagramme auf den E-Modul bei Typ 1BA in Block 1

Die ermittelten Kennwerte für den E-Modul steigen bis zu einer Volumenenergiedichte von 20 J/mm³ an und bilden danach ein Plateau um 1.800 MPa aus (siehe Abbildung 52). Die Verläufe der Zugprüfkörpertypen 1A und 1BA sind ebenfalls wie bei der Zugfestigkeit sehr ähnlich. Im Vergleich zu den Darstellungen des Energieeintrags der Bauteildichte und der Zugfestigkeit beginnt die Ausbildung des Plateaus bei der gleichen Volumenenergiedichte wie bei der Bauteildichte.

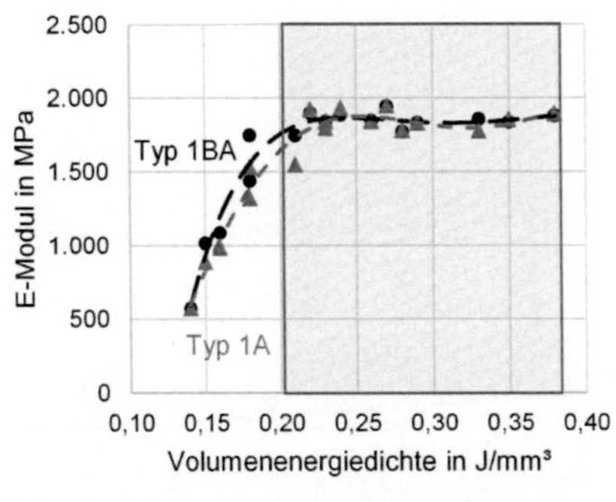

Abbildung 52: E-Modul als Funktion der Volumenenergiedichte E_V in Block 1

In den Netzdiagrammen der standardisierten Effekte zeigt sich für die Bruchdehnung eine Veränderung der Haupteinflussgrößen (siehe Abbildung 53). Die Netzdiagramm für Typ 1A und 1BA zeigen ähnliche Ergebnisse. Im Gegensatz zur Bauteildichte, der Zugfestigkeit und dem E-Modul ist erstmalig die Graustufe *GS* der Faktor mit der höchsten Signifikanz (p-Wert 0,006 bei Typ 1BA) gefolgt von der Sinterlampenleistung *LL* (p-Wert 0,011 bei Typ 1BA) und der Sinterlampengeschwindigkeit (p-Wert 0,026 bei Typ 1BA). Daraus lässt ableiten, dass die Bruchdehnung primär von der Intensität des Energieeintrags abhängt. Es wird außerdem festgestellt, dass die Recoatertemperatur *TR* nahe des Signifikanzniveaus ist.

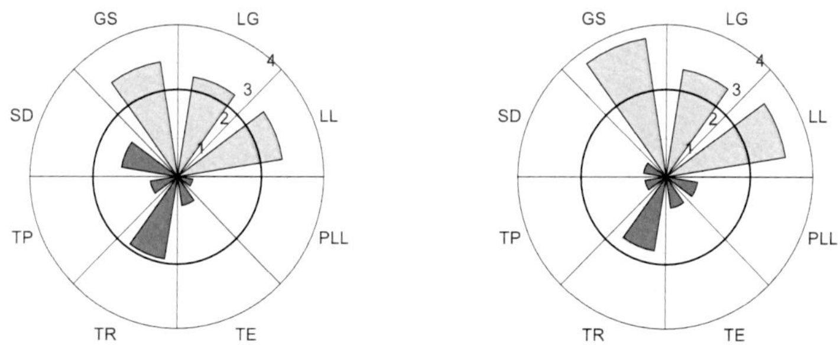

Abbildung 53: Netzdiagramm der standardisierten Effekte für die Bruchdehnung in Block 1: Typ 1A links, Typ 1BA rechts

Bei der Darstellung der Haupteffekte der Bruchdehnung wird anhand der Sinterlampenleistung, der Sinterlampengeschwindigkeit und der Graustufe aus Abbildung 54 ersichtlich, dass bei hohem Energieeintrag der mechanische Kennwert maximiert wird. Die Ausprägung auf die Zielgröße fällt von Graustufe GS1 zu GS3 dabei stärker aus als bei den bisherigen Haupteffektdiagrammen. Diesen Effekt konnten *Noble et al.* ebenfalls feststellen [NOB14, ELL14b]. Die Sinterlampengeschwindigkeit *LG* und die Recoatertemperatur *TR* weisen zudem einen stetigen Anstieg des Kennwertes mit Reduzierung der Geschwindigkeit respektive mit zunehmender Temperatur auf.

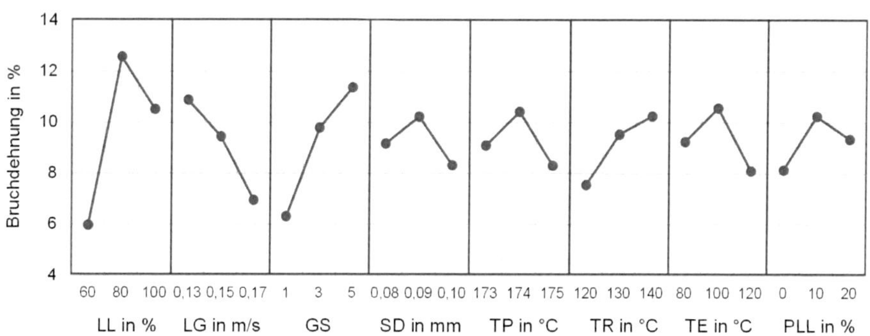

Abbildung 54: Haupteffektdiagramme auf die Bruchdehnung in Block 1

Bei der Übertragung der ermittelten Bruchdehnungskennwerte auf die Volumenenergiedichte wird gegenüber der Zugfestigkeit und des E-Moduls eine höhere Volumenenergiedichte für die Erreichung der maximalen Kennwerte benötigt (siehe Abbildung 55). Diese liegt für die Bruchdehnung bei über 0,23 J/mm^3. In diesem Bereich wird bei der Verarbeitung von PA12 im High Speed Sintering eine Bruchdehnung von etwa 13 % bei Typ 1BA erreicht. Wie die bereits beschriebenen mechanischen Kennwerte, weisen die Ergebnisse der Zugprüfkörper Typ 1A und 1BA einen ähnlichen Verlauf auf, wobei die Trendlinie der Bruchdehnung beim Typ 1BA im

Zielbereich der Volumenenergiedichte (grau hinterlegt) etwa 10 bis 15 % höher verläuft. Ergänzend zu den Untersuchungen von *Noble et al.* [NOB14, ELL14b] zeigt sich, dass die alleinige Erhöhung der Graustufe nicht alleine verantwortlich für die Erhöhung der Bruchdehnung ist. Des Weiteren muss die Intensität und die Dauer des Energieeintrags erhöht werden.

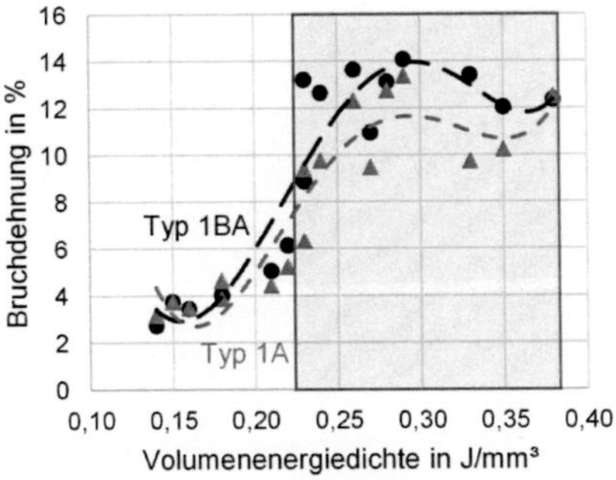

Abbildung 55: Bruchdehnung als Funktion der Volumenenergiedichte E_V in Block 1

In Bezug auf Kapitel 6.2.1 bewirken geringe Volumenenergiedichten neben geringeren mechanischen Bauteileigenschaften auch eine geringere Bauteildichte, weshalb eine geringere Bauteildichte gleichzeitig auf geringere mechanische Eigenschaften schließen lässt.

6.2.3 Form- und Maßhaltigkeit

Die Formhaltigkeit wurde, wie in Kapitel 5.4.3 beschrieben, anhand der Stufenprüfkörper und der anschließenden digitalen Messmethodik ausgewertet. Aus dem linken Netzdiagramm in Abbildung 56 kann abgeleitet werden, dass keine der Einflussgrößen das Signifikanzniveau erreicht hat. Am stärksten ausgeprägt zeigt sich der Einfluss der Sinterlampenleistung. Bei der Maßhaltigkeit (siehe Abbildung 56 rechts) ist ebenfalls keine der Einflussgrößen signifikant. Im Gegensatz zur Formhaltigkeit ist die Pulverbetttemperatur *TP* eine der bestimmenden Einflussgrößen.

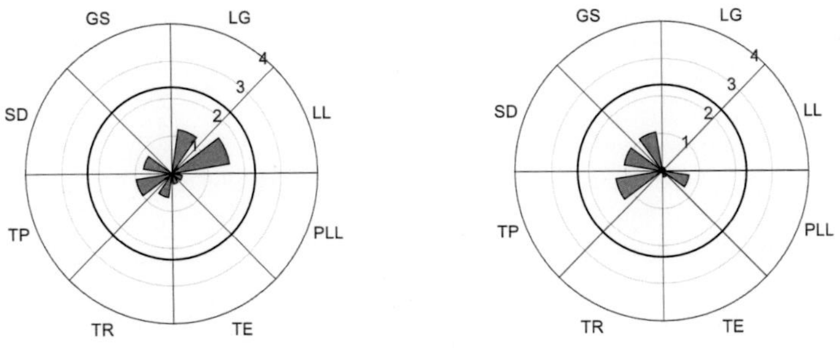

Abbildung 56: Netzdiagramme der standardisierten Effekte für die Form- (links) und Maßhaltigkeit (rechts) in Block 1

Aufgrund keiner signifikanten Ausprägung einzelner Faktoren werden die Haupteffektdiagramme für die Form- und Maßhaltigkeit nicht dargestellt.

Unter Berücksichtigung der Größe des Kugelradius über die Volumenenergiedichte zeigt sich, dass in den bisher unzureichenden niedrigen Volumendichtebereich bis 0,20 J/mm³ für die Bauteildichte und mechanischen Eigenschaften bei der Formhaltigkeit eine gute Abbildung der CAD-Geometrie möglich ist (siehe Abbildung 57 links). Bei der Volumenenergiedichte ab 0,33 J/mm³ mehren sich die Pulveranhaftungen in den Randbereichen und in der Bohrung, die auch bei intensivem Strahlen nicht entfernt werden können. Daraus leitet sich eine gute Formhaltigkeit (Kugelradius <1 mm) bei einem Energieeintrag von 0,14 bis 0,33 J/mm³ ab.

Im Gegensatz dazu ist die maximale prozentuale Abweichung auch in den niedrigeren Volumenenergiedichtebereichen deutlich über einem Prozent (siehe Abbildung 57 rechts). In den Volumenenergiedichtebereich über 0,30 J/mm³ ist die Abweichung negativ, da der Energieeintrag höher ist und die Bauteile beim Abkühlen stärker schwinden. Dies bestätigen die Erkenntnisse von *Majewski et al.* [MAJ08a, S. 58], der mit abnehmender Schichtdicke und zunehmender Sinterlampenleistung verstärkte Schwindung dokumentierte. Aufgrund der betragsmäßigen Darstellung, um ein Aufheben negativer und positiver Abweichungen zu vermeiden, steigt die Abweichung oberhalb des Wertes von 0,30 J/mm³ wieder an. Anhand der eingezeichnet Trendlinie und einer möglichst ausreichenden Maßhaltigkeit bis 2 % wird der Volumenenergiedichtebereich im High Speed Sintering zwischen 0,15 und 0,34 J/mm³ als geeignet definiert.

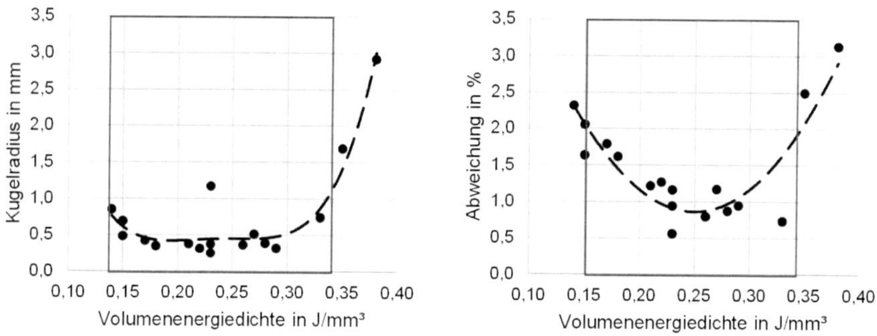

Abbildung 57: Form- (links) und Maßhaltigkeit (rechts) als Funktion der Volumenenergiedichte E_V *in Block 1*

6.2.4 Oberflächenrauheit

Bei der Auswertung der Oberflächenrauheit wurden die verschiedenen Orientierungen des Prüfkörpers vermessen und ausgewertet. Für die Versuchsauswertung in Minitab wurde der Mittelwert der S_a-Werte aller Orientierungen herangezogen. Dabei wird bei der Darstellung im standardisierten Effektdiagramm ersichtlich, dass neben der Schichtdicke *SD*, die Graustufe *GS* und die Pulverbetttemperatur *TP* den stärksten Einfluss auf die Oberflächenrauheit besitzen (siehe Abbildung 58). Das Signifikanzniveau wird bei keinem Faktor erreicht. Wie in den Untersuchungen von *Wegner* und *Reinhardt* ist der Faktor Schichtdicke *SD* am stärksten ausgeprägt gefolgt von der Pulverbetttemperatur *TP* (dem Energieniveau) [WEG15a, S. 71, REI16, S. 68]. Dabei gilt es zu berücksichtigen, dass in dieser Arbeit die Schichtdicke nur im Bereich zwischen 0,08 und 0,10 mm untersucht wurde. Hinzu kommt, dass im High Speed Sintering der Faktor Graustufe eine neuartige Einflussgröße in der pulverbettbasierten AM darstellt, da bisher keine Fertigungshilfsmittel zur Absorption eingesetzt werden.

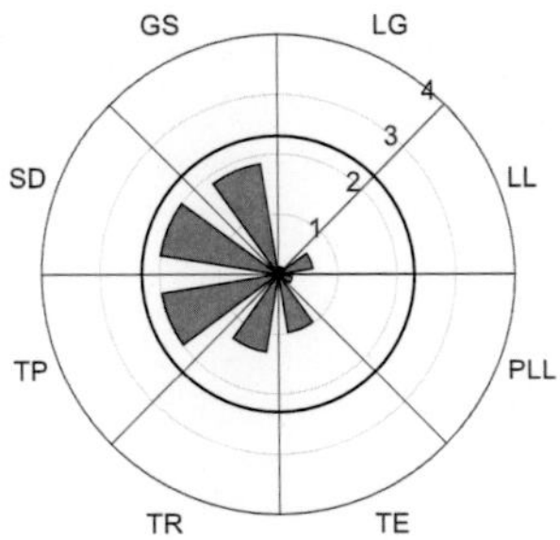

Abbildung 58: Netzdiagramm der standardisierten Effekte für die Oberflächenrauheit S_a in Block 1

Bei der Oberflächenrauheit als Funktion der Volumenenergiedichte bleibt die Oberflächenrauheit mit einem S_a-Wert von 20 µm im untersuchten Bereich von 0,14 bis 0,39 J/mm³ konstant, sodass es keinen für die Oberflächenrauheit bevorzugten Bereich der Volumenenergiedichte gibt.

6.2.5 Definition der Haupteinflussgrößen

Bei der ganzheitlichen Betrachtung der Screening-Versuchsplanauswertung zeigen sich signifikante Effekte der Sinterlampenleistung, der Sinterlampengeschwindigkeit und der Graustufe. Diese treten bei der Bauteildichte und den mechanischen Eigenschaften auf. Bei der Form- und Maßhaltigkeit sowie Oberflächenrauheit ist keiner der untersuchten Faktoren signifikant. Daher werden diese Einflussgrößen als Haupteinflussgrößen definiert.

In den Untersuchungen des Einflusses der Volumenenergiedichte wird festgestellt, abgesehen von der Formhaltigkeit, dass die Prüfkörper bei einer Volumenenergiedichte bis 20 J/mm³ deutlich unter den jeweiligen optimalen Kennwerten liegen. Die Volumenenergiedichtewerte bis 20 J/mm³ werden für die Faktorstufenkombinationen mit einer Sinterlampenleistung von 60 % errechnet (siehe Tabelle 19), weshalb in den weiteren Versuchen dieser Arbeit die Sinterlampenleistung ab 80 % untersucht wird. Bei den nicht signifikanten Faktoren werden in den nachfolgenden Untersuchungen die Standardparameter des Herstellers der HSS-Maschine verwendet (siehe Anhang A1)

6.3 Prozessanalyse der Haupteinflussgrößen

Die ermittelten drei Haupteinflussgrößen Sinterlampenleistung, Sinterlampengeschwindigkeit und Graustufe sowie der Kombinationseffekte werden im Folgenden eingehend hinsichtlich der Zielgrößen Bauteildichte, mechanische Eigenschaften, Form- und Maßhaltigkeit sowie Oberflächenrauheit auf der HSS-Maschine (Block 2) untersucht. Parallel dazu werden unter Anwendung der gleichen Faktoren und Faktorstufen die mechanischen Eigenschaften auf dem

Versuchstand charakterisiert, um die Zusammenhänge im Versuchsstand außerhalb der HSS-Maschine zu analysieren (Block 3).

6.3.1 Bauteildichte

Die auf der HSS-Maschine gefertigten Dichteprüfkörper zeigten bei den untersuchten Faktorstufenkombinationen eine Signifikanz für den Faktoreffekt Sinterlampengeschwindigkeit *LG* und für die Faktorwechselwirkung Sinterlampenleistung und -geschwindigkeit *LL*LG* (siehe Abbildung 59). Im dazugehörigen Haupteffektdiagramm weist die Sinterlampengeschwindigkeit die maximale Bauteildichte bei 0,15 m/s auf. Die geringste Bauteildichte wird bei der niedrigsten Sinterlampengeschwindigkeit (0,13 m/s) erreicht, was auf die porösen Pulveranhaftungen im Randbereich zurückzuführen ist (vgl. Kapitel 6.2.1).

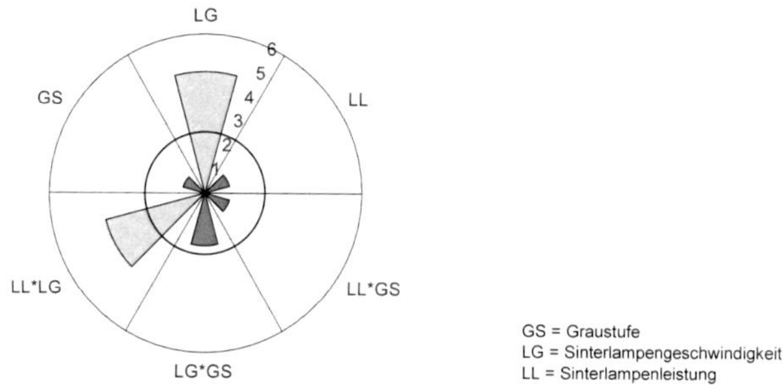

Abbildung 59: Netzdiagramm der standardisierten Effekte für die Bauteildichte in Block 2

Bei der Betrachtung der Bauteildichte über der Volumenenergiedichte wird dieser Zusammenhang beim ermittelten Prozessfensterbereich ebenfalls bestätigt: Über 35 J/mm³ wirkt sich der höhere Energieeintrag negativ auf die erreichbare Bauteildichte aus (siehe Abbildung 60), welcher auf die Pulveranhaftung zurückzuführen ist. In der Prozessanalyse der Haupteinflussgrößen wird zudem durch die gewählte Schichtdicke von 0,08 mm die Volumenenergiedichte bis 0,42 J/mm³ untersucht, wodurch der Verlauf aus Block 1 (siehe Abbildung 46) erweitert wird.

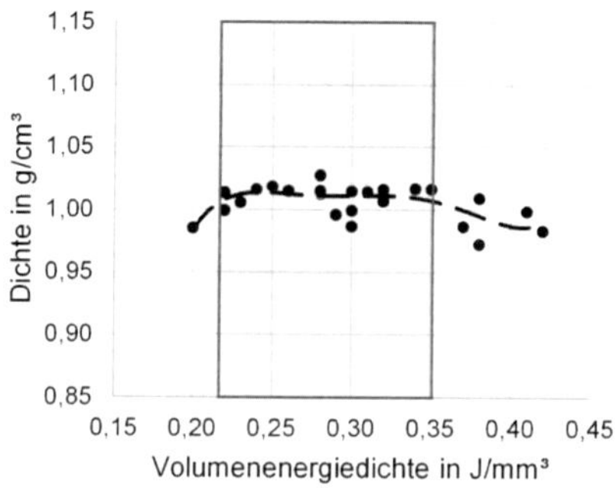

Abbildung 60: Bauteildichte als Funktion der Volumenenergiedichte E_V in Block 2

6.3.2 Mechanische Eigenschaften

Für die Auswertung der mechanischen Eigenschaften werden zunächst die Ergebnisse auf der HSS-Maschine und anschließend auf dem Versuchsstand beschrieben, um für eine Übertragbarkeit der Ergebnisse die maschinenspezifischen Unterschiede bei gleichem Versuchsplan zu erfassen.

HSS-Maschine

Die Zugfestigkeit, der E-Modul und die Bruchdehnung weisen in Block 2 unterschiedlich ausgeprägt signifikante Einflussfaktoren auf. Während bei der Zugfestigkeit für den Mittelwert aus den Orientierungen 0°, 45° und 90° kein signifikanter Faktor abgeleitet werden kann, beeinflusst die Graustufe bei einer Orientierung von 90° den Kennwert signifikant (siehe Anhang Abbildung 93). Beim E-Modul erreicht die Sinterlampenleistung *LL* und deren Kombination mit der Sinterlampengeschwindigkeit *LL*LG* das Signifikanzniveau, wobei sich die Sinterlampenleistung *LL* sowohl bei 0° als auch bei 90° sich signifikant auswirkt. Für die Ergebnisse der Bruchdehnung ergeben sich aus den gewählten Faktorstufen mehrere signifikante Haupteffekte und Wechselwirkungseffekte. Für die Orientierungen 0°, 45° und 90° wirkt sich die Graustufe *GS*, wie bereits im Screening in Block 1, auf diese mechanische Eigenschaft aus. Die Graustufe *GS* und die Wechselwirkung mit der Sinterlampenleistung *LL*GS* sind bei der Betrachtung des Mittelwerts aus den Orientierungen 0°, 45° und 90° höchstsignifikant.

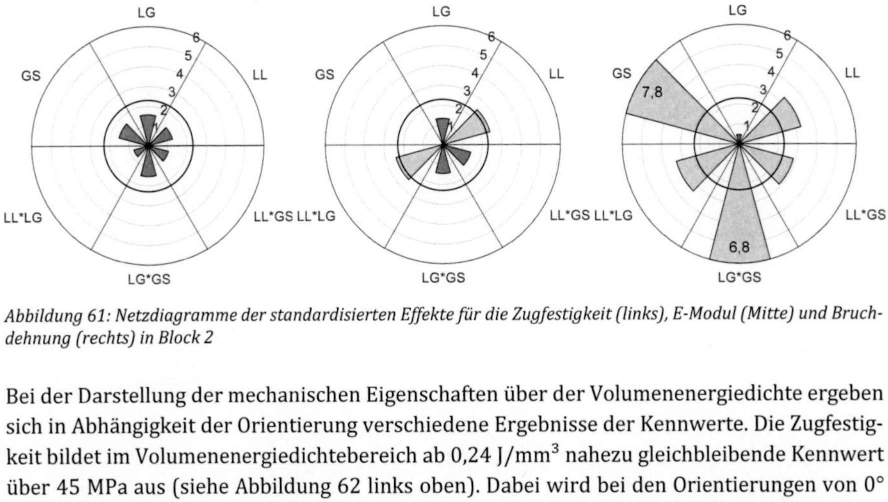

Abbildung 61: Netzdiagramme der standardisierten Effekte für die Zugfestigkeit (links), E-Modul (Mitte) und Bruchdehnung (rechts) in Block 2

Bei der Darstellung der mechanischen Eigenschaften über der Volumenenergiedichte ergeben sich in Abhängigkeit der Orientierung verschiedene Ergebnisse der Kennwerte. Die Zugfestigkeit bildet im Volumenenergiedichtebereich ab 0,24 J/mm^3 nahezu gleichbleibende Kennwert über 45 MPa aus (siehe Abbildung 62 links oben). Dabei wird bei den Orientierungen von 0° und 45° bereits bei 0,22 J/mm^3 dieser Kennwert erreicht. Für die Orientierung der Prüfkörper von 90° (stehend) sind 0,24 J/mm^3 zur Erreichung des Kennwerts notwendig. Mit einer weiteren Erhöhung der Volumenenergiedichte auf 0,27 J/mm^3 wird für alle Orientierungen eine Zugfestigkeit von 47 MPa erreicht. Zusammenfassend ist ein Volumenenergiedichtebereich zwischen 0,24 und 0,43 J/mm^3 zu empfehlen. Aufgrund der Orientierung von 90° sind 0,27 und 0,43 J/mm^3 besser. Daraus leitetet sich ab, dass im Allgemeinen die Faktorstufenkombination der Graustufe GS1 und der Sinterlampengeschwindigkeit von 0,17 m/s bei den in Block 2 gewählten Sinterlampenleistungen (E_V = 0,20–0,22 J/mm³) unzureichende Ergebnisse erzielen.

Der E-Modul erreicht in einem Volumenenergiedichtebereich von 0,22 bis 0,43 J/mm³ einen nahezu gleichbleibenden Kennwert um 1.700 MPa (siehe Abbildung 62 rechts oben), weshalb dieser Bereich empfohlen wird. Unzureichend ist die Faktorstufenkombination in HV7 (0,20 J/mm³, siehe Tabelle 20). Im Gegensatz zur Zugfestigkeit ist die 45°-Orientierung die kritisch zu betrachtende Störgröße. In HV13 wird für alle Orientierungen mit einer Volumenenergiedichte von 0,24 J/mm³ der maximale Kennwert von etwa 1.800 MPa erreicht. Der Kennwert liegt über den Ergebnissen vom Lasersintern (etwa 1.600 MPa [WEG15a, S. 63]).

In der Auswertung der Bruchdehnung ist der Einfluss der Orientierung deutlich ausgeprägter (siehe Abbildung 62 unten). Für liegende Prüfkörper (0°) entlang der X-Achse (Materialauftragsrichtung) werden maximale Kennwerte von etwa 13 % erzielt. Durch eine Erhöhung des Orientierungswinkels nehmen die Kennwerte um 40 % auf 8 % ab. Für eine Maximierung der Kennwerte ist eine Volumenenergiedichte zwischen 0,24 und 0,35 J/mm³ einzustellen.

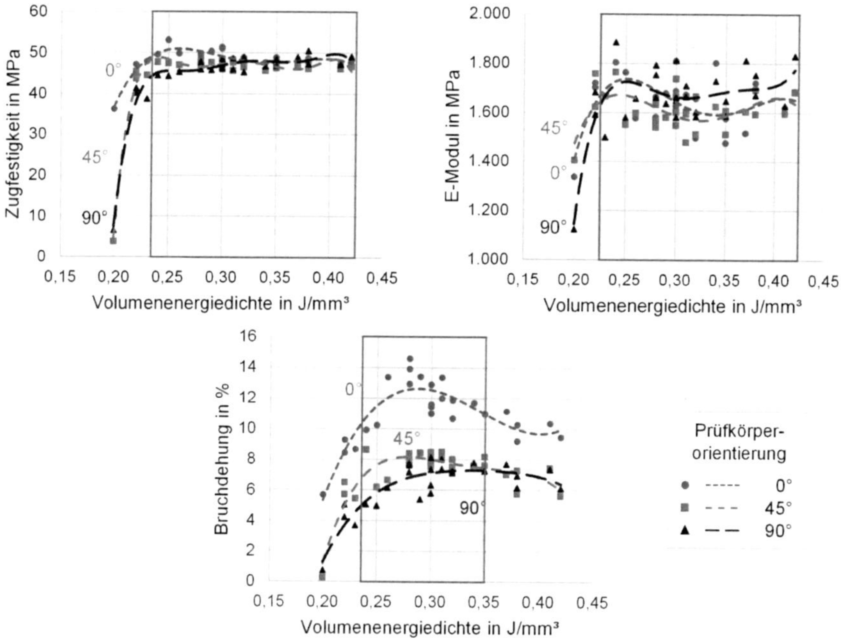

Abbildung 62: Zugfestigkeit, E-Modul und Bruchdehnung als Funktionen der Volumenenergiedichte E_V bei verschiedenen Orientierungen der Zugprüfkörper im Bauraum in Block 2

In einer DSC wurde die Kristallinität von ausgewählten Prüfkörper gemessen, die mit unterschiedlichen Volumenenergiedichten gefertigt wurden (siehe Abbildung 63). Mit einem zunehmenden Energieeintrag nimmt die Kristallinität der Prüfkörper ab. Der höhere Energieeintrag wurde dabei sowohl eine Erhöhung der Graustufe oder der Sinterlampenleistung als auch eine

Reduzierung der Sinterlampengeschwindigkeit betrachtet. Im untersuchten Bereich wurde eine Kristallinität zwischen 27 und 36 % erzielt, welche höher ist als beim Lasersintern (25 – 28 % [WEG15a, S. 134]).

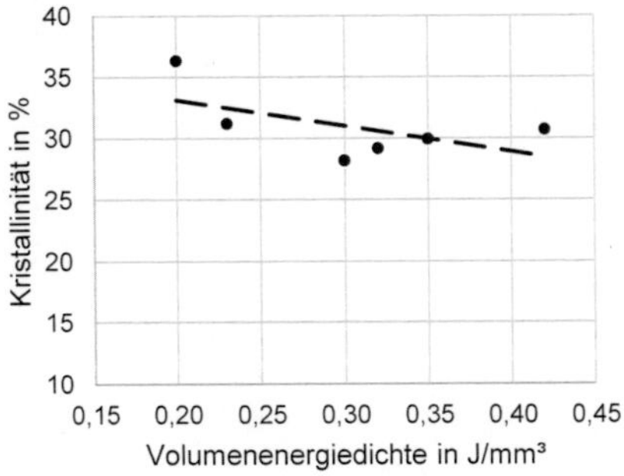

Abbildung 63: Ausgewählte Kristallinitäten als Funktion der Volumenenergiedichte E_v in Block 2

In der Betrachtung der Bruchflächen der Zugprüfkörper mit 0°-Orientierung im REM sind bei der niedrigeren Volumenenergiedichte (0,24 J/mm^3, HV13) ähnliche Lufteinschlüsse und Poren als bei der höheren Volumenenergiedichte (0,34 J/mm^3, HV15) zu erkennen (siehe Abbildung 64). Die REM-Aufnahmen zeigen, dass die Pulverpartikel im empfohlenen Volumenenergiedichtebereich eine gute Verschmelzung aufweisen und Unterschiede kaum sichtbar sind.

Abbildung 64: REM-Aufnahmen der Bruchfläche eines Prüfkörpers (0°-Orientierung) mit E_v = 0,24 J/mm^3 (links) und 0,34 J/mm^3 (rechts)

Versuchsstand

Die mechanischen Eigenschaften der auf dem Versuchsstand gefertigten Prüfkörper unterscheiden sich in der Ausprägung der signifikanten Fertigungsparameter von denen der HSS-Maschine. Bei der Auswertung der Zugfestigkeit, des E-Moduls und der Bruchdehnung wird deutlich, dass die Sinterlampengeschwindigkeit *LG* und die Graustufe *GS* einen für alle Zielgrößen höchstsignifikanten Einfluss haben (siehe Abbildung 65). Der Versuchstand besitzt keine Overheadstrahler und daher erfolgt keine Aufheizung des Pulverbetts von oben. Der für die Versinterung notwendige Energieeintrag erfolgt ausschließlich durch die Sinterlampe. Anhand Tabelle 31 (Anhang) kann der Unterschied zwischen einer Verringerung der Sinterlampenleistung von 100 auf 80 % mit einer geringeren Flächenenergiedichte von 0,003 J/mm^2 bzw. 7 % bemessen werden. Eine Reduzierung der Dauer des Energieeintrags mit einer höheren Sinterlampengeschwindigkeit von 0,13 auf 0,17 m/s resultiert in einer geringeren Flächenenergiedichte von 0,010 J/mm^2 bzw. 24 %. Zudem wird durch den versuchsstandbedingten Auftrag einer höheren Schichtdicke zusätzlich eine geringere Volumenenergiedichte in das Pulvertintengemisch eingetragen (siehe Tabelle 21). Schlussfolgernd müssen deshalb die Ergebnisse der Netzdiagramme in Abbildung 65 mit den Netzdiagrammen in Abbildung 61 verglichen werden, um die Erkenntnisse für die LaB_6-haltige Tinte in Kapitel 6.4 zu interpretieren.

Die Zugfestigkeit zeigt auf dem Versuchsstand im Vergleich zu den Ergebnissen auf der HSS-Maschine ähnliche Ausprägungen, wobei sich hier die Haupteffekte und Wechselwirkungseffekte als signifikant darstellen. Die hohe Signifikanz der Sinterlampengeschwindigkeit gilt es als geringer einzustufen, weil der Energieeintrag auf dem Versuchsstand ausschließlich durch die Sinterlampe erfolgt und dabei deren Geschwindigkeit den höchsten Einfluss hat. Unter Anwendung der Erkenntnisse auf den E-Modul zeigt die Sinterlampenleistung weiterhin einen signifikanten Einfluss. Bei der Bruchdehnung zeigt sich ein zu vernachlässigender Einfluss der Sinterlampengeschwindigkeit.

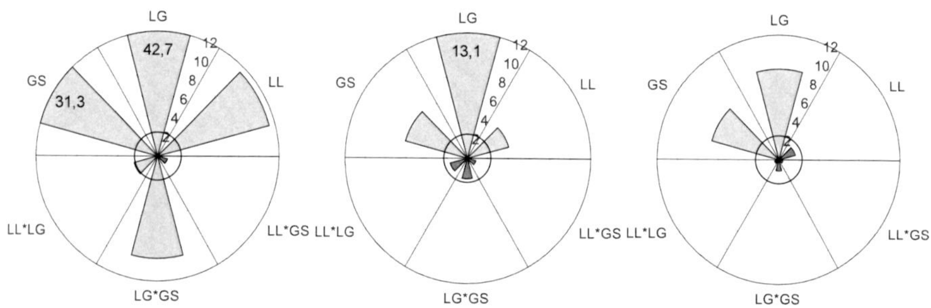

Abbildung 65: Netzdiagramm der standardisierten Effekte für die Zugfestigkeit (links), E-Modul (Mitte) und Bruchdehnung (rechts) in Block 3

In Abbildung 66 werden die verschiedenen mechanischen Eigenschaften als Funktion der Volumenenergiedichte dargestellt. Dabei steigen Trendlinien ab 0,05 J/mm^3 bis einer Volumenenergiedichte von 0,07 J/mm^3 konstant an. Ab 0,08 J/mm^3 verringert sich die Steigung der Trendlinie. Eine Ausbildung eines Plateaus kann bei der Zugfestigkeit oder beim E-Modul ab einer Volumenenergiedichte von 0,09 J/mm^3 angenommen werden. Die Kennwerte der Bruchdehnung deuten eine konstante Zunahme der Kennwerte über den gesamten Bereich der untersuchten Volumenenergiedichte und darüber hinaus an.

Generell kann festgestellt werden, dass durch die bereits beschriebenen Unterschiede des Versuchstandes zur HSS-Maschine, die mechanischen Kennwerte deutlich niedriger ausfallen. Die Zugfestigkeit der Standardparameter erreicht bspw. für VV23 20,5 MPa und somit 40 % von HV23 mit 48,8 MPa. Der E-Modul für VV23 betrug 1.049,3 MPa und somit 70 % von den 1.497,0 MPa der gemessenen HV23-Prüfkörper der HSS-Maschine. Noch größer war der Unterschied bei der Bruchdehnung mit einem Kennwert von 2,5 % anstatt 10,5 % (entspricht

25 %). Die auf dem Versuchsstand gefertigten Folien besitzen eine Dicke von etwa 0,25 – 0,35 mm (Prüfkörperdicke 4 mm) und weisen die Oberflächenstruktur der pulverbettbasierten AM auf, weshalb die mechanischen Eigenschaften bei dünneren Prüfkörpern stärker durch die Oberflächendefekte beeinflusst werden, sodass die Kennwerte deutlich geringer sind. Aus den Folienprüfkörpereigenschaften und den Kennwerten wird abgeleitet, dass ein Vergleich der Absolutwerte zu Prüfkörpern auf der HSS-Maschine nicht möglich ist. Mit einer Veränderung der Intensität oder Dauer des Energieeintrags ist die Beurteilung der mechanischen Eigenschaften jedoch möglich, sodass die Eigenschaftsveränderungen durch das Trägermedium und die Partikelmenge untersucht werden können.

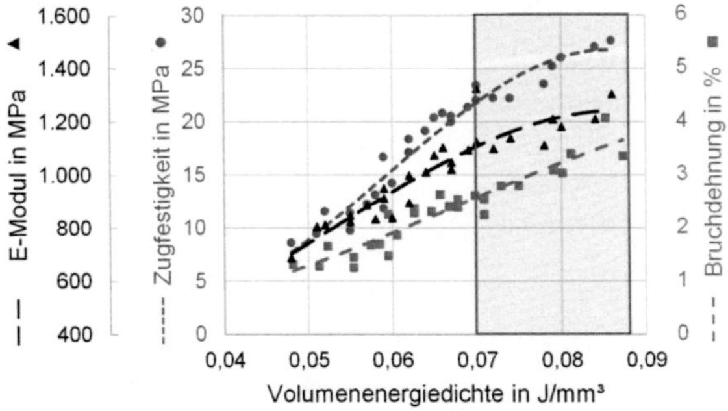

Abbildung 66: Zugfestigkeit, E-Modul und Bruchdehnung als Funktion der Volumenenergiedichte E_v in Block 3

6.3.3 Form- und Maßhaltigkeit

Die Form- und Maßhaltigkeit zeigen im Gegensatz zum Screening signifikante Effekte (siehe Abbildung 67). Dabei wird die Formhaltigkeit vor allem durch die Sinterlampengeschwindigkeit *LG* gefolgt von der Wechselwirkung dieser mit der Sinterlampenleistung *LL*LG* beeinflusst. Zudem erreicht die Graustufe das Signifikanzniveau. Wie bereits bei den mechanischen Eigenschaften beschrieben, haften mit abnehmender Sinterlampengeschwindigkeit Pulverpartikel verstärkt an den Bauteilschrägen und in der Bohrung des Stufenprüfkörpers an.

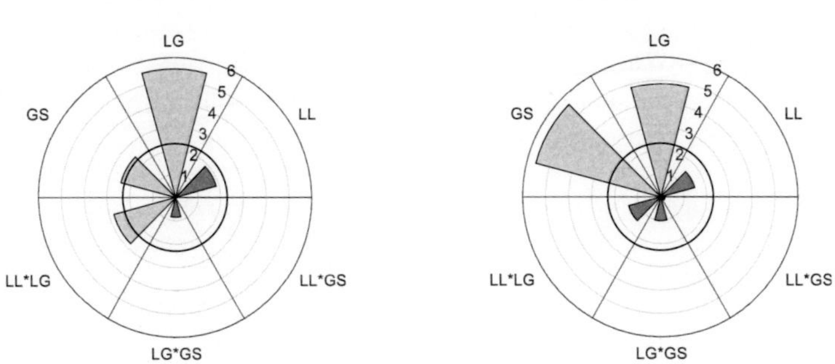

Abbildung 67: Netzdiagramm der standardisierten Effekte für die Form- (links) und Maßhaltigkeit (rechts) in Block 2

Für die Maßhaltigkeit zeigt sich ebenfalls ein höchstsignifikantes Verhalten der Sinterlampengeschwindigkeit *LG* (siehe Abbildung 67 rechts). Gleichzeitig erreicht die Graustufe *GS* einen höchstsignifikanten Effekt. Daraus kann abgeleitet werden, dass sich mit zunehmender Graustufe unter den gewählten Faktorstufenkombinationen sich die Maßhaltigkeit im annährend gleichen Maß verändert, wie durch die Veränderung der Sinterlampengeschwindigkeit.

Unter Betrachtung der Formhaltigkeit als Funktion der Volumenenergiedichte ist aus Abbildung 68 ersichtlich, dass bei einer hohen Volumenenergiedichte ab 0,35 J/mm^3 der Kugelradius über 1,0 mm und somit die Abweichung von der Form ansteigt. Die Datenpunkte mit einer Volumenenergiedichte ab 0,29 J/mm^3 und einem Kugelradius größer 1,0 mm sind einer Sinterlampengeschwindigkeit von 0,13 m/s zuzuordnen. Dies spiegelt die Ausbildung der Signifikanz des Netzdiagramm in Abbildung 67 (links) wider, sodass eine Sinterlampengeschwindigkeit größer als 0,13 m/s zu wählen ist. Durch den Ausschluss dieser Datenpunkte aus der Betrachtung nimmt die Trendlinie des Kugelradius hin zu 0,35 J/mm^3 ab. Für einen Kugelradius bis 1,2 mm leitet sich der zu empfehlende Volumenenergiedichtebereich zwischen 0,20 und 0,35 J/mm^3 ab.

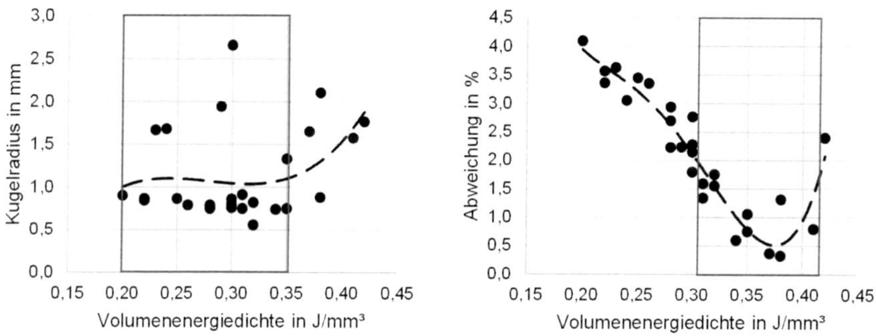

Abbildung 68: Form- (links) und Maßhaltigkeit (rechts) als Funktion der Volumenenergiedichte E_V im Block 2

Im Gegensatz zur Formhaltigkeit ist bei der Maßhaltigkeit im niedrigen Volumenenergiedichtebereich die prozentuale Abweichung am stärksten ausgeprägt (siehe Abbildung 68 rechts). Mit zunehmender Volumenenergiedichte schrumpft der Prüfkörper zunehmend stärker, sodass zwischen 0,34 und 0,41 J/mm^3 die Abweichung der HSS-Maschine für die Prüfkörperabmessungen abgestimmt ist. Für die achsenspezifischen Abmessungen in X- und Y-Richtung liegt ein ähnliches Verhalten der Schrumpfung für eine zunehmende Volumenenergiedichte vor. In Z-Richtung ist die achsenspezifische Abweichung bis zu einer Volumenenergiedichte von 0,30 J/mm^3 geringer ausgeprägt und hat anschließend ein ähnliches Verhalten wie in X- und Y-Richtung. Der zu empfehlende Volumenenergiedichtebereich für eine minimale Maßabweichung der Prüfkörper beläuft sich auf 0,30 bis 0,42 J/mm^3.

6.3.4 Oberflächenrauheit

Die Oberflächenrauheit in der Prozessanalyse der Haupteinflussgrößen wird als Netzdiagramm der standardisierten Effekte in Abbildung 69 dargestellt. Im Netzdiagramm wurde zur

Auswertung des Haupteinflusses der gemittelte Oberflächenrauheitswert S_a über die verschiedenen Orientierungen herangezogen. Die Sinterlampengeschwindigkeit *LG* und die Kombination mit Sinterlampenleistung *LL*LG* weisen die höchste Signifikanz auf. Wobei der p-Wert für die Sinterlampenleistung *LL* und die Wechselwirkung zwischen Sinterlampengeschwindigkeit und Graustufe *LG*GS* nahezu null beträgt. Mit steigender Sinterlampengeschwindigkeit *LG* ist eine Abnahme der Oberflächenrauheit zu beobachten. Bei einer Sinterlampenleistung von 90 % sinkt ebenfalls die Oberflächenrauheit, was auf eine gute Schmelzeausbildung mit geringer Anhaftung von weiteren Pulverpartikeln zurückzuführen ist. Die Erkenntnisse treffen sowohl auf Upskin- und Downskin-Winkel zu. Die höchste Oberflächenrauheit wurde bei einer Prüfkörperorientierung von 15° gemessen.

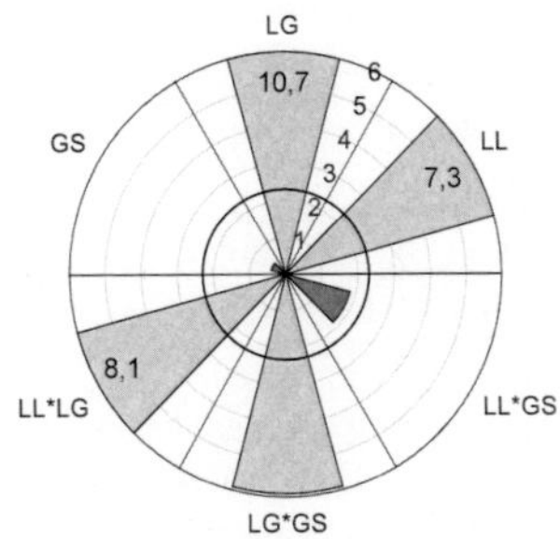

Abbildung 69: Netzdiagramm der standardisierten Effekte für die Oberflächenrauheit S_a in Block 2

In der Darstellung der Oberflächenrauheit als Funktion der Volumenenergiedichte kann kein optimaler Volumenenergiedichtebereich herausgelesen werden.

6.3.5 Farbabstufung

Bei den im HSS-Verfahren gefertigten Bauteile erscheint deren Oberfläche in Abhängigkeit der gewählten Graustufe unterschiedlich dunkel. Je höher die Tintenaufbringungsmenge und damit der Grad der Verschmelzung, desto dunkler sind die Bauteile. Im inneren werden die Bauteile bei allen Graustufen schwarz. In der optischen Auswertung der Farbabstufung der Dichteprüfkörper mit der 16-stufigen Skala (siehe Kapitel 5.4.5) erreicht die GS1 mit Farbabstufung 9 den geringsten Wert (siehe Abbildung 70). Die GS3 ist in Farbabstufung 12 und die GS5 in Farbabstufung 13 einzuordnen. Mit der linearen Erhöhung der Graustufe (GS1 zu GS3 und GS3 zu GS5) wird der Abstand zwischen den Farbabstufungen (3 und 1) geringer.

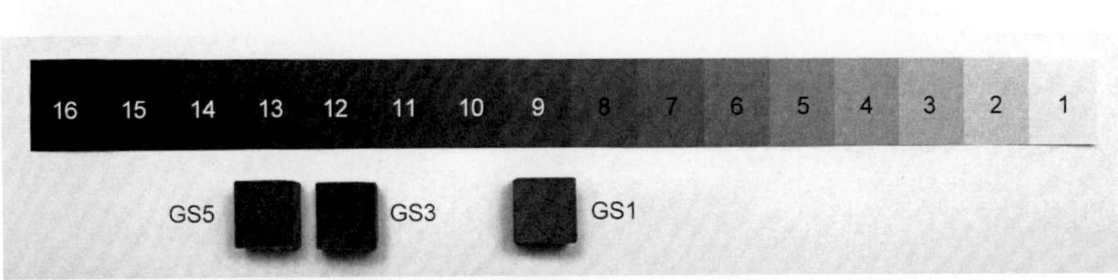

Abbildung 70: Farbabstufung der Dichteprüfkörper mit Graustufe 1, 3 und 5 der rußhaltigen Tinte in Block 2

6.3.6 Zusammenfassung der Ergebnisse der Haupteinflussgrößen

Für die Haupteinflussgrößen muss je nach Zielgröße die optimale Faktorstufe gewählt werden. Für die Bauteildichte ist die Sinterlampengeschwindigkeit als signifikanter Faktor ausschlaggebend. Bei den mechanischen Eigenschaften ist die Graustufe höchstsignifikant und bietet bei der Bauteilauslegung neue Potentiale hinsichtlich gradierter Materialeigenschaften. Die Formhaltigkeit wird, wie die Bauteildichte, durch die Sinterlampengeschwindigkeit signifikant beeinflusst. Im Gegensatz dazu ist der Einfluss der Graustufe auf die Maßhaltigkeit signifikant. Die Oberflächenrauheit ist abhängig von der Leistung und Geschwindigkeit der Sinterlampe.

Bei der Betrachtung der Volumenenergiedichte zur Optimierung aller Zielgrößen weisen die Bruchdehnung und die Maßhaltigkeit die schmalsten Volumenenergiedichtebereiche (ca. 0,10 J/mm^3) auf. Unter Beibehalten der maschinenseitigen Einstellungen an der HSS-Maschine empfiehlt sich bei der Überlappung der beiden Zielgrößen der Volumenenergiedichtebereich zwischen 0,30 und 0,35 J/mm^3 zur Erreichung optimaler Kennwerte aller Zielgrößen. Durch eine Anpassung der Skalierungsfaktoren und somit Verschiebung der Maßhaltigkeit zu geringeren Volumenenergiedichten könnte eine Erweiterung um den Volumenenergiedichtebereich von 0,25 bis 0,30 J/mm^3 erfolgen, sodass der empfohlene Volumenenergiedichtebereicht zwischen 0,25 bis 0,35 J/mm^3 liegt.

Die Untersuchung der Prüfkörperfertigung auf dem Versuchsstand ergab eine starke Abhängigkeit der mechanischen Eigenschaften von der Sinterlampengeschwindigkeit gefolgt von der Graustufe. Mit steigendem Energieeintrag kann zudem eine Abflachung der Steigung der Trendlinie beobachtet werden. Der Verlauf der mechanischen Eigenschaften der Prüfkörper, die auf der HSS-Maschine gefertigt wurden, bildet demgegenüber ein Plateau aus. Die Erkenntnisse ermöglichen damit die Interpretation der Blöcke 4 und 5 für verschiedene Trägermedien und Partikelmengen in der Tinte für die Fertigung der Bauteile auf dem Versuchsstand und sind notwendig für die spätere Übertragung bzw. Validierung auf die HSS-Maschine.

6.4 Erprobung neuer Tinten mit LaB_6 als IR-Absorber

In Kapitel 4 wurden mögliche neue IR-Absorber hinsichtlich ihrer Eignung für das High Speed Sintering anhand einer Methodik zur Werkstoffauswahl bestimmt. Nach der Ermittlung und Analyse der Haupteinflussgrößen auf der HSS-Maschine und dem Versuchsstand wird im Folgenden erstmalig der IR-Absorber LaB_6 eingesetzt sowie untersucht. Zunächst wird, wie in Kapitel 5.5.2 beschrieben, ein Trägermedium (Block 4) und anschließend die Partikelmenge (Block 5) durch Charakterisierung der Folieneigenschaften im Versuchsstand ermittelt.

6.4.1 Ermittlung des Trägermediums

Bevor die LaB_6-haltigen Tinten mit dem Polymerpulver verarbeitet werden, gilt es, das Benetzungsverhalten mit den verschiedenen Trägermedien (siehe Kapitel 5.1.2) zu untersuchen. Wie in Kapitel 5.3.4 beschrieben, wurde auf Substratplättchen ein Flüssigkeitstropfen der jeweiligen Tinte bei Raumtemperatur aufgetragen. Für die Trägermedien TM1 und TM2 ist der Kontaktwinkel vergleichbar mit der bereits im HSS-Verfahren eingesetzten rußhaltigen Tinte (durchgezogene Linie, siehe Abbildung 71) und zeigt eine vollständige Benetzung. Aufgrund der Vergleichbarkeit des TM3 mit dem Trägermedium des HP Fusing Agents, wurde zusätzlich dessen Referenzwert als gestrichelte Linie eingezeichnet. Daraus wird ersichtlich, dass der Kontaktwinkel der LaB_6-hal-tigen Tinte mit TM3 deutlich höher ist und somit eine höhere Oberflächenspannung vorliegt. Das TM3 zeigt eine partielle Benetzung.

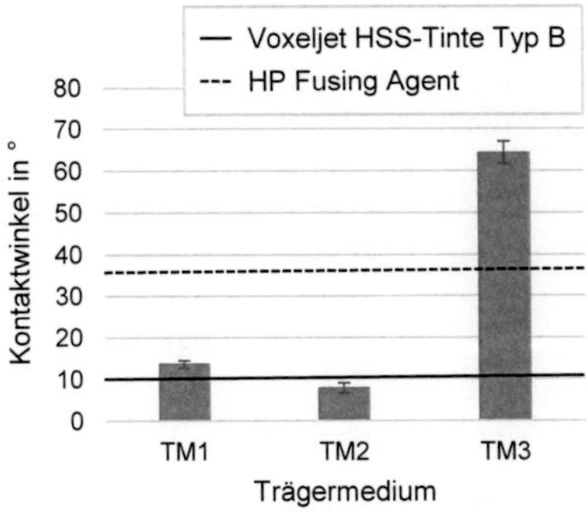

Abbildung 71: Ergebnis der Kontaktwinkelmessung der Trägermedien bei einer Partikelmenge < 0,5 Gew.-%

Mit den neuen LaB_6-haltigen Tinten (Partikelmenge < 0,5 Gew.-%) wurden Pulver-Tinten-Gemische im Verhältnis der GS4 vorbereitet und anschließend auf dem Versuchsstand versintert. Die Sinterlampengeschwindigkeit *LG* weist bei der Prüfung der gefertigten Folien in Block 4, wie bereits in Block 3, den größten Einfluss auf die Versuchsergebnisse über alle mechanischen Kennwerte auf (siehe Abbildung 72). Der Einfluss des Trägermediums *TM* ist im Gegensatz zu der Graustufe in Block 3 geringer einzustufen. Relevanter ist die Sinterlampenleistung *LL*. Bei der Bruchdehnung weisen Trägermedium *TM* und Sinterlampenleistung *LL* den gleichen Einfluss auf. Daraus wird abgeleitet, dass das Trägermedium selbst einen deutlich geringeren Einfluss als die Tintenaufbringungsmenge der Tinte hat. Die Wechselwirkungseffekte zwischen dem Trägermedium und der Sinterlampengeschwindigkeit *LG*TM* sowie der Sinterlampenleistung *LL*TM* sind deutlich ausgeprägter als in Block 4.

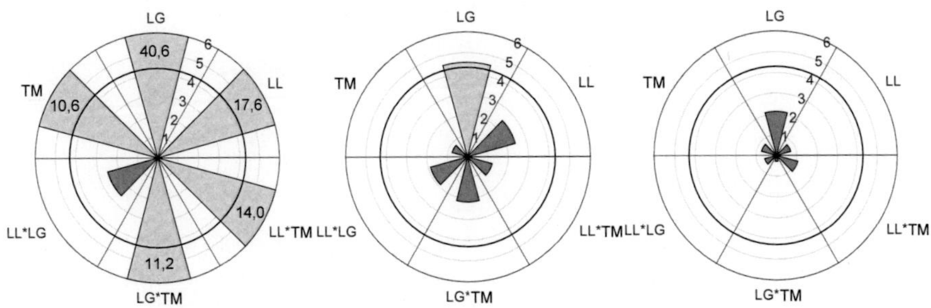

Abbildung 72: Netzdiagramme der standardisierten Effekte für die Zugfestigkeit (links), E-Modul (Mitte) und Bruchdehnung (rechts) in Block 4

In Abbildung 73 werden die mechanischen Eigenschaften über die Volumenenergiedichte aufgetragen. Die maximale Zugfestigkeit und der maximale E-Modul der Folien mit der LaB_6-haltigen Tinte auf dem Versuchsstand ist dabei vergleichbar mit den Ergebnissen der Folien mit der rußhaltigen Tinte aus Block 3 (+6 % und +2 %). Die Bruchdehnung hingegen erreicht höhere maximale Kennwerte (+203 %), was durch die deutlich geringere Sinterlampengeschwindigkeit und damit in einem längeren Verharren des Polymers in der Schmelze bedingt ist. Die mechanischen Kennwerte der Versuche mit einer Volumenenergiedichte bis 0,17 J/mm³ sind in Block 4 deutlich unter denen aus Block 3. Daraus wird für die LaB_6-haltige Tinte auf den Versuchsstand der übertragbare Volumenenergiedichtebereich zwischen 0,17 und 0,23 J/mm³ abgeleitet. Die Faktorstufenkombination des geringsten Energieeintrags mit einer Sinterlampengeschwindigkeit von 80 % und einer Sinterlampengeschwindigkeit von 0,03 m/s ist daher nicht anzuwenden. Zusätzlich weisen die Versuche mit dem TM3 eine geringe Absorption (siehe Tabelle 33) auf, sodass auch bei hoher Sinterlampenleistung 100 % keine ausreichenden mechanischen Eigenschaften erreicht werden.

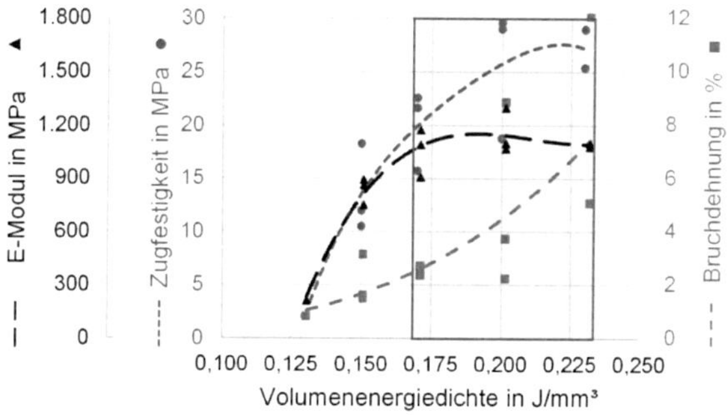

Abbildung 73: Zugfestigkeit, E-Modul und Bruchdehnung als Funktion der Volumenenergiedichte E_V in Block 4

Aus den Ergebnissen der Kontaktwinkelmessung zum Vergleich des Benetzungsverhaltens, der Absorption und den mechanischen Eigenschaften wird eine Eingrenzung des Trägermediums vorgenommen. Bei gleicher Partikelmenge ergibt sich bei TM3 ein geringerer Energieeintrag und damit geringere mechanische Eigenschaften. Eine Ursache können Oxidationsvorgänge aufgrund einer unzureichenden Stabilisierung der LaB_6-Partikel sein. Für das TM3 wären deshalb weitere Anpassungen der Zusammensetzung der LaB_6-haltigen Tinte notwendig, weshalb diese für die weiteren Untersuchungen nicht mehr betrachtet wird.

6.4.2 Ermittlung der Partikelmenge

Bei der Ermittlung der Partikelmenge konnte mit zunehmendem LaB_6-Anteil in der Tinte (TM1) die Sinterlampengeschwindigkeit bei gleichbleibender Sinterlampenleistung erhöht werden, wobei die berechnete Volumenenergiedichte anstieg. Mit einer Verdopplung der Partikelmenge konnte die Sinterlampengeschwindigkeit nicht verdoppelt werden. Dies wird bestätigt durch die Erkenntnisse aus den Absorptionsmessungen der Graustufen in Kapitel 6.1.2.

Die Folieneigenschaften der Prüfkörper weisen bei der Zugfestigkeit und dem E-Modul Kennwerte mit einer leicht steigenden Trendlinie hin zu niedrigeren Volumenenergiedichten auf. Dabei wurde sowohl die Partikelmenge als auch Sinterlampengeschwindigkeit erhöht (siehe Abbildung 74). Im Gegensatz dazu steigt die Bruchdehnung bei höheren Volumenenergiedichten bedingt durch die Kombination einer geringeren Sinterlampengeschwindigkeit und niedrigeren Partikelmenge an. Werden die Kennwerte und das Verhalten mit den Versuchen in Block 3 und 4 verglichen, liegt die Zugfestigkeit auf einem konstanten hohen Niveau über 26 MPa bei Volumenenergiedichten unter 0,15 J/mm³. Der E-Modul liegt im mittleren Niveau um 1.100 MPa. Die Bruchdehnung der Folien zeigt mit dem Minimum 6 % eine 50 % höheren Wert gegenüber dem Maximum aus Block 3 mit der rußhaltigen Tinte. Weiterhin kann festgestellt werden, dass bei niedrigeren Sinterlampengeschwindigkeiten die Bruchdehnung ansteigt. Generell eignen sich die betrachteten Volumenenergiedichten zwischen 0,14 und 0,26 J/mm³ für die Herstellung der Prüfkörper auf dem Versuchstand, wenn die Partikelmenge dementsprechend zwischen <0,5 und >1,5 Gew.-% angepasst wird.

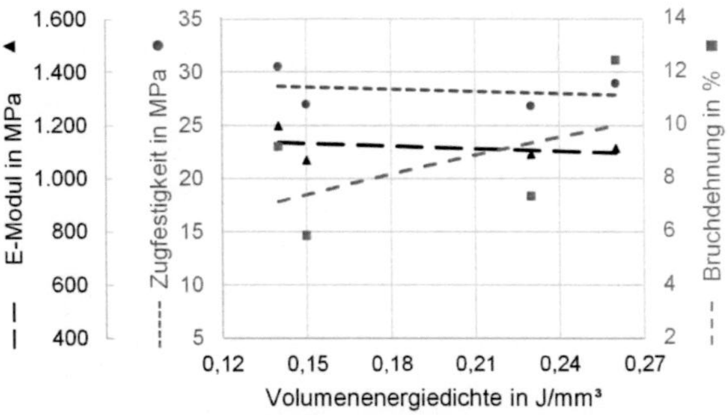

Abbildung 74: Zugfestigkeit, E-Modul und Bruchdehnung als Funktion der Volumenenergiedichte E_v in Block 5

Mit der Erhöhung der Partikelmenge der Tinte (ausgehend von <0,5 Gew.-% in Block 4) unter Beibehaltung des Mischverhältnisses (GS4) erscheinen die Folien in unterschiedlichen Farbabstufungen (siehe Abbildung 75). Generell sind die Folien dunkler als die gefertigten HSS-Bauteile. Es wird festgestellt, dass die Folienfarbe in GS4 bei der maximal verwendeten Konzentration an LaB_6–Partikeln (>1,5 Gew.-%) heller als bei der rußhaltigen Tinte (5,3 Gew.-%) ist. Mit einer Partikelmenge < 0,5 Gew.-% konnte eine nahezu weiße Folie hergestellt werden.

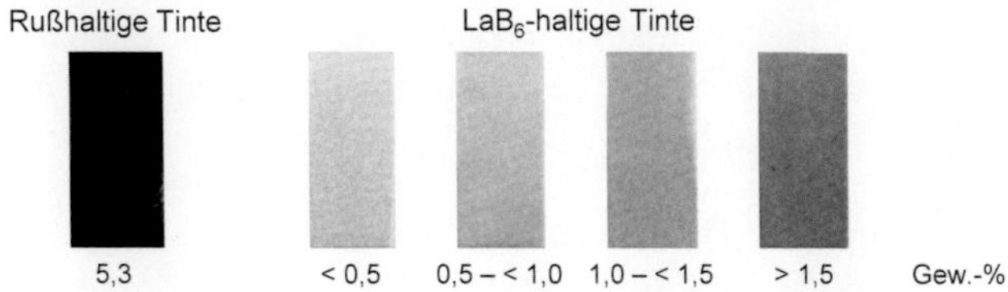

Abbildung 75: Folienfarbe in Abhängigkeit des IR-Absorbers und der Partikelmenge bei GS4 in Block 5

Für die weitere Betrachtung in dieser Arbeit wird eine möglichst hohe Sinterlampengeschwindigkeit angestrebt, um eine wirtschaftliche Fertigung von Bauteilen im High Speed Sintering zu erreichen. Für die Validierungsversuche wird die höchste Partikelmenge ≥1,5 Gew.-% gewählt, da die höchste Sinterlampengeschwindigkeit bei einer helleren Farbabstufung angewendet werden kann.

6.5 Bestimmung der Emissionseigenschaften weiterer IR-Strahler

Im Rahmen der vorliegenden Arbeit wurden weitere IR-Strahler untersucht, um die Erkenntnisse über unterschiedliche Emissionsprofile der IR-Strahler zur Abstimmung auf den neuen IR-Absorber zu erweitern und somit die Bauteileigenschaften zu verbessern. Dafür wurden weitere IR-Strahler mit dem eingesetzten IR-Strahler der HSS-Maschine verglichen. Die IR-Strahler wurden mit einem angegebenen oder anhand der maximalen Temperatur errechneten Emissionsmaximum unter 1.200 nm ausgewählt (siehe Tabelle 25).

Tabelle 25: Untersuchte IR-Strahler mit Emissionsmaximum

Hersteller/ Benennung	**Emissions- max.** in nm	**Anzahl Rohre**	**Leistung** in W	**Technologie**	**Beschichtung** (Rückseite)	**Artikelbezeichnung**
HSS-Maschine	970	1	3.000	Halogen	Aluminiumoxid	-
Adphos 1,2 kW	950	1	1.200	Halogen	keine	NB-12/400V-250
Adphos 1,8 kW	950	1	1.800	Halogen	keine	NB-18/400V-250
Eltosch	860	-	650	LED	-	UR4 650 NIR
Heraeus	1.200	2	1.500	Halogen	Gold	SW Gold B9751751
Infratec	1.200	2	2.000	Halogen	Aluminiumoxid	00 700 565
Ushio	900	1	1.200	Halogen	keine	QIR230-1200

Die Halogen-IR-Strahler wurden, wenn möglich, im Versuchsstand in das Sinterlampengehäuse eingebaut und im Abstand wie in der HSS-Maschine zum Kosinuskorrektor aufgebaut. Der Abstand in der HSS-Maschine wurde so gewählt, dass über die gesamte Länge der auftreffenden Strahlung auf die Pulverbettoberfläche ein gleichmäßiger Energieeintrag stattfindet. Für die Messung wurde die Glasscheibe entfernt, die zum Schutz vor Pulverpartikeln dient. Die in Abbildung 76 dargestellten geglätteten Emissionskurven wurden bei einer Leistung von 100 % aufgenommen.

Das Emissionsmaximum des IR-Strahlers der HSS-Maschine bei der Messung im Sinterlampengehäuse beträgt 1.060 nm bei einer Bestrahlungsstärke von 4.400 µW/cm^2 nm. Ein niedrigeres Emissionsmaximum wies der IR-Strahler der Firma *Ushio Europe B.V.* mit 1.025 nm auf. Aufgrund der geringeren Leistung und der fehlenden Beschichtung wurde gleichzeitig die geringste Bestrahlungsstärke von 2.000 µW/cm^2 nm erreicht. Die getesteten Doppelrohrstrahler der Firma *Heraeus Holding GmbH* (1.315 nm, 4.330 µW/cm^2 nm) und *InfraTec GmbH* (1.320 nm, 2.840 µW/cm^2 nm) wiesen die höchsten Emissionsmaxima auf. Zudem weist der IR-Strahler mit der Rückseitenbeschichtung aus Gold (Hereaus) einen geringen Abfall durch die Ausbildung eines Wendepunkts bei 2.150 nm auf. Dies wird hervorgerufen durch die Umlenkung der direkt auftreffenden Strahlung an der Beschichtung und wird als Sekundärstrahlung im Emissionsprofil sichtbar.

Ein sehr ähnliches Emissionsverhalten zum IR-Strahler in der HSS-Maschine besitzen die IR-Strahler der Firma *AdPhos Innovative Technologies GmbH.* Diese Strahler wurden im Trocknungsmodul NIR96-250-E zur Messung aufgebaut, welches einen chrombeschichteten Reflektor hat. Das Absorptionsmaximum der beiden IR-Strahler liegt bei 1.130 nm. Die Bestrahlungsstärke kann durch die Leistung erhöht werden, indem die Anzahl der Wicklungen der Heizspirale erhöht wird. Der IR-Strahler mit einer Leistung von 1,2 kW erreicht eine Bestrahlungsstärke von 4.380 μW/cm^2 nm und der IR-Strahler mit 1,8 kW Leistung von 2.840 μW/cm^2 nm (siehe Abbildung 76).

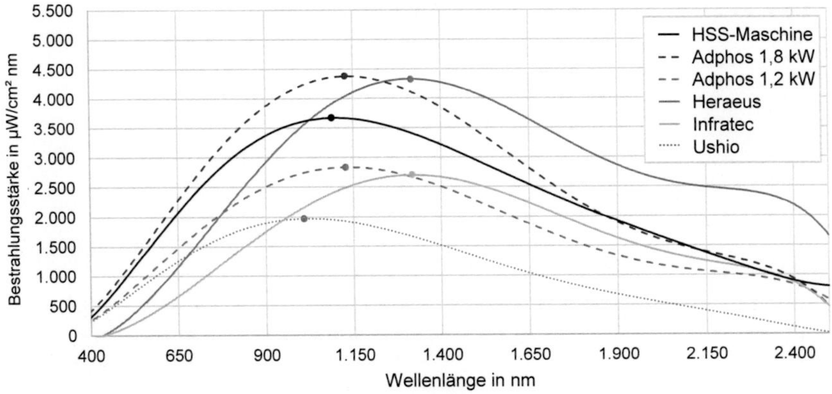

Abbildung 76: Vergleich geglättete Emissionsspektren von weiteren Halogen-IR-Strahler (ohne Glasscheibe)

Im Emissionsbereich zwischen 400 und 2.500 nm erreicht der IR-Strahler der HSS-Maschine die dritthöchste absolute Bestrahlungsstärke zu den gemessenen IR-Strahlern (siehe Tabelle 26). Die Halogen-IR-Strahler Adphos 1,8 und Heraeus haben aufgrund der höheren Emission bei höheren Wellenlängen eine gesamtheitlich höhere absolute Bestrahlungsstärke.

Tabelle 26: Absolute Bestrahlungsstärke der Halogen-IR-Strahler

Hersteller	**Absolute Bestrahlungsstärke** in μW/cm^2
HSS-Maschine	4.778.500
Adphos 1,2 kW	3.639.700
Adphos 1,8 kW	5.418.100
Heraeus	5.839.100
Infratec	3.363.600
Ushio	2.250.200

Eine alternative Technologie zu Halogen-IR-Strahlern stellen Light Emitting Diodes (LED)-IR-Strahler dar. LED-IR-Strahler bestehen aus einem Array von LED, die gezielt eine bestimmte Wellenlänge emittieren können. Aufgrund der geringen Leistung der bisher am Markt erhältlichen LED-IR-Strahler, wurde die Technologie im High Speed Sintering nicht untersucht. Durch die Bauform der LED-IR-Strahler und der daraus resultieren gleichmäßigen Emission kann die Energiequelle direkt an die Breite des Pulverbetts angepasst werden und im Abstand der Glasscheibe über der Pulverbettoberfläche (Abstand 13 mm) positioniert werden. In Abbildung 77 werden die Ergebnisse der Messung des in der Entwicklung befindlichen LED-IR-Strahlers von *Eltosch Grafix GmbH* dargestellt. Das Emissionsmaximum liegt bei 850 nm und durch die Verringerung des Abstandes wird im gemessenen Bereich nahezu der gleiche Energieeintrag der Strahlungsquelle wie in der HSS-Maschine erreicht (siehe Tabelle 27).

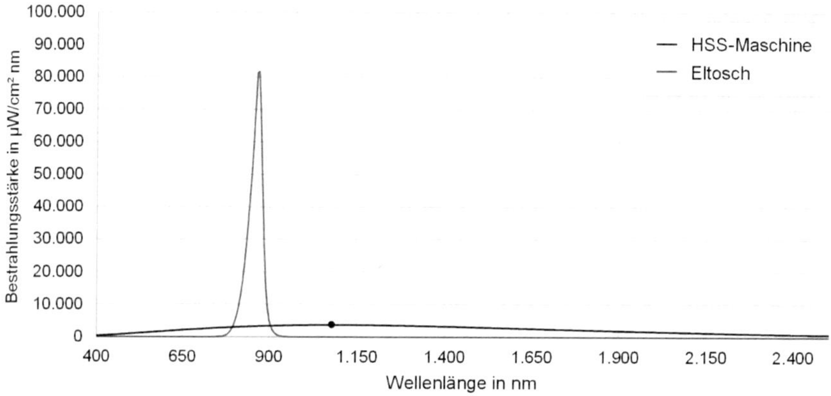

Abbildung 77: Geglättetes Emissionsspektrum eines alternativen LED-IR-Strahlers und des Halogen-IR-Strahlers der HSS-Maschine

Das Lumineszenzmaterial der LED bestimmt die emittierte Wellenlänge. Denkbar für die Anwendung im High Speed Sintering könnten LED mit einer Wellenlängenemission von 950 nm sein [THU11, S. 163]. Dadurch könnte die Abstimmung auf das Absorptionsmaximum der LaB_6-Partikel (990 nm) in der Tinte verbessert werden. Durch leistungsstärkere Modelle und damit einer Erhöhung der Bestrahlungsstärke kann deren Einsatz im High Speed Sintering wirtschaftlich sinnvoll sein (siehe Tabelle 27).

Tabelle 27: Absolute Bestrahlungsstärke des LED-IR-Strahlers

Hersteller	**Absolute Bestrahlungsstärke** in µW/cm^2
Eltosch	3.513.700

7 Validierung der Versuchsergebnisse

Im folgenden Kapitel werden die zuvor erzielten Erkenntnisse mit LaB_6 als IR-Absorber im High Speed Sintering nach dem Versuchsstand auf der HSS-Maschine getestet. Dafür wird zunächst der Umbau bzw. die Erweiterung der HSS-Maschine beschrieben und mit der LaB_6-haltigen Tinte in Betrieb genommen. Anschließend werden die Prozessbedingungen in Vorversuchen ermittelt und darauf aufbauend ein Versuchsplan mit verschiedenen Faktorstufenkombinationen (siehe Kapitel 5.5.2) zur Ermittlung der Bauteileigenschaften aufgestellt und die Prüfkörper danach gefertigt. Abschließend erfolgt eine Diskussion der Forschungsergebnisse.

7.1 Erweiterung der HSS-Maschine

Für die Aufbringung der LaB_6-haltigen Tinte wurde eine Erweiterung der Druckeinheit gewählt, die direkt an die bestehende Druckeinheit angebaut wurde (siehe Abbildung 78). Für die Erweiterung wurden die bisherigen Gehäuseabmessungen der Höhe und Tiefe verwendet und in die Breite nach rechts angebaut. Des Weiteren wurden Halteelemente für die Befestigung an der ursprünglichen Druckeinheit sowie eine Abdeckung zum Schutz gegen Eindringen von Polymerpulver angebracht. Die Höhe der Druckeinheit sowie Druckköpfe über der Pulverbettoberfläche wurden für die Erweiterung gleich eingestellt. Zu Beginn der Tintenaufbringung am Startpunkt auf der linken Seite neben der Sinterlampe ist ein Teil der Overheadstrahler verdeckt. Eine Vermeidung durch eine Verschmälerung der Erweiterung der Druckeinheit oder die Versetzung des Startpunktes des Druckbeginns konnten aufgrund der maschinenbedingten Gegebenheiten nicht realisiert werden.

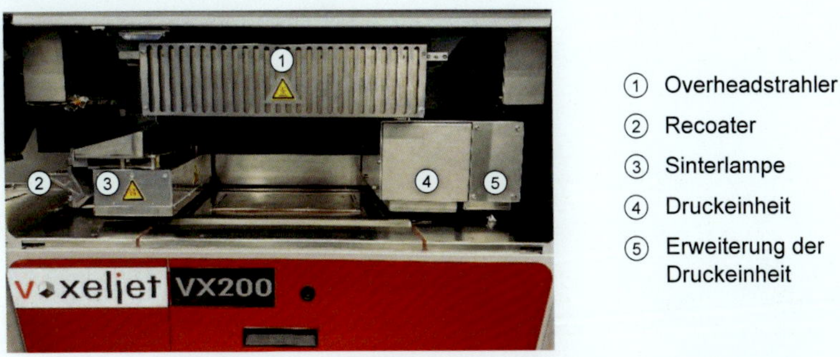

Abbildung 78: Erweiterung der Druckeinheit um einen weiteren Druckkopf für die LaB_6-haltige Tinte

Die Druckeinheit in der HSS-Maschine besteht aus drei zueinander versetzt eingebauten Inkjet-Druckköpfen Xaar 1003 GS6. Die Druckköpfe sind über ein Tintenzirkulationssystem verbunden, das die Versorgung der Druckeinheit mit Tinte übernimmt (siehe Abbildung 79). Die Erweiterung um einen zusätzlichen Druckkopf wurde vorgenommen, um eine Kontamination mit Rußpartikeln der bisher verwendeten Tinte zu vermeiden. Für den Einsatz der neuen LaB_6-haltigen Tinte wurde ein Druckkopf des gleichen Modells in der Mitte der Erweiterung der Druckeinheit positioniert. Durch die Beschränkung auf einen Erweiterungsdruckkopf kann zur

Validierung der LaB_6-haltigen Tinte nur in der Breite eines Druckkopfes die Pulverbettoberfläche bedruckt werden. Der mögliche Bauraum weist somit eine Breite von 70 mm auf.

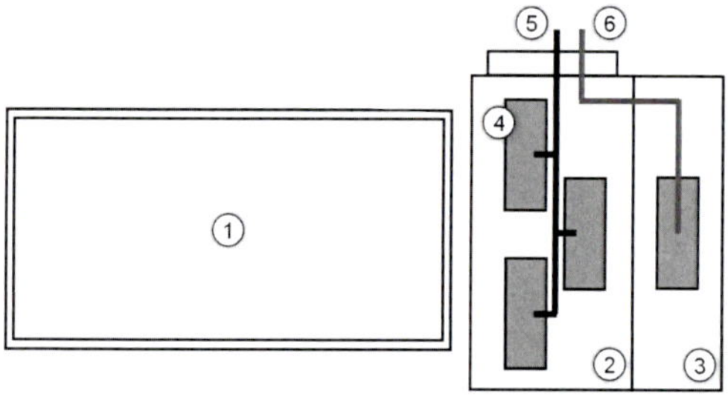

① Bauraum
② Druckeinheit
③ Erweiterung der Druckeinheit
④ Druckköpfe
⑤ Ruß-Tintenversorgung
⑥ LaB_6-Tintenversorgung

Abbildung 79: Draufsicht auf die Druckeinheit und -erweiterung

Für den verwendeten Druckkopf Xaar 1003 GS6 ist ein stetiges Zirkulieren der Tinte im Druckkopf notwendig. Dafür wurde für die Erweiterung der Druckeinheit ein zusätzliches Tintenzirkulationssystem aufgebaut (siehe Abbildung 80). Das Tintenzirkulationssystem besitzt einen Vorratsbehälter, in welchem 0,5 Liter der LaB_6-haltigen Tinte für die Befüllung der Zirkulationskammern bevorratet ist. Aus diesem Vorratsbehälter wird die Tinte in die Zirkulationskammern gepumpt. Dort wird die Tinte auf deren Verarbeitungstemperatur für den Druckprozess eingestellt. Die Pumpen an den Zirkulationskammern werden mit Schläuchen zum Aufbau eines Zu- und Rücklaufs mit dem zusätzlichen Druckkopf verbunden. Die Schläuche wurden entsprechend der bisherigen Medienführung in der Maschine verlegt. Durch die Einstellung eines Über- und Unterdrucks beginnt die Tinte durch den Druckkopf zu zirkulieren. Für die Einstellungen wurde die Höhe der Zirkulationskammer zum Druckkopf berücksichtigt. Zur Entleerung des Tintenzirkulationssystems ist neben dem Tintenvorrat ein Tintenausschussbehälter installiert.

① Tintenvorrat
② Tintenausschussbehälter
③ Höhenverstellung des Tintenvorrats
④ Beheizte Tintenkammern mit Pumpen zur Zirkulation
⑤ Unterdruckpumpen
⑥ Steuerungsrechner für das Tintenzirkulationssystem
⑦ Zu- und Rücklaufschläuche

Abbildung 80: Beheiztes Tintenzirkulationssystem des separaten Kreislaufs für die LaB_6-haltige Tinte

Nach dem Aufbau der Erweiterung der Druckeinheit und dem Tintenzirkulationssystem erfolgte die Parametrisierung des Tintenzirkulationssystems. Dafür wurde die Höhe der Zirkulationskammer und die Drücke für den Zu- und Rückfluss verändert. Für eine stabile Versorgung des Druckkopfes während des Druckprozesses wurde die Höhe der Zirkulationskammer auf 600 mm über dem Druckkopf eingestellt. Der eingestellte Druck für den Zulauf betrug -50 mbar und für den Rücklauf -60 mbar. Anschließend mussten die Einstellpositionen der Druckköpfe in der HSS-Maschine hinterlegt werden, sodass die zu fertigenden Bauteile später im Bereich des Bauraums positioniert sind. Für die Versuche wurde eine Temperatur der Tinten in der Zirkulationseinheit von 40 °C eingestellt. Für die Tintenaufbringung wurde der Spannungsimpuls in der Druckkopfsoftware von 0 V auf 2 V erhöht. Das Testdruckbild zeigt die rußhaltige und die LaB_6-haltigen Tintenbereiche (siehe Abbildung 81).

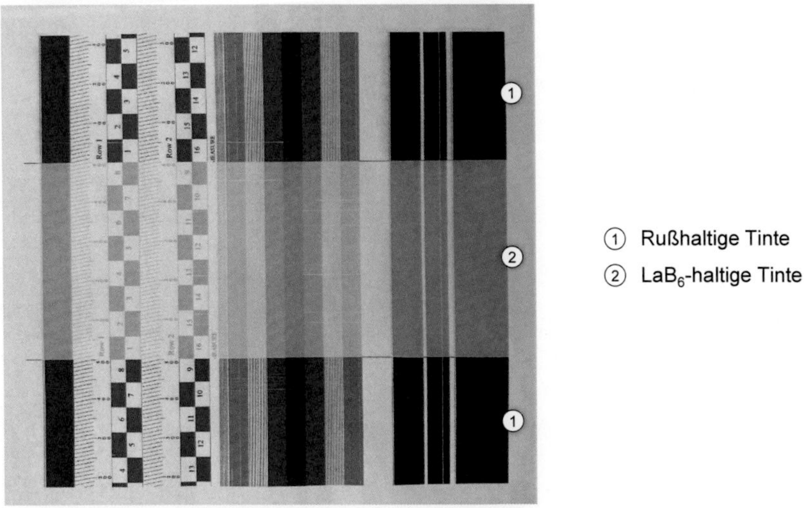

Abbildung 81: Testdruckbild der Tintenaufbringung der Erweiterung der Druckeinheit

7.2 Ermittlung der Bauteileigenschaften

Nach der Fertigung der Bauteile in der HSS-Maschine wurden diese aus dem Pulverkuchen entnommen. Eine Erhöhung der Härte des Pulverkuchens wurde im konturnahen Bereich der Bauteile entgegensetzt der Druckrichtung festgestellt. Ursächlich dafür können bspw. die Geschwindigkeit, der Abstand oder die Ansteuerung des Druckkopfes mit der neuen Tinte sein. Aufgrund der geringen Beeinflussung der Bauteile und um die Vergleichbarkeit zu vorhergehenden Versuchen beizubehalten, wurde auf eine weitere Modifizierung der Druckparameter verzichtet. Das anhaftende Pulver konnte beim Strahlen entfernt werden. Die Bauteileigenschaften wurden mit den bisherigen Prüfungen ermittelt.

7.2.1 Bauteildichte

Unter Anwendung der bisherigen Standardparameter der HSS-Maschine und der Modifizierung der Druckeinheit wurden mit der LaB_6-haltigen Tinte Prüfkörper zur Ermittlung der Bauteildichte gefertigt. Bei der Auswertung dieser wurde die gleiche Bauteildichte wie mit der bisherigen rußhaltigen Tinte erreicht. Im Gegensatz zu der Prozessanalyse in Block 2 war in der Validierung (Block 6) die Graustufe *GS* die signifikante Einflussgröße sowie die Faktorwechselwirkung Sinterlampengeschwindigkeit und Graustufe *LG*GS* (siehe Abbildung 82). Durch Aufnahmen der IR-Kamera an der HSS-Maschine wurde die Temperatur der Pulverbettoberfläche überwacht. Während bspw. bei der LaB_6-haltigen Tinte bei der Überfahrt der Sinterlampe (LL 90 % und LG 0,13 m/s) zwischen den drei Graustufen ein Temperaturunterschied zu erkennen war, war bei der rußhaltigen Tinte der Temperaturunterschied zwischen GS3 und GS5 nicht ersichtlich. Dieser Temperaturunterschied begründet die Signifikanz in Block 6.

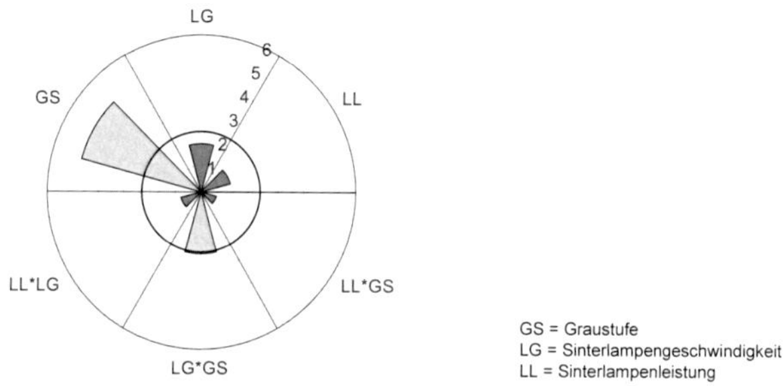

Abbildung 82: Netzdiagramm der standardisierten Effekte für die Bauteildichte in Block 6

In Abbildung 83 ist die Bauteildichte über die Volumenenergiedichte aufgetragen. Die Prüfkörper mit der LaB_6-haltigen Tinte weisen aufgrund der geringeren Absorption eine niedrigere Volumenenergiedichte auf. Der zu wählende Bereich aus der Faktorstufenkombination für die Bauteilfertigung in Block 6 liegt zwischen 0,10 und 0,25 J/mm³.

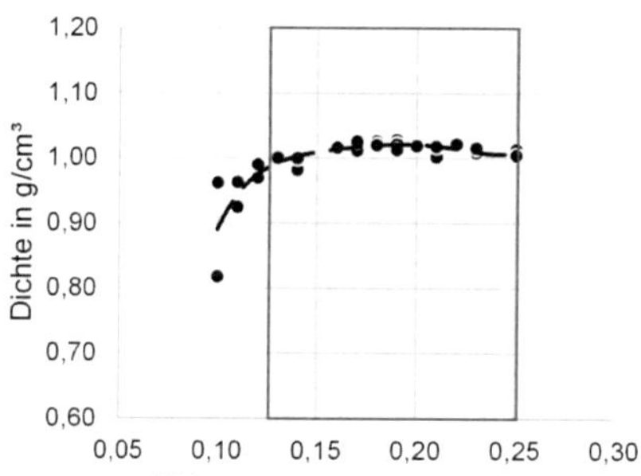

Abbildung 83: Bauteildichte als Funktion der Volumenenergiedichte E_V in Block 6

Die Bauteile, die mit einer Volumenenergiedichte geringer 0,13 J/mm^3 gefertigt wurden, erreichen eine Bauteildichte zwischen 0,8 und 1,0 g/cm^3. Diese Volumenenergiedichten treffen auf die Versuchsdurchläufe mit GS1 zu (siehe Tabelle 24). Hervorzuheben ist dabei, dass sich die Faktorstufenkombination mit der Sinterlampenleistung von 80 % und der Sinterlampengeschwindigkeit bis 0,15 m/s als ungeeignet für die angestrebte Bauteildichte von über 0,95 g/cm^3 darstellen. Ab einer Volumenenergiedichte von 0,13 J/m^3 wird eine konstante Bauteildichte erreicht.

7.2.2 Mechanische Eigenschaften

Die Auswertung der mechanischen Eigenschaften in der Validierung der LaB_6-haltigen Tinte ergab eine Signifikanz der Graustufe *GS* (siehe Abbildung 84). Die Sinterlampengeschwindigkeit hat auf die Zugfestigkeit und den E-Modul einen höchstsignifikanten Effekt. Verglichen mit der rußhaltigen Tinte zeigt die Sinterlampenleistung einen geringen Einfluss auf die mechanischen Eigenschaften. Dies lässt darauf zurückführen, dass bei einer Erhöhung der Graustufe die absorbierende Oberfläche der IR-Absorber aufgrund der höheren Partikelmenge der rußhaltigen Tinte im geringeren Maße zunimmt und dadurch der hauptsächliche Energieeintrag durch die Variation der Sinterlampenleistung erzielt wird. Bei der LaB_6-haltigen Tinte hat die geringere Partikelmenge einen größeren Einfluss auf den Energieeintrag, da die geringere Partikelmenge der begrenzende Faktor ist, sodass dies sich in der Signifikanz der Graustufe verdeutlicht. Ein weiterer Grund für die Verschiebung der Signifikanz hin zur Graustufe und Sinterlampengeschwindigkeit kann der Siedepunkt der LaB_6-haltigen Tinte sein. Zum einen kann bei einer höheren Aufbringungsmenge die Tinte nicht ausreichend verdunsten, sodass aufgrund des höheren Siedepunkts mehr Tinte im Bauteil verbleibt und sich somit signifikant auf die mechanischen Eigenschaften auswirkt. Zum anderen kann mit der Reduzierung der Sinterlampengeschwindigkeit eine längere Bestrahlungsdauer durch die Sinterlampe erreicht werden. Dadurch erhöht sich die Temperatur auf der Pulverbettoberfläche des Bauteils und die Tinte verdunstet stärker. Der Einfluss der Tintenaufbringungsmenge auf die Bruchdehnung ist analog zur rußhaltigen Tinte und bleibt weiterhin ein höchstsignifikanter Effekt.

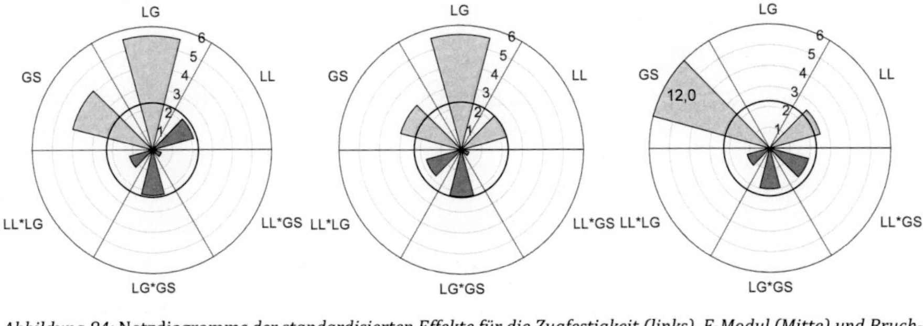

Abbildung 84: Netzdiagramme *der standardisierten Effekte für die Zugfestigkeit (links), E-Modul (Mitte) und Bruchdehnung (rechts) in Block 6*

Bei der Darstellung der mechanischen Eigenschaften als Funktion der Volumenenergiedichte zeichnet sich ein ähnliches Prozessfenster wie bei der Bauteildichte ab. Unter einer Volumenenergiedichte von 0,13 J/mm^3 weisen die mechanischen Eigenschaften die niedrigsten Kennwerte auf (siehe Abbildung 85). Die empfohlene Volumenenergiedichte für die mechanischen Eigenschaften unter Anwendung der LaB_6-haltigen Tinte liegt über 0,15 J/mm^3. Im Vergleich zur rußhaltigen Tinte zeigen die Ergebnisse eine deutlich stärkere Streuung aufgrund der Partikelmenge und des Trägermediums, sodass sich bei der Trendlinie eine Schwankung im Plateau darstellt. Dabei erreichte die Trendlinie der Zugfestigkeit etwa 43 MPa, wohingegen bei der rußhaltigen Tinte sich diese bei etwa 50 MPa ausbildete. Ähnlich der Zugfestigkeit konnten beim E-Modul etwa 1.500 MPa (Ruß etwa 1.800 MPa) nicht die bisherigen Kennwerte im empfohlenen Volumenenergiedichtebereich erreicht werden. Die Bruchdehnung wies mit einem maximalen Wert von etwa 13 % (Ruß etwa 13%) und einen Verlauf ähnlich der rußhaltigen Tinte auf.

Die Durchführung einer multikriteriellen Zielgrößenoptimierung nach maximaler Zugfestigkeit, E-Modul und Bruchdehnung in der Statistiksoftware ergab die Volumenenergiedichte von 0,21 J/mm^3 (HV2-V) mit den maximal erreichten Kennwerten von 45 MPa, 1.609 MPa und 13 % unter Anwendung der LaB_6-haltigen Tinte.

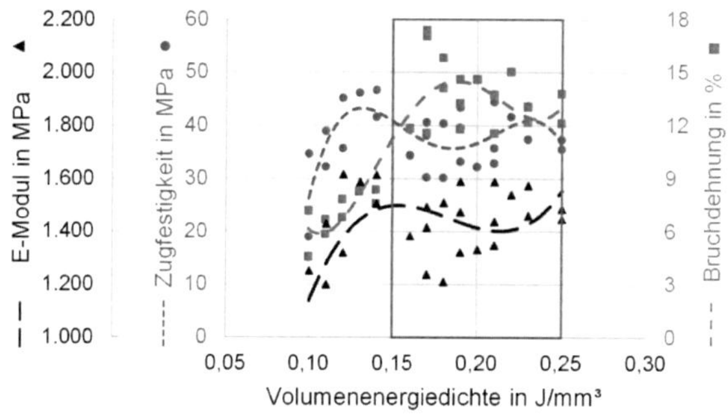

Abbildung 85: Mechanische Eigenschaften als Funktion der Volumenenergiedichte E_V in Block 6

In einer DSC wurde die Kristallinität der gleichen ausgewählten Prüfkörper wie in Kapitel 6.3.2 gemessen, um Prüfkörper mit einer niedrigen und hohen Volumenenergiedichte zu untersuchen (siehe Abbildung 86). Mit einem zunehmenden Energieeintrag nimmt die Kristallinität der Prüfkörper mit der LaB_6-haltigen Tinte wie bei den Prüfkörpern mit der rußhaltigen Tinte ab. Aufgrund des schmäleren Volumenenergiedichtebereichs erscheint der Abfall der Trendlinie stärker. Im untersuchten Bereich wurde eine Kristallinität zwischen 27 und 36 % erzielt, was somit mit der Kristallinität der rußhaltigen Tinte übereinstimmt. Die Kristallinität zeigt keine Beeinflussung durch die Tinte.

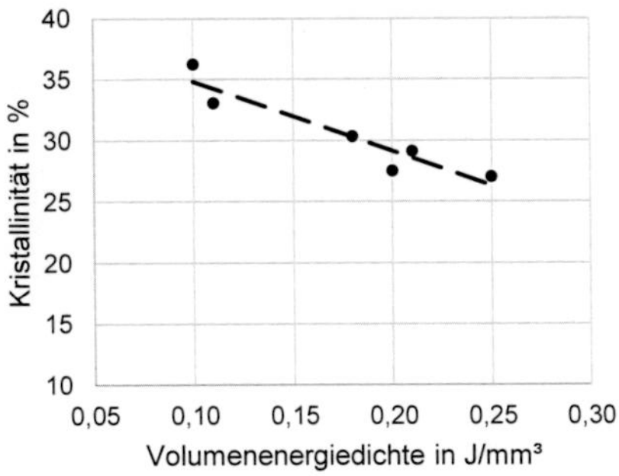

Abbildung 86: Ausgewählte Kristallinitäten als Funktion der Volumenenergiedichte E_v in Block 6

An den Bruchflächen der Prüfkörper mit 0°-Orientierung sind in den REM-Aufnahmen der niedrigeren Volumenenergiedichte von 0,12 J/mm^3 (HV22-V) Lufteinschlüsse, Poren sowie Korngrenzen und nicht vollständig aufgeschmolzene Pulverpartikel zu erkennen (siehe Abbildung 87 links). Die REM-Aufnahmen der höheren Volumenenergiedichte von 0,21 J/mm^3 (HV24-V) zeigt eine gleichmäßig gute Verschmelzung der Pulverpartikel ohne Korngrenzen. Auffällig sind hier die exakt kreisförmigen Poren, die auf ein unvollständiges Verdampfen und somit Rückstände des Trägermediums im Bauteil hinweisen (siehe Abbildung 87 rechts).

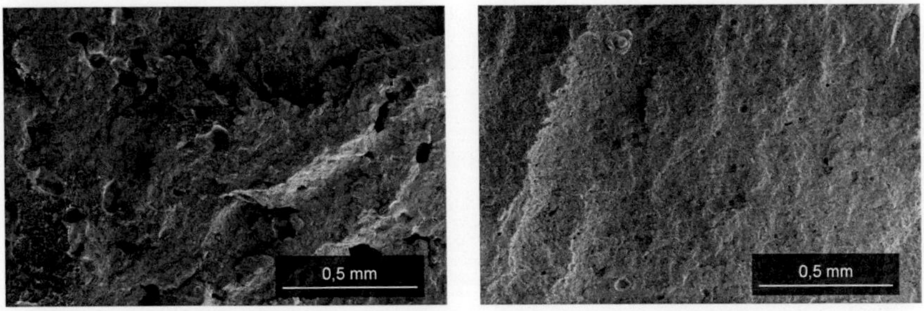

Abbildung 87: REM-Aufnahmen der Bruchfläche eines Prüfkörpers mit E_v = 0,12 (links) und 0,21 J/mm^3 (rechts)

7.2.3 Form- und Maßhaltigkeit

Die standardisierten Effekte der Form- und Maßhaltigkeit werden in Abbildung 88 dargestellt. Die Effekte der Sinterlampenleistung *LL* und der Sinterlampengeschwindigkeit *LG* sowie deren Kombination *LL*LG* sind auf die Formhaltigkeit am stärksten ausgeprägt. Durch eine Erhöhung der Intensität und Dauer des Energieeintrags wird die Formhaltigkeit der Bauteile mit LaB_6-Partikeln als IR-Absorber zusätzlich beeinflusst. Die Pulveranhaftungen nehmen mit steigendem Energieeintrag zu.

Zudem hat nur die Graustufe *GS* einen signifikanten Einfluss auf die Formhaltigkeit. Durch die unzureichende Verdunstung des Trägermediums im Sinterprozess dringt die überschüssige Tinte über Kapillarkräfte während der Fertigung der Prüfkörper in das umliegende Pulver ein. Dadurch wird der zu versinternde Bereich in und um die Bauteile vergrößert, was in einer geringeren Formhaltigkeit resultiert. Dieser Effekt tritt bei einer höheren Tintenaufbringungsmenge ab Graustufe GS5 auf und ist signifikant.

Im Netzdiagramm der standardisierten Effekte für die Maßhaltigkeit zeigt die Graustufe *GS* ebenfalls eine Signifikanz. Bei der Fertigung der Dichteprüfkörper mit der GS5 tritt auf den Seitenflächen eine Auswölbung aufgrund der unzureichenden Verdunstung auf. Diese führt bei der Vermessung zu einer Zunahme der Abweichungen und somit zu der resultierenden Ausprägung der Maßhaltigkeit.

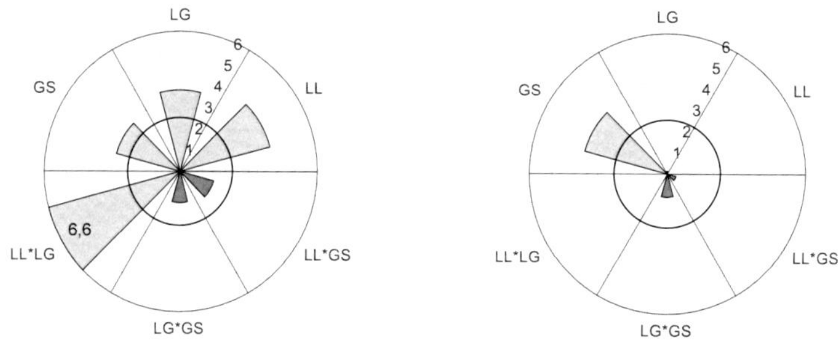

Abbildung 88: Netzdiagramme der standardisierten Effekte für die Form- (links) und Maßhaltigkeit (rechts) in Block 6

In der Darstellung der Formhaltigkeit über der Volumenenergiedichte fällt die Trendlinie des Kugelradius mit zunehmender Volumenenergiedichte ab (siehe Abbildung 89). Bei der Untersuchung der Faktoren kann keine Faktorstufe mit negativem Einfluss wie zuvor bei den mechanischen Eigenschaften identifiziert werden. Die empfohlene Volumenenergiedichte liegt zwischen 0,15 und 0,25 J/mm^3 für die LaB_6-haltige Tinte.

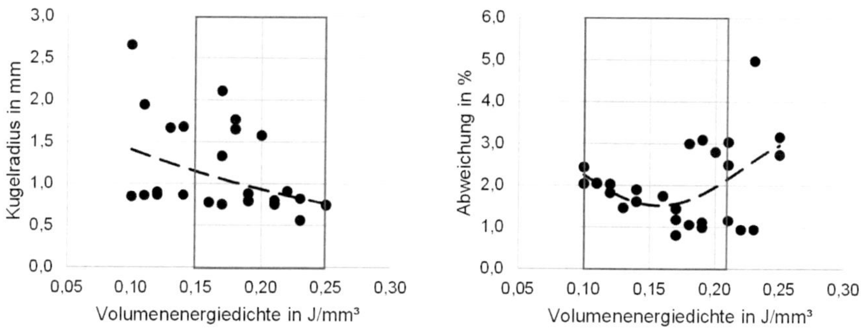

Abbildung 89: Form- (links) und Maßhaltigkeit (rechts) als Funktion der Volumenenergiedichte E_V in Block 6

Die Trendlinie für die Maßhaltigkeit fällt mit zunehmender Volumenenergiedichte ab, bevor sie ein Minimum erreicht und wieder ansteigt. Im Gegensatz zur Formhaltigkeit kann für die Maßhaltigkeit die Graustufe aufgrund der Auswölbung als negativer Effekt identifiziert werden. Die Maßhaltigkeitsprüfkörper, die in Abbildung 89 eine Abweichung über 2,5 % und eine

Volumenenergiedichte größer 0,18 J/mm^3 haben, wurden mit Graustufe GS5 gefertigt. Unter Ausschluss dieser Ergebnisse ergibt sich ein ähnlicher Verlauf zur Formhaltigkeit für den zu empfehlenden Volumenenergiedichtebereich. Für den durchgeführten Versuchsplan ergibt sich für die Maßhaltigkeit eine Volumenenergiedichte zwischen 0,10 und 0,21 J/mm^3.

7.2.4 Oberflächenrauheit

Im Netzdiagramm der standardisierten Effekte für die Oberflächenrauheit wird in Abbildung 90 das Ergebnis der Validierung dargestellt. Im Gegensatz zu den Erkenntnissen in Block 2 ist die Graustufe *GS* höchstsignifikant. Die Sinterlampengeschwindigkeit *LG* und die Faktorstufenkombination mit der Graustufe *LG*GS* erreichen das Signifikanzniveau. Aufgrund des Einsatzes eines Trägermediums, das bei höheren Graustufen nicht ausreichend verdunstet, entstehen am Bauteil Auswölbungen. Diese Auswölbungen bestehen aus nicht komplett aufgeschmolzenem Pulver und erhöhen in Abhängigkeit der Graustufe *GS* die Oberflächenrauheit. Die Absorption wird beim Einsatz der LaB_6-Partikel vor allem durch die Partikelmenge beeinflusst, wodurch der Einfluss der Sinterlampenleistung *LL* im Prozessfenster gering ist.

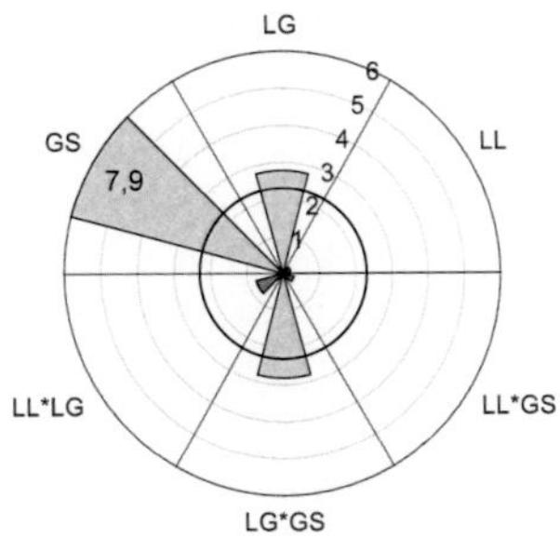

Abbildung 90: Netzdiagramm der standardisierten Effekte für die Oberflächenrauheit S_a in Block 6

7.2.5 Farbabstufung

Die Dichteprüfkörper der Graustufen 1, 3 und 5 wurden, wie in Kapitel 5.4.5, zusammen mit der Farbeinstufungsskala fotografiert und anschließend in der Bildbearbeitungssoftware Adobe Photoshop mit einem Schwarz-Weiß-Filter belegt, um eine vom Farbton unabhängige Zuordnung durchzuführen (siehe Abbildung 91). Die GS1 ist der Farbabstufung 7, die GS3 der Farbabstufung 11 und die GS5 der Farbabstufung 13 zuzuordnen.

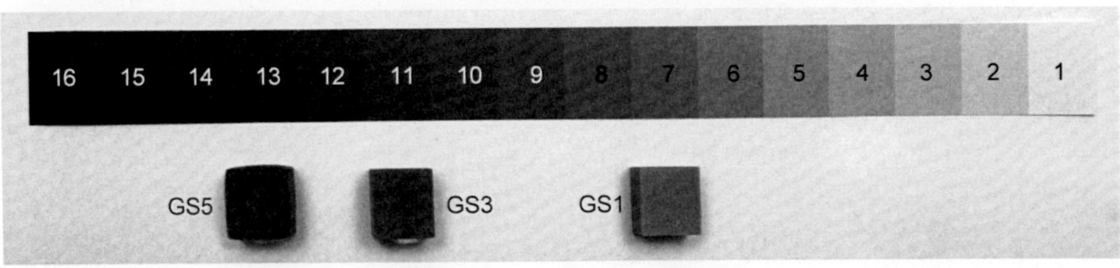

Abbildung 91: Farbabstufung der Dichteprüfkörper mit Graustufe 1, 3 und 5 der LaB_6-haltigen Tinte in Block 6

Im direkten Vergleich zu den bisherigen Farbabstufungen mit der rußhaltigen Tinte konnte bei der höchsten Tintenaufbringungsmenge (GS5) keine Verbesserung erzielt werden (siehe Tabelle 28). Bei einer Reduzierung der Tintenaufbringungsmenge konnte bei GS3 eine Verbesserung um eine Abstufung und bei GS1 sogar um zwei Farbabstufungen heller erzielt werden. Bei der Betrachtung ohne die Anwendung eines Schwarz-Weiß-Filters erscheinen die mit LaB_6-haltiger Tinte gefertigten Bauteile heller.

Tabelle 28: Vergleich der Farbabstufungen von Bauteilen gefertigt mit ruß- oder LaB_6-haltiger Tinte

Tintenaufbringungsmenge	Farbabstufung bei Ruß	Farbabstufung bei LaB_6	Veränderung in %
GS1	9	7	-22,2
GS3	12	11	-8,3
GS5	13	13	0

7.3 Diskussion der Forschungsergebnisse

In der IR-Absorberauswahl in Kapitel 4 wurde das Material LaB_6 für die Anwendung im High Speed Sintering für am besten geeignet bewertet. Anhand der Analysen der wichtigsten Ergebnisse im Hinblick auf den Einsatz rußhaltiger Tinten aus Kapitel 6 und dem Einsatz neuer LaB_6-haltiger Tinten aus Kapitel 7 auf der HSS-Maschine sowie der Ermittlung des Energieeintrags und der Untersuchung dessen Auswirkung auf die Bauteileigenschaften erfolgt eine abschließende Beurteilung der Eignung für das High Speed Sintering. Dabei werden sowohl hardwareseitige als auch softwareseitige Potentiale für die Serienproduktion betrachtet.

7.3.1 Einsatz neuer Tinten und des IR-Absorbers LaB_6

Die Ergebnisse auf der HSS-Maschine mit der rußhaltigen Tinte in Block 2 (Kapitel 6.3) und mit der LaB_6-haltigen Tinte in Block 6 (Kapitel 7.2) zeigen, dass mit dem Einsatz des neuen IR-Absorbers LaB_6 im High Speed Sintering die Zielstellung der Fertigung hellerer Bauteile mit Standardparametern und nahezu gleichbleibende Bauteileigenschaften erreicht worden sind. Die niedrigere Farbabstufung ist dabei auf die gezielte Reduzierung der Partikelmenge in der Tinte und somit des Partikelanteils im Bauteil zurückzuführen.

Der IR-Absorber LaB_6 konnte unter Anwendung der Standardparameter der HSS-Maschine (LL 100 %, LG 0,15 m/s, GS3) vergleichbare Ergebnisse der Bauteileigenschaften wie mit dem IR-Absorber Ruß erzielen (siehe Tabelle 29). Dabei zeigt die Bauteildichte einen geringfügigen Anstieg. Dieser entsteht durch nicht verdunstete Rückstände des Trägermediums, die sich in den Poren einlagern. Bei den mechanischen Eigenschaften reduzierte sich die Zugfestigkeit merklich, wohingegen der E-Modul gering und Bruchdehnung deutlich ansteigen. Insbesondere die Bruchdehnung konnte durch die Anwendung eines neuen Trägermediums deutlich gesteigert werden. Die Formhaltigkeit verschlechterte sich geringfügig und bleibt dabei aber im Zielbereich unter 1,0 mm. Die Maßhaltigkeit steigerte sich deutlich. Die Farbabstufung ist durch die geringe Partikelmenge in den Bauteilen wie gefordert heller/geringer.

Tabelle 29: Vergleich der Bauteileigenschaften bei den Standardparametern bei GS3 der HSS-Maschine HV23(-V)

Bauteileigenschaft	**Ruß**	**LaB_6**	**Veränderung** in %
Bauteildichte in g/cm³	1,016	1,021	+0,5
Zugfestigkeit in MPa	48,8	43,9	-10,0
E-Modul in MPa	1.497,0	1.598,8	+6,8
Bruchdehnung in %	10,7	13,1	+22,4
Formhaltigkeit in mm	0,8	0,9	+12,5
Maßhaltigkeit in %	1,6	1,1	-31,3
Farbabstufung	12	11	-8,3

Für die weiterführende Betrachtung des Farbgebungseinflusses entsprechend der Zielsetzung werden im Folgenden die Standardparameter (Haupteinflussgrößen LL 100 %, LG 0,15 m/s) mit der geringsten Tintenaufbringungsmenge bei GS1 auf der HSS-Maschine gegenübergestellt (siehe Tabelle 30). Dabei verbesserten sich die Bauteileigenschaften sowohl für die Anwendung der ruß- als auch LaB_6-haltigen Tinte (vgl. Tabelle 29). Während bei den Prüfkörpern mit der rußhaltigen Tinte die Bauteildichte nahezu konstant blieb, verringerte sich bei den Prüfkörpern mit der LaB_6-haltigen Tinte die Bauteildichte, was auf einen zu geringen Energieeintrag schließen lässt. Die mechanischen Eigenschaften der Bauteile mit LaB_6 sind gegenüber den Bauteilen mit Ruß bei der GS1 um 8 bis 24 % geringer. Dies ist ebenfalls auf eine Verbesserung der mechanischen Eigenschaften von 10 % der GS1 zu GS3 der rußhaltigen Tinte zurückzuführen. Im Vergleich der Ergebnisse zwischen der GS3 und GS1 der LaB_6-haltigen Tinte sind die Ergebnisse nahezu gleichgeblieben, wobei sich durch die geringere Tintenaufbringungsmenge die Bruchdehnung am deutlichsten reduzierte. Die Formhaltigkeit ist weiterhin im Zielbereich, wohingegen die Maßhaltigkeit sich deutlich verringerte. Die Bauteile erreichten dabei gegenüber der rußhaltigen Tinte eine deutliche Steigerung um zwei Farbabstufungen niedrigeren Farbgebungseinfluss.

Tabelle 30: Vergleich der Bauteileigenschaften bei den Standardparametern bei GS1 der HSS-Maschine HV22(-V)

Bauteileigenschaft	**Ruß**	**LaB_6**	**Veränderung** in %
Bauteildichte in g/cm³	1,018	0,989	-2,8
Zugfestigkeit in MPa	53,0	45,2	-14,7
E-Modul in MPa	1.763	1.617,4	-8,3
Bruchdehnung in %	10,2	7,8	-23,5
Formhaltigkeit in mm	0,9	0,9	0
Maßhaltigkeit in %	3,45	1,8	-47,8
Farbabstufung	9	7	-22,2

In der vorliegenden Arbeit konnte des Weiteren das Wissen über die Wechselwirkungen zwischen dem Polymerpulver und der eingesetzten Tinten aufgebaut werden. Im Vergleich der Ergebnisse unter Variation der Haupteinflussgrößen in Block 2 und 6 wird ersichtlich, dass die

Graustufe bei der LaB_6-haltigen Tinte einen deutlich größeren Einfluss auf die Bauteileigenschaften als die Graustufe bei der rußhaltigen Tinte hat. Während die Graustufe bei Anwendung der rußhaltigen Tinte einen signifikanten Einfluss auf die Bruchdehnung sowie die Form- und Maßhaltigkeit hat, ist bei der Anwendung der LaB_6-haltigen Tinte (TM1) ein signifikanter Einfluss auf alle Bauteileigenschaften gegeben. Dies wird in der folgenden Theorie beschrieben: Bei einer niedrigen Tintenaufbringungsmenge ist der Einfluss der Partikelmenge gegenüber dem Einfluss des Trägermediums nicht relevant, da aufgrund der zu geringen Partikelmenge die Temperatur auf der zu verschmelzenden Pulverbettoberfläche nicht ausreichend ansteigt, um die maximalen mechanischen Kennwerte zu erreichen. Mit einer Erhöhung der Graustufe und somit der Partikelmenge wird die Temperatur auf der zu verschmelzenden Pulverbettoberfläche erhöht, sodass die mechanischen Eigenschaften ansteigen. Gleichzeitig ist mehr Trägermedium vorhanden, dass bei der vorherrschenden Prozesstemperatur aufgrund seines Siedepunkts besser, jedoch nicht vollständig verdunsten kann und deshalb teilweise im Bauteil verbleibt. Diese Theorie wird durch die bei hoher Temperatur eintretende gleichmäßige Versinterung und den darin erkennbaren runden Poren, die auf eine verdrängte Flüssigkeit hinweisen, in den REM-Aufnahmen der Bruchflächen bestätigt (siehe Abbildung 87 rechts). Bei einer erhöhten Tintenaufbringungsmenge wird dies zudem durch breiter werdende Seitenflächen deutlich, da die Bauteile an den Seitenflächen durch ein Fließen der Tinte aufgrund der Kapillarkräfte breiter werden (siehe Abbildung 91 GS5). Um eine Verbesserung der Verdunstung des Trägermediums und somit des Einflusses auf die Bauteileigenschaften zu erreichen, ist die Untersuchung weiterer Trägermedien mit niedrigeren Siedepunkten notwendig. Dadurch könnte die Partikelmenge an LaB_6 weiter reduziert werden, da die benötige Verdunstungsenthalpie für das Trägermedium reduziert und dadurch mehr Energie in die zu versinternde Pulverbettoberfläche eingebracht wird. Durch diese weitere Reduktion der Partikelmenge könnte der Farbgebungseinfluss im Bauteil weiter reduziert werden.

Weiterhin ist bei der Wahl des Trägermediums für eine Tinte festzuhalten, dass die Partikel entsprechend stabilisiert werden müssen. Bei der Anwendung des TM3 konnte eine starke Reduktion der Absorption festgestellt werden (siehe Tabelle 33 im Anhang A3 und Abbildung 96 im Anhang A6). Dies ist auf eine Oxidation der LaB_6-Partikel zurückzuführen. Deshalb ist für zukünftige Anwendungen verschiedener IR-Absorber die Stabilisierung im Trägermedium und bei der anschließenden Aufbringung entscheidend.

Bei der Betrachtung der Tintenherstellungskosten (benötigte IR-Absorberpartikelmenge in der Tinte) können die höheren Kosten für LaB_6-Partikel gegenüber den Kosten für Rußpartikel durch eine geringere notwendige Partikelmenge ausgeglichen werden. Unter Anwendung der gleichen Fertigungsparameter konnten bessere Bauteileigenschaften mit der LaB_6-haltigen Tinte erreicht werden. Dafür war eine LaB_6-Partikelmenge von >1,5 Gew.-% notwendig, wohingegen bei Ruß eine Partikelmenge über 5,3 Gew.-% eingesetzt wurde. Aus den eingesetzten Partikelmengen der IR-Absorber errechnet sich, dass bei Kosten für den IR-Absorber LaB_6 von 8 €/g gegenüber Kosten für den IR-Absorber Ruß von 2,5 €/g geringfügig höhere Kosten für die Herstellung der LaB_6-haltigen Tinte entstehen. Ein wirtschaftlicher Einsatz der LaB_6-Partikel als IR-Absorber ist somit gegeben.

Neben der Erfüllung der Anforderung der Tinte an die Bauteileigenschaften und die Wirtschaftlichkeit müssen für neue Tinten auch technischen Voraussetzungen der Druckeinheit (bspw.

Materialkompatibilität, Oberflächenspannung, dynamische Scherviskosität) an der HSS-Maschine erfüllt werden. In der aktuellen Konfiguration des Tintenzirkulationssystems und der Druckköpfe Xaar 1003 GS6 kann die HSS-Maschine ausschließlich Tinten auf Ölbasis verarbeiten. Die eingesetzte LaB_6-haltige Tinte erfüllt diese Voraussetzung. Für den Einsatz auf einer HSS-Maschine ist eine Reinigung der tintenführenden Komponenten und eine Anpassung der Parametrisierung des Tintenzirkulationssystems notwendig. Für die Anwendung neuer Tinten bspw. auf Wasserbasis ist die Druckeinheit und das Tintenzirkulationssystem anzupassen.

7.3.2 Einsatz weiterer IR-Strahler

Die Vermessung der IR-Strahler zeigt, dass das angegebene oder anhand der maximalen Temperatur errechnete Emissionsmaximum geringer ist als das gemessene Emissionsmaximum und somit höher ist als das gewünschte Emissionsmaximum. Für die Anwendung des IR-Absorbers LaB_6 wird ein IR-Strahler mit einem Emissionsmaximum unter 1.000 nm benötigt. Um das Emissionsmaximum zu verringern, muss eine Erhöhung der maximalen Temperatur der Heizspirale durch bspw. den Wechsel des strahlungsemittierenden Materials stattfinden. Da sich die Erhöhung der maximalen Temperatur auf die Standzeit der IR-Strahler auswirkt, gilt es zudem, den Anwendungsfall im High Speed Sintering unter wirtschaftlichen Aspekten zu bewerten. Für die Anwendung der LaB_6-haltigen Tinte gibt es derzeit keinen IR-Strahler mit optimalen Emissionsprofil und ausreichender Standzeit.

Die Bestimmung der Emissionseigenschaften verschiedener auf dem Markt erhältlicher Strahler hat gezeigt, dass sich bei den Energiequellen die Emissionsprofile deutlich voneinander unterschieden. Neben der Variation des IR-Absorbers können durch den Einsatz weiterer IR-Strahler die Prozessbedingungen beeinflusst werden. Durch eine längere Bestrahlungsdauer mit zwei hintereinander geschalteten IR-Strahlern können die Bauteileigenschaften verbessert werden. Durch ein Emissionsprofil des IR-Strahlers mit geringerem Anteil oberhalb einer Wellenlänge von 2.000 nm kann ein gezielter Energieeintrag in die bedruckten Bereiche der Pulverbettoberfläche erreicht und damit die Selektivität sowie die Ressourceneffizienz erhöht werden. Weiterhin kann durch das beschriebene Emissionsprofil die Alterung des Polymerpulvers reduziert werden. Dadurch erhöht sich die Wiederverwendbarkeit und somit ebenfalls die Ressourceneffizienz.

Für den in der vorliegenden Arbeit verwendeten IR-Absorber LaB_6 können mittels einer Modifizierung der Sinterlampe in der HSS-Maschine diese verbesserten Prozessbedingungen umgesetzt werden. Durch eine Hintereinanderschaltung zweier Ushio-IR-Strahler wird der Emissionspeak (1.025 nm) hin zum Absorptionsmaximum der LaB_6-Partikel (990 nm) verschoben. Gleichzeitig wird durch die zwei Ushio-IR-Strahler der Energieeintrag bei einer Wellenlänge von 1.000 nm ansteigen sowie ab einer Wellenlänge von 1.400 nm sinken (siehe Abbildung 92). Die Selektivität wird gesteigert, sodass weniger Energie in das Pulverbett eingetragen wird. Der resultierende Energieeintrag der zwei Ushio-IR-Strahler zwischen der Wellenlänge 400 bis 2500 nm beträgt 4,5 W/cm^2 und ist kleiner als der der HSS-Maschine. Unter Anwendung der Absorption des IR-Absorbers LaB_6 ist der Energieeintrag bis 2.000 nm um acht Prozent höher. Zudem würde die Beaufschlagung mit der elektromagnetischen Strahlung länger andauern, wodurch verbesserte Bauteileigenschaften erreicht werden.

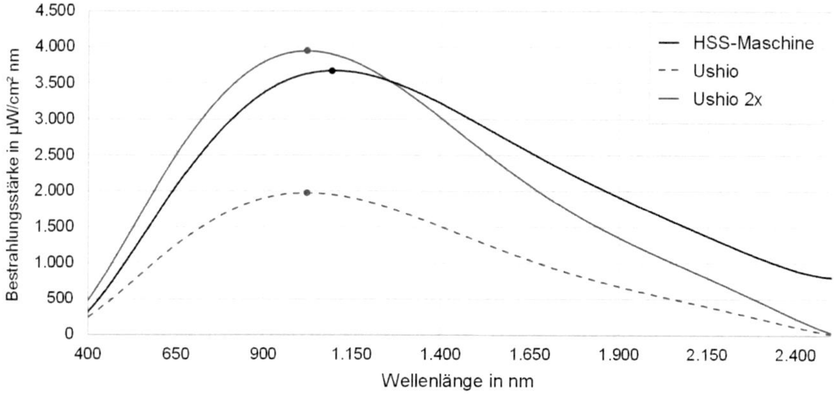

Abbildung 92: Emissionsspektrum für möglichen Einsatz von zwei Ushio-IR-Strahler

8 Schlussbetrachtung

8.1 Zusammenfassung

Im pulverbettbasierten Schmelzen von Kunststoffen kann auf ein Pulvermaterialspektrum mit gleichzeitiger hoher Materialausnutzungsrate zurückgegriffen werden. Insbesondere das High Speed Sintering eröffnet aufgrund der Nutzung eines das Pulverbett vollflächig überfahrenden IR-Strahlers eine längere Bestrahlungsdauer der Energiequelle im Vergleich zum Lasersintern, wodurch ein breites Spektrum an Pulvermaterialien im pulverbettbasierten Schmelzen von Kunststoffen verarbeitet werden kann. Gleichzeitig bietet die Anwendung eines IR-Strahler eine konstante Fertigungszeit pro Schicht für eine wirtschaftliche Skalierbarkeit zur Fertigung großvolumiger Bauteile. Demgegenüber steht der bisher ausschließliche Einsatz des IR-Absorbers Ruß, der eine graue bis dunkelgraue Färbung der Bauteile verursacht.

Um eine Möglichkeit zur Fertigung von helleren Bauteilen (geringerer Farbgebungseinfluss) zu schaffen, wurde im Rahmen der vorliegenden Arbeit ein neuer IR-Absorber für die Tinte im High Speed Sintering untersucht. Dazu wurden zunächst die Anforderungen an den IR-Absorber definiert, in Frage kommende IR-Absorbermaterialien ausgewählt und anschließend bewertet. Dabei zeigt sich in der Nutzwertanalyse der IR-Absorber LaB_6 als beste Materialalternative für die Anwendung im High Speed Sintering zur Verbesserung der Farbgebung bei dem geforderten Eigenschaftsprofil.

Der Einsatz geeigneter Messmethoden (Thermische Leistungsmessung, UV-VIS-NIR-Spektroskopie) bildete die Grundlage, um den Energieeintrag aus der eingesetzten Energiequelle und dem IR-Absorber in die zu verschmelzenden Bereiche zu berechnen. Zudem kann mit der entwickelten Berechnung der Volumenenergiedichte erstmals zu den Ergebnissen aus dem Lasersintern ein Bezug hergestellt werden. Die zu empfehlende Volumenenergiedichte des High Speed Sintering konnte bei 0,25 bis 0,35 J/mm^3 ermittelt werden (Kapitel 6.3.6) und beim Lasersintern ab 0,25 bis 0,45 J/mm^3 (Kapitel 2.3.5). Höhere Volumenenergiedichten ab 0,35 J/mm^3 verursachten beim High Speed Sintering aufgrund des flächigen Energieeintrags eine zunehmende Pulveranhaftung und damit insbesondere eine Verschlechterung der Form- und Maßhaltigkeit.

Mit der systematischen Ermittlung der Haupteinflussgrößen des High Speed Sintering konnte der IR-Absorber zielgerichtet im Fertigungsprozess untersucht werden. Die tiefgreifende Prozessanalyse der Haupteinflussgrößen mit der rußhaltigen Tinte war die Grundlage für die anschließenden Untersuchungen. Der HSS-Prozess wurde zudem auf einen selbstkonstruierten Versuchsstand nachgebildet, um eine ressourcenschonende Entwicklungsumgebung zu schaffen. Zur Einordnung der Ergebnisse von der HSS-Maschine zum Versuchsstand wurde ein Abgleich zwischen den Prozessen durchgeführt. Dabei zeigte sich, dass bei der Versinterung auf dem Versuchsstand keine direkt übertragbaren Ergebnisse auf die Versinterung in der HSS-Maschine bereitgestellt werden. Allerdings konnte mit den ersten Prüfkörpern der LaB_6-haltigen Tinte auf dem Versuchsstand eine generelle Machbarkeit für das High Speed Sintering abgeschätzt werden.

In der Validierung auf der industriellen Fertigungsmaschine voxeljet VX200 HSS konnte die Zielsetzung, eine hellere Farbgebung sowie ähnliche Bauteileigenschaften bei gleichen Fertigungsparametern zu erzielen, wie mit dem bisherigen IR-Absorber Ruß, erreicht werden. Die Bauteileigenschaften wurden bei einer LaB_6-Partikelmenge von ≥1,5 Gew.-% in der Tinte erreicht. Damit wurde gezeigt, dass der IR-Absorber LaB_6 in der Praxis im High Speed Sintering einsetzbar ist. Im Gegensatz zu Ruß hat LaB_6 zudem einen geringeren Einfluss auf die Farbgebung, was durch eine Reduzierung der IR-Absorberpartikelmenge in der Tinte erreicht wurde. Bei der ökonomischen Betrachtung kann lediglich die benötigte Partikelmenge verglichen werden, da sowohl an der HSS-Maschine als auch an den Fertigungsparameter vorgenommen werden müssen. Unter Annahme der Reduzierung der benötigten Partikelmenge von LaB_6 (1,5 Gew.-% bei 8 €/kg) um den Faktor drei gegenüber Ruß (5,3 Gew.-% bei 2,5 €/g) kann auf geringfügig höhere Kosten für die Herstellung der Tinte geschlussfolgert werden.

Mit den Messmethoden wurden abschließend weitere Einsatzmöglichkeiten von zukünftigen IR-Strahlern für LaB_6 als IR-Absorber erarbeitet. Der Einsatz der IR-Strahler kann zudem für die bisherige rußhaltige Tinte eine Weiterentwicklung des High Speed Sinterings darstellen.

8.2 Ausblick

Aufbauend auf den Ergebnissen der vorliegenden Arbeit birgt der Einsatz neuer IR-Absorber in Kombination mit abgestimmten IR-Strahlern im High Speed Sintering nicht nur Potentiale zur Verbesserung der Selektivität des Energieeintrags in die zu versinternden Pulverbettbereiche, sondern auch das Potential, die Alterung des Polymerpulvers zu reduzieren. Durch den reduzierten Energieeintrag in das Polymerpulver wird dieses weniger belastet, sodass die Pulverkuchenhärte abnimmt und somit die Bauteile schneller entpackt werden könnten. Gleichzeitig kann die geringe Belastung zu einer Erhöhung der Recyclingrate führen und das Pulver in einem Mischverhältnis von 80:20 (oder höher) von Alt- zu Neupulver anstatt derzeit von 70:30 verwendet werden.

Bei dem IR-Absorber LaB_6 ist die Größe der Partikel entscheidend für die Position des Absorptionsmaximums [HON13]. Durch Anwendung geringer Partikelgrößen besteht die Möglichkeit, den Absorptionspeak bspw. für LED-IR-Strahler mit 870 nm einzustellen und diese einsetzen zu können. Dadurch würde der Energieeintrag in das Pulverbett minimiert. Gleichzeitig weist LaB_6 bei geringeren Partikelgrößen eine höhere Absorptionsrate auf [HON13], sodass eine weitere Reduzierung der IR-Absorberpartikelmenge in der Tinte bei gleichbleibenden Bauteileigenschaften möglich wäre. Demgegenüber kann eine Vergrößerung der Oberfläche der IR-Absorber sich nachteilig für den Einfluss auf die Farbgebung auswirken.

Mit der erstmaligen Anwendung der Messmethoden für die Charakterisierung von Absorptions- und Emissionsspektren für das High Speed Sintering können weitere IR-Absorber und IR-Strahler untersucht und verglichen werden. Im Rahmen der vorliegenden Arbeit wurde der Fokus auf IR-Absorber mit einer hohen Temperaturstabilität und dem Absorptionsmaximum bei 1.050 nm gelegt. Für Verarbeitung von Polymermaterialien mit einem niedrigeren Schmelzpunkt als PA12, wie bspw. TPU bei 100 – 120 °C, besteht die Möglichkeit, organische IR-Absorber einzusetzen, da diese hierfür eine geeignete Temperaturstabilität aufweisen. Durch gezielte Kombinationen des Absorptionsspektrums von IR-Absorber und Kunststoff können neue potentielle Kunststoffe eingesetzt werden, die durch eine Selektivität zwischen den zu verarbeitenden Materialien geschaffen wird. Durch den Einsatz zweier hintereinander geschalteter IR-Strahler kann die Dauer des Energieeintrags für das Polymermaterial weiter erhöht werden. In Kombination mit einem darauf abgestimmten IR-Absorber bzw. -anteil können Polymere mit langkettigen Molekülen wie bspw. HD-PE im High Speed Sintering verarbeitet werden.

9 Conclusion

9.1 Summary

In powder bed fusion of polymers, a wide powder material spectrum with a high material utilization rate can be used. In particular, High Speed Sintering uses an IR-lamp that passes over the entire surface of the powder bed and opens up a longer irradiation time of the energy source compared to laser sintering. This enables a wide range of powder materials to be processed in the powder bed fusion of polymers. At the same time, the use of an IR-lamp offers a constant manufacturing time per layer for an economical scalability for the manufacturing of large-volume parts. In contrast, the exclusive use of the IR absorber carbon black, causes a gray to dark gray coloring of the parts.

In order to create a possibility for the manufacturing of brighter components (lower coloring influence), a new IR absorber for the ink in High Speed Sintering was investigated within the scope of the present work. For this purpose, the requirements for the IR absorber were first defined, suitable IR absorber materials were selected and then evaluated. The utility value analysis showed that the IR absorber LaB_6 is the best material alternative for use in High Speed Sintering to improve the coloring influence with the required property profile.

The use of suitable measurement methods (thermal power measurement, UV-VIS-NIR spectroscopy) provided the basis for calculating the energy input from the energy source used and the IR absorber into the areas to be fused. In addition, the developed calculation of the volume energy density can be related to the results from laser sintering for the first time. The recommended volume energy density for High Speed Sintering was determined to be 0.25 to 0.35 J/mm^3 (Chapter 6.3.6) and for laser sintering from 0.25 to 0.45 J/mm^3 (Chapter 2.3.5). Higher volume energy densities from 0.35 J/mm^3 caused increasing powder adhesion in High Speed Sintering due to the surface energy input and thus, in particular, a decrease in geometrical and dimensional accuracy.

With the systematic determination of the main influence parameters of High Speed Sintering, the IR absorber could be investigated in a focused approach to the manufacturing process. The detailed process analysis of the main influence parameters with the carbon black-containing ink was the basis for the subsequent investigations. The HSS process was also replicated on a self-constructed test rig to create a resource-saving development environment. To classify the results from the HSS machine to the test rig, a comparison was made between the processes. This showed that no directly transferable results are provided for sintering on the test rig to sintering in the HSS machine. However, with the first test specimens of the LaB_6-containing ink on the test rig, a general feasibility for High Speed Sintering could be estimated.

In the validation on the industrial production machine voxeljet VX200 HSS, the objectives of a brighter coloring and similar component properties with the same manufacturing parameters as with the previous IR absorber carbon black were achieved. The part properties were achieved at a LaB_6 particle amount of ≥1.5 wt% in the ink. It was demonstrated that the LaB_6 IR absorber can be used in High Speed Sintering in practice. In contrast to carbon black, LaB_6 also has a lower influence on coloring, which was achieved by reducing the amount of IR absorber particles in the ink. In the economic analysis, only the required particle quantity can be compared because no changes to the HSS machine and the manufacturing parameters have to be done. Therefore, assuming a reduction of the required particle quantity of LaB_6 (1.5 wt% at 8 €/kg) by a factor of three compared to carbon black (5.3 wt% at 2.5 €/g), it can be concluded that the costs to produce the ink are insignificantly higher.

Finally, the measurement methods were used to identify further possible applications of potential IR-lamps for LaB_6 as IR absorbers in the future. The use of IR-lamps also represents a development of High Speed Sintering for the existing carbon black-containing ink.

9.2 Outlook

Based on the results of the present work, the use of new IR absorbers in a combination with matched IR-lamps in High Speed Sintering not only has the potential to improve the selectivity of the energy input into the powder bed areas to be sintered, but also the potential to reduce the aging of the polymer powder. The reduced energy input into the polymer powder puts less stress on it, so that the powder cake hardness decreases and thus the parts could be unpacked faster. At the same time, the low stress can lead to an increase in the recycling rate. This results in a powder mixing ratio of 80:20 (or higher) of old to new powder instead of the current 70:30.

In the case of the LaB_6 IR absorber, the size of the particles is decisive for the location of the absorption maximum [HON13]. By using small particle sizes, it is possible to set the absorption peak for LED IR-lamps with 870 nm and to use these. This would minimize the energy input into the powder bed. At the same time, LaB_6 exhibits a higher absorption rate at smaller particle sizes [HON13], so that a further reduction in the amount of IR absorber particles in the ink would be possible while maintaining the same part properties. In contrast, an increase in the surface area of the IR absorbers can be negative for the influence on the coloring.

With the first application of the measurement methods for the characterization of absorption and emission spectra for High Speed Sintering, further IR absorbers and IR-lamps can be investigated and compared. In the present work, the focus was on IR absorbers with a high temperature stability and the absorption maximum at 1,050 nm. For the processing of polymer materials with a lower melting point than PA12, such as TPU at 100 – 120 °C, it is possible to use organic IR absorbers, since they exhibit suitable temperature stability. By selectively combining the absorption spectrum of IR absorber and polymer, new potential plastics can be used, which is created by selectivity between the materials to be processed. By using two IR-lamps in series, the duration of the energy input for the polymer material can be further increased. In combination with a suitable IR absorber or component, polymers with long-chain molecules such as HD-PE can be processed in High Speed Sintering.

Abkürzungsverzeichnis

Abkürzung	Begriff
2WE	Zweifachwechselwirkungseffekt
3WE	Dreifachwechselwirkungseffekt
4WE	Vierfachwechselwirkungseffekt
Ag	Silber
AM	Additive Manufacturing (engl.; Additive Fertigung)
ATO	Antimony Doped Tin Oxide (engl.; Antimondotiertes Zinnoxid)
Au	Gold
BaB_6	Bariumhexaborid
CaB_6	Calciumhexaboridium
CeB_6	Cerhexaborid
$CsWO_3$	Cäsium dotiertes Wolframoxid
Cu	Kupfer
CuS	Kupfersulfid
$Cu_3(PO_4)_2$	Kupferhydroxidphosphat
CNF	Carbon Nano Fiber (engl.; Kohlenstoffnanofaser)
CNT	Carbon Nano Tube (engl.; Kohlenstoffnanoröhrchen)
DoE	Design of Experiments (engl.; statistische Versuchsplanung)
DSC	Dynamische Differenzkalorimetrie
ETD	Everhart-Thornley Detektor
F	Forderung
FP	Filterpapier
GdB_6	Gadoliniumhexaborid
GHS	Globally Harmonised System
GS	Graustufe
HCU	Heat Control Unit
HE	Haupteffekt
HSS	High Speed Sintering
HV	High Speed Sintering Maschinen-Versuch
IR	Infrarot
K	Kosten
LaB_6	Lanthanhexaborid
LAPS	Large Area Projection Sintering
LED	Light Emitting Diodes
LG	Sinterlampengeschwindigkeit
LL	Sinterlampenleistung
LS	Lasersintern
MJF	Multi Jet Fusion
MWCNT	Multi Walled Carbon Nano Tube (engl.; mehrwandiges Kohlenstoffnanoröhrchen)
NdB_6	Neodymiumhexaborid
NIR	Nahes Infrarot
PA	Polyamid
PBF	Powder Bed Fusion (engl.; pulverbettbasiertes Schmelzen)
PBF-P	Powder Bed Fusion of Polymers (engl.; pulverbettbasiertes Schmelzen von Polymeren)
PBT	Polybutylenterephthalat
PE-HD	Polyethylen mit hoher Dichte

Abkürzung	Begriff
PEBA	Polyetherblockamid
PEEK	Polyetheretherketon
PET	Polyethylenterephthalat
PI	Polyimid
PMMA	Polymethylmethacrylat
PP	Polypropylen
PrB_6	Praseodymiumhexaborid
PS	Polystyrol
PLL	Pre-Sinterlampenleistung
RAM	Radiation Absorbing Material (engl.; strahlungsabsorbierendes Material)
REM	Rasterelektronenmikroskop
SAF	Selective Absorption Fusion
SC	Screening
SD	Schichtdicke
SHS	Selective Heat Sintering
SiO_2	Siliziumdioxid
SIS	Selective Inhibition Sintering
SmB_6	Samariumhexaborid
SMS	Selective Mask Sintering
SnO_2	Zinnoxid
SrB_6	Strontiumhexaborid
SWCNT	Single Walled Carbon Nano Tube (engl.; einwandiges Kohlenstoffnanoröhrchen)
TE	Temperatur Entnahme
TGA	Thermogravimetrische Analyse
TM	Trägermedium
TP	Temperatur Pulverbett
TPE	Thermoplastisches Elastomer
TR	Temperatur Recoater
UHMWPE	Ultra High Molecular Weight Polyethylen
UV	Ultraviolett
VIS	Visible Light (engl.; sichtbar)
VV	Versuchsstand-Versuch
W	Wunsch
WE	Wechselwirkungseffekt
YB_6	Yttriumhexaborid

Formelzeichenverzeichnis

Formelzeichen	Einheit	Beschreibung
A	m^2	Oberfläche der Partikel in einem Voxel
A_{TS}	mm^2	Oberfläche des thermischen Sensors
b_I	mm	Ist-Wert der Breite des Dichteprüfkörpers
b_S	mm	Soll-Wert der Breite des Dichteprüfkörpers
c_0	m/s	Lichtgeschwindigkeit im Vakuum
$d\phi$	W	Wärmestrom
E_A	J/mm^2	Flächenenergiedichte auf der Pulverbettoberfläche
$E_{A,HSS}$	J/mm^2	Flächenenergiedichte im High Speed Sintering
E_S	$\mu W/cm^2\,nm$	Bestrahlungsstärke des IR-Strahlers
E_{TS}	J/mm^2	Flächenenergiedichte thermischer Sensor
E_V	J/mm^3	Volumenenergiedichte
E_λ	$W/m^2\,nm$	Spektrale Bestrahlungsstärke des IR-Strahlers
EAV	W/m^2	Energy Absorption Value
$grad\ T$	K/m	Vektor des Temperaturgradienten
g_i		Gewichtungsfaktor
Gwg_j		Gesamtwert einer Variante j
h	J s	Planck-Konstante
h_I	mm	Ist-Wert der Höhe des Dichteprüfkörpers
h_L	mm	Hatchabstand
h_S	mm	Soll-Wert der Höhe des Dichteprüfkörpers
k		Anzahl der Faktoren
k_B	J/K	Boltzmann-Konstante
l_I	mm	Ist-Wert der Länge des Dichteprüfkörpers
l_S	mm	Soll-Wert der Länge des Dichteprüfkörpers
L_S	mm	IR-Strahlerlänge
m	g	Masse
M	W/m^2	Spezifische Ausstrahlung
M_D	%	Maßhaltigkeit des Dichteprüfkörpers
M_e	W/m^2	Spezifische Ausstrahlung des realen Körpers
$M_{e,s}$	W/m^2	Spezifische Ausstrahlung des schwarzen Körpers
$M_{\lambda,s}$	$W/m^2\,\mu m$	Spektral spezifische Ausstrahlung des schwarzen Strahlers
n		Anzahl der Faktorstufen
$\dot{q}_K$	W/m^2	Wärmestromdichte durch Konvektion
$\dot{q}_{K,MU}$	W/m^2	Konvektion Schmelze-Umgebung
$\dot{q}_{K,MZ}$	W/m^2	Konvektion Schmelze-Zwischenräume
$\dot{q}_{K,PU}$	W/m^2	Konvektion Partikel-Umgebung
$\dot{q}_{K,PZ}$	W/m^2	Konvektion Pulver-Zwischenräume
$\dot{q}_L$	W/m^2	Wärmestromdichte durch Wärmeleitung
$\dot{q}_{L,M}$	W/m^2	Wärmeleitung in der Schmelze
$\dot{q}_{L,MB}$	W/m^2	Wärmeleitung Schmelze-Pulverbett
$\dot{q}_{L,L}$	W/m^2	Wärmeleitung zwischen den Schichten
$\dot{q}_{L,P}$	W/m^2	Wärmeleitung im Partikel
$\dot{q}_{L,PW}$	W/m^2	Wärmeleitung an die Wände
$\dot{q}_{L,PP}$	W/m^2	Wärmeleitung zwischen den Partikeln
$\dot{q}_S$	W/m^2	Wärmestromdichte durch Wärmestrahlung
$\dot{q}_{S,MB}$	W/m^2	Wärmestrahlung Schmelze-Pulverbett
$\dot{q}_{S,MU}$	W/m^2	Wärmestrahlung Schmelze-Umgebung
$\dot{q}_{S,PP}$	W/m^2	Wärmestrahlung zwischen den Partikeln
$\dot{q}_{S,PU}$	W/m^2	Wärmestrahlung Partikel-Umgebung
$\dot{q}_{W,FP}$	W/m^2	Wärmestrom Bauplattform-Partikel
$\dot{q}_{W,OP}$	W/m^2	Wärmestrom Overheadstrahler-Partikel
$\dot{q}_{W,SA}$	W/m^2	Wärmestrom Sinterlampe-Absorber

Formelzeichen	Einheit	Beschreibung
$\dot{q}_{W,SP}$	W/m^2	Wärmestrom Sinterlampe-Partikel
$\dot{q}_{W,WP}$	W/m^2	Wärmestrom Wand-Partikel
Q_A	J	Absorbierte und übertragene Wärme des IR-Absorbers an das Polymerpulver
Q_L	J	Wärme an die umgebene Luft
Q_P	J	Absorbierte und übertragene Wärme des Polymerpulvers
Q_S	J	Emittierte Wärmeenergie des IR-Strahlers
Q_U	J	Wärme an das umgebene unbedruckte Polymerpulver
P	%	Leistungsgrad des IR-Strahlers
P_L	W	Laserleistung
P_S	W	IR-Strahlerleistung
P_S	J	Gemessene Leistung der Sinterlampe
r_D	m	Abstand des IR-Strahlers zum Detektor der Spektroskopie
r_P	m	Abstand des IR-Strahlers zur Pulverbettoberfläche
s	mm	Schichtdicke
T	K	Temperatur des schwarzen Körperss
T_1	K	Oberflächentemperatur des Körpers 1
T_2	K	Oberflächentemperatur des Körpers 2
v	m/s	Geschwindigkeit des IR-Strahlers
v_L	mm/s	Scangeschwindigkeit
v_S	mm/s	IR-Strahlergeschwindigkeit
V	cm^3	Volumen
w	m	Höhe eines Voxels
w_{ij}		Ermittelter Teilwert jeder Anforderung i einer Variante j
wg_{ij}		Gewichteter Teilwert jeder Anforderung i einer Variante j
X_C	%	Kristallinität
z		Anzahl der Versuche
α		Absorptionsgrad
$\alpha_{A,R}$	%	Durchschnittliche Absorption des IR-Absorbers Ruß
α_i	%	Durchschnittliche Absorption IR-Absorbers LaB_6
α_λ	%	Absorption des IR-Absorbers oder Polymerpulvers
α_W	$W/m^2\,K$	Wärmeübergangskoeffizient
β		Einfallswinkel
ΔH_m	J/g	Schmelzenthalpie des Materials
${\Delta H_m}^0$	J/g	Schmelzenthalpie des 100 % kristallinen Materials
ΔT	K	Temperaturdifferenz
ε_{12}		Strahlungsaustauschkoeffizient
η_{TS}	%	Wirkungsgrad des thermischen Sensors
Θ_C	°	Kontaktwinkel
λ	µm	Emittierte Wellenlänge
λ_{max}	µm	Wellenlänge mit der maximalen spezifischen Ausstrahlung
λ_W	W/m K	Wärmeleitfähigkeit
ρ	g/cm^3	Bauteildichte
ϱ		Reflexionsgrad
σ	W/m^2K^4	Stefan-Boltzmann-Konstante
τ		Transmissionsgrad
ϕ_a		Absorbierte Strahlungsleistung
ϕ_e		Einfallende Strahlungsleistung
ϕ_r		Reflektierte Strahlungsleistung
ϕ_t		Transmittierte Strahlungsleistung

Abbildungsverzeichnis

Tabellenverzeichnis

Literaturverzeichnis

[3DS19] 3D Systems: *Material Selection Guide for Selective Laser Sintering – SLS*, 2019.

[ABE11] Abele, Eberhard: *Zukunft der Produktion: Herausforderungen, Forschungsfelder, Chancen:* Carl Hanser Verlag. Hanser, München, 2011. ISBN 9783446428058.

[ADA12] Adachi, Kenji; Asahi, Tsuyoshi. *Activation of plasmons and polarons in solar control cesium tungsten bronze and reduced tungsten oxide nanoparticles [online]*. In: Journal of Materials Research, Jg. 27(6), S. 965–970, 2012. ISSN 0884-2914. doi: 10.1557/jmr.2012.25.

[ADA10] Adachi, Kenji; Miratsu, Mitsunobu; Asahi, Tsuyoshi. *Absorption and scattering of near-infrared light by dispersed lanthanum hexaboride nanoparticles for solar control filters [online]*. In: Journal of Materials Research, Jg. 25(3), S. 510–521, 2010. ISSN 0884-2914. doi: 10.1557/JMR.2010.0075.

[ADV22a] Advanced Ceramic Materials: *Cerium Hexaboride Powder, CeB6 Powder.* Verfügbar unter: https://www.preciseceramic.com/products/cerium-hexaboride-ceb6-powder/, [Zuletzt geprüft: 10. April 2022].

[ADV22b] Advanced Ceramic Materials: *Lanthanum Boride Powder, LaB6 Powder.* Verfügbar unter: https://www.preciseceramic.com/products/lanthanum-hexaboride-lab6-powder/, [Zuletzt geprüft: 10. April 2022].

[AGI22] Agilent Technologies Inc.: *High-Performance UV-Vis, Cary 5000 UV-Vis-NIR spectrophotometer.* Verfügbar unter: https://www.agilent.com/en/product/molecular-spectroscopy/uv-vis-uv-vis-nir-spectroscopy/uv-vis-uv-vis-nir-systems/cary-5000-uv-vis-nir?gclid=CjwKCAjwu_mSBhAYEiwA5BBmf-rLj8NmlvtHZfl5gUmwCu314Lx4Fky6bkhP3j-pg6yynGENhJKrSBoCroMQAvD_BwE&gclsrc=aw.ds#literature, [Zuletzt geprüft: 19. April 2022].

[ALB22a] ALB Materials Inc: *Lanthanum Hexaboride (LaB6) Nanopowder.* Verfügbar unter: https://www.alb-materials.com/nano-materials/1574-lanthanum-hexaboride-lab6-nanopowder-80nm-999.html, [Zuletzt geprüft: 3. April 2022].

[ALB22b] ALB Materials Inc: *Praseodymium Hexaboride (PrB6) Powder.* Verfügbar unter: https://www.alb-materials.com/rare-earth-materials/979-praseodymium-hexaboride-prb6-powder-12008-27-4.html, [Zuletzt geprüft: 9. April 2022].

[ALB22c] ALB Materials Inc: *Cerium Hexaboride (CeB6) Powder.* Verfügbar unter: https://www.albmaterials.com/rare-earth-materials/978-cerium-hexaboride-ceb6-powder-12008-02-5.html, [Zuletzt geprüft: 10. April 2022].

[ALF22a] Alfa Aesar: *Calcium Hexaboride.* Verfügbar unter: https://www.alfa.com/de/search/?q=calcium+hexaboride, [Zuletzt geprüft: 9. April 2022].

[ALF22b] Alfa Aesar: *Copper(II) phosphate.* Verfügbar unter: https://www.alfa.com/de/catalog/A17360/, [Zuletzt geprüft: 9. April 2022].

[ALI22] Alibaba: *High Purity And Quality Lab6 Powder Lanthanum Boride Powder.* Verfügbar unter: https://www.alibaba.com/product-detail/High-Purity-and-Quality-LaB6-Powder_1600464786358.html?spm=a2700.galleryofferlist.normal_offer.d_title.161a143cI2659J, [Zuletzt geprüft: 9. April 2022].

[ALM96] Almond, D.; Patel, Pravin; Patel, P.: *Photothermal Science and Techniques.* Springer Science & Business Media, 1996. ISBN 978-0-412-57880-9.

[ALS00] Alscher, Gabriele: *Das Verhalten teilkristalliner Thermoplaste beim Lasersintern.* Dissertation, Universität-GH Essen, 2000.

[AME21a] American Elements: *Safety Data Sheet - Calcium Boride,* 2021.

[AME21b] American Elements: *Safety Data Sheet - Cerium Boride,* 2021.

[AME21c] American Elements: *Safety Data Sheet - Lanthanium Hexaboride Nanoparticles,* 2021.

[AME22a] American Elements: *Carbon Black Nanoparticles / Nanopowder,* 2022. Verfügbar unter: https://www.americanelements.com/carbon-black-nanoparticles-nanopowder-1333-86-4, [Zuletzt geprüft: 3. April 2022].

[AME22b] American Elements*: Safety Data Sheet - Carbon Black Nanopowder,* 2022.

[AME22c] American Elements*: Safety Data Sheet - Copper Phosphate,* 2022.

[AME22d] American Elements*: Sicherheitsdatenblatt Kupfer(II)-sulfid,* 2022.

[AME22e] American Elements: *Gold Nanorods.* Verfügbar unter: https://www.americanelements.com/gold-nanorods-7440-57-5, [Zuletzt geprüft: 9. April 2022].

[AME22f] American Elements: *Lanthanum Hexaboride Nanoparticles.* Verfügbar unter: https://www.americanelements.com/lanthanum-hexaboride-nanoparticles-12008-21-8, [Zuletzt geprüft: 9. April 2022].

[AMP22] AM Polymers GmbH: *Powder Materials 4.0,* 4. Januar 2022. Verfügbar unter: https://www.am-polymers.de/, [Zuletzt geprüft: 4. Januar 2022].

[ANA16] Anandalakshmi, K.; Venugobal, J.; Ramasamy, V. *Characterization of silver nanoparticles by green synthesis method using Pedalium murex leaf extract and their antibacterial activity [online].* In: Applied Nanoscience, Jg. 6(3), S. 399–408, 2016. ISSN 2190-5509. doi: 10.1007/s13204-015-0449-z.

[APR17] aprentas (Hrsg.): *Laborpraxis Band 4: Analytische Methoden.* Springer International Publishing, Cham, 2017. ISBN 978-3-0348-0971-9 978-3-0348-0972-6.

[AVA22] Avantes BV: *Produktübersicht.* Verfügbar unter: https://www.avantes.com/products/, [Zuletzt geprüft: 13. Mai 2022].

[BAE13] Baehr, Hans; Stephan, Karl: *Wärme- und Stoffübertragung:*8. Aufl. 2013. Springer Berlin Heidelberg, Berlin, Heidelberg, 2013. ISBN 9783642365584.

[BAL11] Balasubramanian, Kannan; Burghard, Marko. *Chemie des Graphens [online].* In: Chemie in unserer Zeit, Jg. 45(4), S. 240–249, 2011. ISSN 00092851. doi: 10.1002/ciuz.201100550.

[BAO16a] Bao, Lihong; Qi, Xiaoping; Tana, Tana; Chao, Lumen; Tegus, O. *Effects of induced optical tunable and ferromagnetic behaviors of Ba doped nanocrystalline LaB_6 [online].* In: Physical Chemistry Chemical Physics, Jg. 18(28), S. 19165–19172, 2016. ISSN 1463-9076. doi: 10.1039/C6CP03022J.

[BAO16b] Bao, Lihong; Qi, Xiaoping; Tana, Tana; Chao, Luomeng; Tegus, O. *Synthesis, and magnetic and optical properties of nanocrystalline alkaline-earth hexaborides [online].* In: CrystEngComm, Jg. 18(7), S. 1223–1229, 2016. ISSN 1466-8033. doi: 10.1039/C5CE02060C.

[BAR07] Barszcz, B.; Bogucki, A.; Laskowska, B.; Ion, R.; Graja, A. *Spectral Investigations of Fullerene-Porphyrin Complexes [online].* In: Acta Physica Polonica A, Jg. 112(Supplement), S-143-S-152, 2007. ISSN 0587-4246. doi: 10.12693/APhysPolA.112.S-143.

[BAS05] BASF AG*: Verfahren zum Schweißverbinden von Kunststoffteilen,* Erfinder: Arno Böhm; Andreas Haas; Werner Rautenberg; Michel Sieffert, DE 10 2004 018 547 A1.

[BAS22] BASF 3D Pringing Solutions GmbH: *Ultrasint® Powders for Powder Bed Fusion (PBF),* 4. Januar 2022. Verfügbar unter: https://forward-am.com/material-portfolio/ultrasint-powders-for-powder-bed-fusion-pbf/, [Zuletzt geprüft: 4. Januar 2022].

[BAU15] Baumers, M.; Tuck, C.; Hague, R.*: Selective Heat Sintering Versus Laser Sintering: Comparison of Deposition Rate, Process Energy Consumption and Cost Performance*. In: International Solid Freeform Fabrication Symposium, 2015.

[BEL98] Bellehumeur, C.; Kontopoulou, Marianne; Vlachopoulos, J. *The role of viscoelasticity in polymer sintering [online].* In: Rheologica Acta, Jg. 37(3), S. 270–278, 1998. ISSN 0035-4511. doi: 10.1007/s003970050114.

[BHA20] Bharaj, Karan; Paul, Sourabh; Mumtaz, Kamran; Chisholm, Michael; Hopkinson, Neil. *Fabricating poly(methyl methacrylate) parts using high-speed sintering [online].* In: Proceedings of the Institution of Mechanical Engineers, Part B: Journal of Engineering Manufacture, Jg. 234(1-2), S. 118–125, 2020. ISSN 0954-4054. doi: 10.1177/0954405419851690.

[BLA12] Blattmeier, Monika: *Strukturanalyse von lasergesinterten Schichtverbunden mit werkstoffmechanischen Methoden.* Springer Vieweg, Wiesbaden, 2012. SpringerLink Bücher. ISBN 978-3-8348-2500-1.

[BOA89] Board of Regents, The University of Texas System, Austin, Tex.: *Method and apparatus for producing parts by selective sintering,* Erfinder: C. Deckard, United States Patent US4863538 A.

[BÖC17] Böckh, Peter; Wetzel, Thomas: *Wärmeübertragung.* Springer Berlin Heidelberg, Berlin, Heidelberg, 2017. ISBN 978-3-662-55479-1.

[BRE13] Breuninger, Jannis; Becker, Ralf; Wolf, Andreas; Rommel, Steve; Verl, Alexander: *Generative Fertigung mit Kunststoffen.* Springer Berlin Heidelberg, Berlin, Heidelberg, 2013. ISBN 978-3-642-24324-0.

[BRO18] Brown, R.; Morgan, C.; Majewski, C.: *Not Just Nylon... Improving the Range of Materials for High Speed Sintering.* In: Solid Freeform Fabrication 2018: Proceedings of the 29th Annual International Solid Freeform Fabrication Symposium – An Additive Manufacturing Conference, S. 1487–1498, 2018.

[BRÜ61] Brügel, Werner: *Physik und Technik der Ultrarotstrahlung.* Curt R. Vincentz, Hannover, 1961.

[BUR93] Burns, Marshall: *Automated fabrication: Improving productivity in manufacturing.* PTR Prenrice Hall, Englewood Cliffs, N.J, 1993. ISBN 0131194623.

[CAN21] Cannamela, Madeleine: *Magnetic Properties of Polymer Nanocomposite Materials Prepared using Multi Jet Fusion 3D Printing Methods*. Masterarbeit, Oregon State University, 2021.

[CAS13] Castro, Ricardo; van Benthem, Klaus: *Sintering: Mechanisms of convention, nanodensification and field assisted processes.* Springer, Berlin, 2013. Engineering materials, Bd. 35. ISBN 978-3-642-31008-9.

[CDB22] CD Bioparticles: *Basic Gold Nanorods.* Verfügbar unter: https://www.cd-bioparticles.com/product/basic-gold-nanorods-list-182.html, [Zuletzt geprüft: 3. April 2022].

[CHA19] Chatham, Camden; Long, Timothy; Williams, Christopher. *A review of the process physics and material screening methods for polymer powder bed fusion additive manufacturing [online].* In: Progress in Polymer Science, Jg. 93, S. 68–95, 2019. ISSN 00796700. doi: 10.1016/j.progpolymsci.2019.03.003.

[CHE13] Chemische Fabrik Budenheim KG: *Dotiertes Kupfer-II-Hydroxid-Phosphat, Verfahren zu dessen Herstellung und Verwendung,* Erfinder: Rüdiger Wissemborski; Esther Sauer; Rainer Schnee; Moritz Fichtmüller; Robert Vogt; David Kümmet, Anmeldung: 11.11.2013, DE 10 2013 112 387 B3.

[CHI99] Childs, T.; Berzins, M.; Ryder, G.; Tontowi, A. *Selective laser sintering of an amorphous polymer—simulations and experiments [online].* In: Proceedings of the Institution of Mechanical Engineers, Part B: Journal of Engineering Manufacture, Jg. 213(4), S. 333–349, 1999. ISSN 0954-4054. doi: 10.1243/0954405991516822.

[CHO11] Chowdhury, F.; Choudhury, S.; Hasan, F.; Begum, T. *Optical Properties of Undoped and Indium-doped Tin Oxide Thin Films [online].* In: undefined, 2011. Verfügbar unter: https://www.semanticscholar.org/paper/Optical-Properties-of-Undoped-and-Indium-doped-Tin-Chowdhury-Choudhury/d584577e4229db02a057a27504671444a47a5894.

[CHU17] Chua, Chee; Leong, Kah: *3D printing and additive manufacturing: Principles and applications:* (The 5th edition of Rapid prototyping: principles and applications). World Scientific, New Jersey, 2017. ISBN 978-981-3146-75-4.

[COV21] Covestro AG: *Powder Bed Fusion - We're growing a portfolio of powder materials,* 30. Dezember 2021. Verfügbar unter: https://am.covestro.com/en_US/products/powder-bed-fusion.html, [Zuletzt geprüft: 30. Dezember 2021].

[CRA18a] Craft, Garrett: *Characterization of Nylon-12 in a Novel Additive Manufacturing Technology, and the Rheological and Spectroscopic Analysis of PEG-Starch Matrix Interactions.* Dissertation, University of South Florida, 2018.

[CRA18b] Craft, Garrett; Nussbaum, Justin; Crane, Nathan; Harmon, J. *Impact of extended sintering times on mechanical properties in PA-12 parts produced by powderbed fusion processes [online].* In: Additive Manufacturing, Jg. 22, S. 800–806, 2018. ISSN 22148604. doi: 10.1016/j.addma.2018.06.028.

[DEC86] Deckard, C.: *Part generation by layerwise selective sintering*. M.Sc. Thesis, University of Texas at Austin, 1986.

[DEC88] Deckard, C.: *Selective Laser Sintering*. Doctoral Thesis, University of Texas at Austin, 1988.

[DIA22] Diamond Plastics GmbH: *Produkte*, 4. Januar 2022. Verfügbar unter: https://diamond-plastics.de/produkte/, [Zuletzt geprüft: 4. Januar 2022].

[DIN82] DIN Deutsches Institut für Normung e. V.: *DIN 4760:1982-06: Gestaltabweichungen: Begriffe, Ordnungssystem*, 1982.

[DIN98] DIN Deutsches Institut für Normung e. V.: *DIN EN ISO 4288:1998-04: Geometrische Produktspezifikation (GPS) - Oberflächenbeschaffenheit: Tastschnittverfahren - Regeln und Verfahren für die Beurteilung der Oberflächenbeschaffenheit (ISO_4288:1996)*, 1998.

[DIN03] DIN Deutsches Institut für Normung e. V.: *DIN 8580:2003-09: Fertigungsverfahren- Begriffe, Einteilung*, 2003.

[DIN08] DIN Deutsches Institut für Normung e. V.: *DIN EN ISO 291:2008-08: Kunststoffe - Normalklimate für Konditionierung und Prüfung (ISO_291:2008)*, 2008.

[DIN12a] DIN Deutsches Institut für Normung e. V.: *DIN EN ISO 17450-1:2012-04: Geometrische Produktspezifikation (GPS) - Grundlagen - Teil 1: Modell für die geometrische Spezifikation und Prüfung (ISO_17450-1:2011)*, 2012.

[DIN12b] DIN Deutsches Institut für Normung e. V.: *DIN EN ISO 527-2:2012-06: Kunststoffe - Bestimmung der Zugeigenschaften - Teil 2: Prüfbedingungen für Form- und Extrusionsmassen (ISO 527-2:2012)*, 2012.

[DIN14] DIN Deutsches Institut für Normung e. V.: *DIN EN ISO 11358-1:2014-10: Kunststoffe - Thermogravimetrie (TG) von Polymeren - Teil 1: Allgemeine Grundsätze (ISO 11358-1:2014)*, 2014.

[DIN16] DIN Deutsches Institut für Normung e. V.: *DIN EN ISO 25178-1:2016-12, Geometrische Produktspezifikation_(GPS)_- Oberflächenbeschaffenheit: Flächenhaft_- Teil_1: Angabe von Oberflächenbeschaffenheit (ISO_25178-1:2016); Deutsche Fassung EN_ISO_25178-1:2016*, 2016.

[DIN17] DIN Deutsches Institut für Normung e. V.: *DIN EN ISO 11357-1:2017-02: Kunststoffe - Dynamische Differenz-Thermoanalyse (DSC) - Teil 1: Allgemeine Grundlagen (ISO 11357-1:2016)*, 2017.

[DIN18] DIN Deutsches Institut für Normung e. V.: *DIN EN ISO 11357-3:2018-07: Kunststoffe - Dynamische Differenz-Thermoanalyse (DSC) - Teil 3: Bestimmung der Schmelz- und Kristallisationstemperatur und der Schmelz- und Kristallisationsenthalpie (ISO 11357-3:2018)*, 2018.

[DIN19a] DIN Deutsches Institut für Normung e. V.: *DIN EN ISO 527-1:2019-12: Kunststoffe - Bestimmung der Zugeigenschaften - Teil 1: Allgemeine Grundsätze (ISO 527-1:2019)*, 2019.

[DIN19b] DIN Deutsches Institut für Normung e. V.: *DIN EN ISO 527-3:2019-02: Kunststoffe - Bestimmung der Zugeigenschaften - Teil 3: Prüfbedingungen für Folien und Tafeln (ISO 527-3:2018)*, 2019.

[DIN20a] DIN Deutsches Institut für Normung e. V.: *DIN EN ISO/ASTM 52902:2020-05: Additive Fertigung - Testkörper - Allgemeine Leitlinie für die Bewertung der geometrischen Leistung additiver Fertigungssysteme (AM-Systeme)*, 2020.

[DIN20b] DIN Deutsches Institut für Normung e. V.: *DIN EN ISO/ASTM 52924:2020-05: Additive Fertigung - Qualifizierungsgrundsätze - Güteklassen für additiv gefertigte Kunststoffbauteile*, 2020.

[DIN22] DIN Deutsches Institut für Normung e. V.: *DIN EN ISO/ASTM 52900:2022-03: Additive Fertigung - Grundlagen - Terminologie (ISO/ASTM DIS 52900:2022)*, 2022.

[DOM12] Domininghaus, Hans: *Kunststoffe: Eigenschaften und Anwendungen*. Springer Berlin Heidelberg, Berlin, Heidelberg, 2012. ISBN 978-3-642-16172-8 978-3-642-16173-5.

[DRU14] Drummer, Dietmar; Wudy, Katrin; Drexler, Maximilian. *Influence of Energy Input on Degradation Behavior of Plastic Components Manufactured by Selective Laser Melting [online]*. In: Physics Procedia, Jg. 56, S. 176–183, 2014. ISSN 18753892. doi: 10.1016/j.phpro.2014.08.160.

[EHR03] Ehrenstein, Gottfried; Riedel, Gabriela; Trawiel, Pia: *Praxis der thermischen Analyse von Kunststoffen*:2., völlig überarb. Aufl. Hanser, München, 2003. ISBN 3-446-22340-1.

[EHR20] Ehrenstein, Gottfried: *Thermische Analyse: Brandprüfung, Wärme- und Temperaturleitfähigkeit, DSC, DMA, TMA.* Hanser, München, 2020. Erlanger Kunststoff-Schadensanalyse. ISBN 978-3-446-46424-7.

[ELL14a] Ellis, Adam; Noble, Christopher; Hartley, Liam; Lestrange, Charis; Hopkinson, Neil; Majewski, Candice. *Materials for high speed sintering [online].* In: Journal of Materials Research, Jg. 29(17), S. 2080–2085, 2014. ISSN 0884-2914. doi: 10.1557/jmr.2014.156.

[ELL14b] Ellis, Adam; Noble, Christopher; Hopkinson, Neil. *High Speed Sintering: Assessing the influence of print density on microstructure and mechanical properties of nylon parts [online].* In: Additive Manufacturing, Jg. 1-4, S. 48–51, 2014. ISSN 22148604. doi: 10.1016/j.addma.2014.07.003.

[ELL15] Ellis, Adam; Hartley, Liam; Hopkinson, Neil. *Effect of Print Density on the Properties of High Speed Sintered Elastomers [online].* In: Metallurgical and Materials Transactions A, Jg. 46(9), S. 3883–3886, 2015. ISSN 1073-5623. doi: 10.1007/s11661-015-2833-4.

[ELL17] Ellis, Adam*: High Speed Sintering: The Next Generation of Manufacturing. In:* (Hrsg.) Magdassi, Shlomo; Kamyshny, Alexander: *Nanomaterials for 2D and 3D Printing,* S. 107-118, Weinheim, Germany, Wiley-VCH Verlag GmbH & Co. KGaA, 2017.

[EOS22] EOS GmbH: *Plastic 3D Printing Materials,* 4. Januar 2022. Verfügbar unter: https://www.eos.info/en/additive-manufacturing/3d-printing-plastic/sls-polymer-materials, [Zuletzt geprüft: 4. Januar 2022].

[EVO21] Evonik Industries AG: *HSS - We boost the chemistry of high-performance polymers and additives into ready-to-use 3D printing materials,* 30. Dezember 2021. Verfügbar unter: https://3d-printing.evonik.com/en/additive-manufacturing-technologies/powder-bed-fusion/high-speed-sintering, [Zuletzt geprüft: 30. Dezember 2021].

[FAH17] Fahad, Muhammad; Hopkinson, Neil. *Evaluation and comparison of geometrical accuracy of parts produced by sintering-based additive manufacturing processes [online].* In: The International Journal of Advanced Manufacturing Technology, Jg. 88(9-12), S. 3389–3394, 2017. ISSN 0268-3768. doi: 10.1007/s00170-016-9036-z.

[FIS22] Fischer Scientific: *Calciumborid, 99.5%.* Verfügbar unter: https://www.fishersci.de/shop/products/calcium-boride-99-5-3/p-7051655#?keyword=, [Zuletzt geprüft: 9. April 2022].

[FOX18] Fox, Luke*: Investigation into the Use of Polypropylene in High Speed Sintering*. Doctoral Thesis, The University of Sheffield, 2018.

[FOX15] Fox, Luke; Ellis, Adam; Hopkinson, Neil*: Use of an Alternative Ink in the High Speed Sintering Process.* In: Solid Freeform Fabrication Proceedings, 2015.

[FRI13] Frick, Achim; Stern, Claudia: *DSC-Prüfung in der Anwendung:*2., aktualisierte und erw. Aufl. Carl Hanser Verlag, München, 2013. Hanser eLibrary. ISBN 9783446436923.

[FUN22a] Funcmater: *Copper(II) phosphate Powder.* Verfügbar unter: https://www.funcmater.com/copper-ii-phosphate-cu3-po4-2-powder.html?gclid=EAIaIQob-ChMI7o78qIfu9gIV25BoCR0zIghnEAAYBCAAEgJabvD_BwE, [Zuletzt geprüft: 9. April 2022].

[FUN22b] Funcmater: *Lanthanum Boride Powder.* Verfügbar unter: https://www.funcmater.com/lanthanum-boride-lab6-powder.html, [Zuletzt geprüft: 9. April 2022].

[GEB13] Gebhardt, Andreas: *Generative Fertigungsverfahren: Additive Manufacturing und 3D Drucken für Prototyping - Tooling - Produktion:*4. Aufl. Carl Hanser Verlag, München, 2013. ISBN 3446436510.

[GER96] German, Randall: *Sintering theory and practice.* Wiley, New York, 1996. A Wiley interscience publication. ISBN 047105786X.

[GHO07] Ghosh, Sujit; Pal, Tarasankar. *Interparticle Coupling Effect on the Surface Plasmon Resonance of Gold Nanoparticles: From Theory to Applications [online].* In: Chemical reviews, Jg. 107(11), S. 4797–4862, 2007. doi: 10.1021/cr0680282.

[GIB21] Gibson, Ian; Rosen, David; Stucker, Brent; Khorasani, Mahyar: *Additive Manufacturing Technologies:*3rd ed. Springer, Cham, 2021. ISBN 9783030561277.

[GOG80] Gogolewski, S.; Czerntawska, K.; Gastorek, M. *Effect of annealing on thermal properties and crystalline structure of polyamides. Nylon 12 (polylaurolactam) [online].* In: Colloid and Polymer Science, Jg. 258(10), S. 1130–1136, 1980. ISSN 0303-402X. doi: 10.1007/BF01382456.

[GRI19] Griesinger, Andreas: *Wärmemanagement in der Elektronik: Theorie und Praxis.* Springer Berlin Heidelberg, Berlin, Heidelberg, 2019. ISBN 978-3-662-58681-5 978-3-662-58682-2.

[HAD18] Haddad, N.; Ayadi, Z.; Djessas, K. *Synthesis and characterization of antimony doped tin oxide aerogel nanoparticles using a facile sol–gel method [online].* In: Journal of Materials Science: Materials in Electronics, Jg. 29(1), S. 721–729, 2018. ISSN 0957-4522. doi: 10.1007/s10854-017-7965-4.

[HÄD06] Hädener, Alfons; Kaufmann, Heinz: *Grundlagen der organischen Chemie:*11., überarbeitete und erweiterte Auflage. Birkhäuser Basel, Basel, 2006. Springer eBook Collection. ISBN 9783764374204.

[HAN11] Han, Dongxiao; Meng, Zhaoguo; Wu, Daxiong; Zhang, Canying; Zhu, Haitao. *Thermal properties of carbon black aqueous nanofluids for solar absorption [online].* In: Nanoscale Research Letters, Jg. 6(457), S. 7, 2011. ISSN 1556-276X. doi: 10.1186/1556-276X-6-457.

[HÄN01] Hänsch, Dirk*: Die optischen Eigenschaften von Polymeren und ihre Bedeutung für das Durchstrahlschweißen mit Diodenlaser.* Dissertation, RWTH Aachen, 2001.

[HEY05] He, You; Liu, Shao; Kong, Ling; Liu, Zhong. *A study on the sizes and concentrations of gold nanoparticles by spectra of absorption, resonance Rayleigh scattering and resonance non-linear scattering [online].* In: Spectrochimica Acta Part A: Molecular and Biomolecular Spectroscopy, Jg. 61(13-14), S. 2861–2866, 2005. ISSN 13861425. doi: 10.1016/j.saa.2004.10.035.

[HEE22a] Heeger Materials Inc: *Cerium Boride / Cerium Hexaboride (CeB6) Powder.* Verfügbar unter: https://heegermaterials.com/cerium/1214-cerium-boride-cerium-hexaboride-ceb6-powder.html, [Zuletzt geprüft: 9. April 2022].

[HEE22b] Heeger Materials Inc: *Lanthanum Boride / Lanthanum Hexaboride (LaB6) Powder.* Verfügbar unter: https://heegermaterials.com/lanthanum/1213-lanthanum-boride-lanthanum-hexaboride-lab6-powder.html, [Zuletzt geprüft: 9. April 2022].

[HER16] Hering, Ekbert; Martin, Rolf; Stohrer, Martin: *Physik für Ingenieure.* Springer Berlin Heidelberg, Berlin, Heidelberg, 2016. ISBN 978-3-662-49354-0.

[HER18] Hering, Ekbert; Schönfelder, Gert: *Sensoren in Wissenschaft und Technik: Funktionsweise und Einsatzgebiete:*2., überarbeitete und aktualisierte Auflage: Springer Fachmedien Wiesbaden. Springer Fachmedien Wiesbaden GmbH, Wiesbaden, 2018. ISBN 978-3-658-12561-5.

[HEW17] Hewlett Packard*: HP Multi Jet Fusion technology: A disruptive 3D printing technology for a new era of manufacturing*. Technisches White Paper, 2017.

[HEW19] Hewlett Packard*: Sicherheitsdatenblatt V1Q63Series - Fusing Agent,* 2019.

[HEW21] Hewlett Packard: *HP Portfolio von Materialien für den 3D-Druck – Erweitern Sie Ihre Möglichkeiten,* 30. Dezember 2021. Verfügbar unter: https://www.hp.com/de-de/printers/3d-printers/materials.html, [Zuletzt geprüft: 30. Dezember 2021].

[HEW22] Hewlett Packard: *The HP Multi Jet Fusion Handbook.* Verfügbar unter: https://reinvent.hp.com/us-en-3dprint-mjfhandbook, [Zuletzt geprüft: 25. Februar 2022].

[HOC01] Ho, Chung-hong: *Properties and morphological development of laser sintered polycarbonate and its composites.* The University of Hong Kong Libraries, 2001.

[HON13] HONG, Yuan; ZHANG, Xiaosong; LI, Bo; LI, Mengzhen; SHI, Qingliang; WANG, Youwei; LI, Lan. *Size dependent optical properties of LaB6 nanoparticles enhanced by localized surface plasmon resonance [online].* In: Journal of Rare Earths, Jg. 31(11), S. 1096–1101, 2013. ISSN 10020721. doi: 10.1016/S1002-0721(12)60410-4.

[HOP09] Hopkinson, N.; Majewski, C.; Zarringhalam, H. *Quantifying the degree of particle melt in Selective Laser Sintering ® [online].* In: CIRP Annals, Jg. 58(1), S. 197–200, 2009. ISSN 00078506. doi: 10.1016/j.cirp.2009.03.001.

[HOP04] Hopkinson, Neil; Erasenthiran, Poonjolai*: High Speed Sintering – Early Research into a New Rapid Manufacturing Process,* 2004.

[HOP17] Hopkinson, Neil; Smith, Patrick*: Industrial 3D Inkjet Printing/Additive Manufacturing. In:* (Hrsg.) Zapka, Werner: *Handbook of industrial inkjet printing. A full system approach : Volume 1 & 2,* S. 649-660, Weinheim, Wiley-VCH, 2017. ISBN 9783527687169.

[IFA20] IFA Institut für Arbeitsschutz der Deutschen Gesetzlichen Unfallversicherung: *Das GHS-Spaltenmodell 2020*, 2020.

[JAI08] Jain, Prashant; Huang, Xiaohua; El-Sayed, Ivan; El-Sayed, Mostafa. *Noble Metals on the Nanoscale: Optical and Photothermal Properties and Some Applications in Imaging, Sensing, Biology, and Medicine [online]*. In: Accounts of Chemical Research, Jg. 41(12), S. 1578–1586, 2008. ISSN 0001-4842. doi: 10.1021/ar7002804.

[JOA21] Joachim Herz Stiftung: *Temperaturstrahlung und Strahlungsgesetze LEIFIphysik*. In: Temperaturstrahlung und Strahlungsgesetze, 2021. Verfügbar unter: https://www.leifiphysik.de/optik/elektromagnetisches-spektrum/ausblick/temperaturstrahlung-und-strahlungsgesetze.

[KAD10] Kaddar, Wesam: *Die generative Fertigung mittels Laser-Sintern: Scanstrategien, Einflüsse verschiedener Prozessparameter auf die mechanischen und optischen Eigenschaften beim LS von Thermoplasten und deren Nachbearbeitungsmöglichkeiten*. Dissertation, Universität Duisburg-Essen, 2010.

[KAI11] Kaiser, Wolfgang: *Kunststoffchemie für Ingenieure: Von der Synthese bis zur Anwendung.* Carl Hanser Fachbuchverlag, s.l., 2011. ISBN 3446430474.

[KAN84] Kano, N.; Seraku, N.; Takahashi, F.; Tsuji, S. *Attractive quality and must-be quality [online]*. In: Hinshitsu (Quality, the Journal of Japanese Society for Quality Control), Jg. 14, S. 39–48, 1984. Verfügbar unter: https://ci.nii.ac.jp/naid/10025070768/.

[KAN05] Kang, Suk-Joong: *Sintering: Densification, Grain Growth, and Microstructure.* Elsevier Science & Technology, Oxford, 2005. ISBN 978-0-7506-6385-4.

[KEM21] Kemnitzer, Jan; Tarasova, Anna; Pezold, Daniel. *Fertigung funktional gradierter Bauteile im High Speed Sintering [online]*. In: maschinenbau, Jg. 1(4), S. 8–11, 2021. ISSN 2730-9835. doi: 10.1007/s44029-021-0066-4.

[KHA16] Khalil, Yas; Kowalski, Adam; Hopkinson, Neil. *Influence of energy density on flexural properties of laser-sintered UHMWPE [online]*. In: Additive Manufacturing, Jg. 10, S. 67–75, 2016. ISSN 22148604. doi: 10.1016/j.addma.2016.03.002.

[KHO03] Khoshnevis, Behrokh; Asiabanpour, Bahram; Mojdeh, Mehdi; Palmer, Kurt. *SIS – a new SFF method based on powder sintering [online]*. In: Rapid Prototyping Journal, Jg. 9(1), S. 30–36, 2003. ISSN 1355-2546. doi: 10.1108/13552540310455638.

[KLE20] Kleppmann, Wilhelm: *Versuchsplanung: Produkte und Prozesse optimieren:*10., überarbeitete Auflage. Hanser, München, 2020. Praxisreihe Qualität. ISBN 978-3-446-46397-4.

[KRU07] Kruth, J.-P.; Levy, G.; Klocke, F.; Childs, T.H.C. *Consolidation phenomena in laser and powder-bed based layered manufacturing [online]*. In: CIRP Annals, Jg. 56(2), S. 730–759, 2007. ISSN 00078506. doi: 10.1016/j.cirp.2007.10.004.

[KUM18] Kumke, Martin: *Methodisches Konstruieren von additiv gefertigten Bauteilen*. Dissertation, Technische Universität Braunschweig, 2018.

[LER09] Le Ru, Eric; Etchegoin, Pablo: *Principles of surface-enhanced Raman spectroscopy: and related plasmonic effects.* Elsevier, Amsterdam, 2009. ISBN 978-0-444-52779-0.

[LIL10] Li, Yuebin; Lu, Wei; Huang, Qian; Li, Chun; Chen, Wei. *Copper sulfide nanoparticles for photothermal ablation of tumor cells [online]*. In: Nanomedicine, Jg. 5(8), S. 1161–1171, 2010. ISSN 1743-5889. doi: 10.2217/nnm.10.85.

[LIZ17] Li, Qidong; Zhao, Yanming; Fan, Qinghua; Han, Wei. *Synthesis of one-dimensional rare earth hexaborides nanostructures and their optical absorption properties [online]*. In: Ceramics International, Jg. 43(14), S. 10715–10719, 2017. ISSN 02728842. doi: 10.1016/j.ceramint.2017.05.035.

[MAJ07] Majewski, Candice; Hobbs, B.; Hopkinson, Neil. *Effect of bed temperature and infra-red lamp power on the mechanical properties of parts produced using high-speed sintering [online]*. In: Virtual and Physical Prototyping, Jg. 2(2), S. 103–110, 2007. ISSN 1745-2759. doi: 10.1080/17452750701520915.

[MAJ08a] Majewski, C.; Oduye, D.; Thomas, H.; Hopkinson, N. *Effect of infra-red power level on the sintering behaviour in the high speed sintering process [online]*. In: Rapid Prototyping Journal, Jg. 14(3), S. 155–160, 2008. ISSN 1355-2546. doi: 10.1108/13552540810878012.

[MAJ08b] Majewski, C.; Zarringhalam, H.; Hopkinson, N. *Effect of the degree of particle melt on mechanical properties in selective laser-sintered Nylon-12 parts [online].* In: Proceedings of the Institution of Mechanical Engineers, Part B: Journal of Engineering Manufacture, Jg. 222(9), S. 1055–1064, 2008. ISSN 0954-4054. doi: 10.1243/09544054JEM1122.

[MAR17] Mary Ealias, Anu; Saravanakumar, M. *A review on the classification, characterisation, synthesis of nanoparticles and their application [online].* In: IOP Conference Series: Materials Science and Engineering, Jg. 263, S. 32019, 2017. ISSN 1757-8981. doi: 10.1088/1757-899X/263/3/032019.

[MAT22] MaTecK GmbH: *Calcium boride.* Verfügbar unter: https://mateck.com/calcium-boride.html, [Zuletzt geprüft: 9. April 2022].

[MAT18] Mattox, Tracy; Urban, Jeffrey. *Tuning the Surface Plasmon Resonance of Lanthanum Hexaboride to Absorb Solar Heat: A Review [online].* In: Materials (Basel, Switzerland), Jg. 11(12), 2018. ISSN 1996-1944. doi: 10.3390/ma11122473.

[MER10] Merck Patent GmbH*: Infrarotabsorbierende Druckfarben,* Erfinder: Reinhold Rueger; Mattias Kuntz, WO2010037456A1.

[MER22a] Merck - Sigma-Aldrich: *Gold Nanorods.* Verfügbar unter: https://www.sigmaaldrich.com/DE/de/product/aldrich/900364#productDetailSafetyRelatedDocs, [Zuletzt geprüft: 3. April 2022].

[MER22b] Merck - Sigma-Aldrich: *Lanthanhexaborid powder, 10μm, 95%.* Verfügbar unter: https://www.sigmaaldrich.com/DE/de/product/aldrich/241857, [Zuletzt geprüft: 9. April 2022].

[MOE14] Moeller, Elvira (Hrsg.): *Handbuch Konstruktionswerkstoffe: Auswahl, Eigenschaften, Anwendung:*2., überarb. Aufl. Hanser, München, 2014. ISBN 978-3-446-43590-2 978-3-446-43169-0.

[MUR09] Murayama, Haruno; Hashimoto, Naomi; Tanaka, Hideki. *Ag triangular nanoplates synthesized by photo-induced reduction: Structure analysis and stability [online].* In: Chemical Physics Letters, Jg. 482(2-6), S. 291–295, 2009. doi: 10.1016/j.cplett.2009.10.015.

[NAJ18] Najafianpour, Negar; Dorranian, Davoud. *Properties of graphene/Au nanocomposite prepared by laser irradiation of the mixture of individual colloids [online].* In: Applied Physics A, Jg. 124(12), 2018. ISSN 1432-0630. doi: 10.1007/s00339-018-2236-7.

[NAN22a] Nano Powder: *Lanthanum Hexaboride (LaB6) Micron Powder, High Purity: 99.99%, Size: 1.5-18 μm.* Verfügbar unter: https://powdernano.com/product/lanthanum-hexaboride-lab6-micron-powder-high-purity-99-99-size-1-5-18-%C2%B5m/, [Zuletzt geprüft: 9. April 2022].

[NAN22b] Nanochemazone: *Lanthanum Hexaboride (LaB6) Micron Powder.* Verfügbar unter: https://www.nanochemazone.com/product/lanthanum-hexaboride-lab6-powder/, [Zuletzt geprüft: 9. April 2022].

[NAN22c] nanoComposix: *NanoXact Gold Nanorods – Bare (Citrate).* Verfügbar unter: https://nanocomposix.com/collections/gold-nanorods/products/nanoxact-gold-nanorods-bare-citrate?variant=15906876883033, [Zuletzt geprüft: 3. April 2022].

[NAN22d] Nanografi Nano Technology: *Conductive Carbon Black Nanopowder/Nanoparticles.* Verfügbar unter: https://nanografi.com/nanoparticles/conductive-carbon-black-nanopowder-nanoparticles-size-20-nm/, [Zuletzt geprüft: 9. April 2022].

[NAN22e] Nanografi Nano Technology: *Lanthanum Hexaboride (LaB6) Micron Powder, High Purity: 99.99%, Size: 1.5-18 μm.* Verfügbar unter: https://nanografi.com/microparticles/lanthanum-hexaboride-lab6-micron-powder-high-purity-99-99-size-1-5-18-m/, [Zuletzt geprüft: 9. April 2022].

[NAN22f] NanoHybrids: *CTAB Stabilized Gold NanoRods.* Verfügbar unter: https://nanohybrids.net/products/gold-nanorods-1, [Zuletzt geprüft: 9. April 2022].

[NAN22g] Nanomaterial Powder: *Lanthanum Hexaboride (LaB6) Micron Powder.* Verfügbar unter: https://nanomaterialpowder.com/nano-material/microparticles/compound-micron-powder/lanthanum-hexaboride-lab6-micron-powder/, [Zuletzt geprüft: 9. April 2022].

[NAN22h] Nanopartz Inc.: *Gold Nanorods.* Verfügbar unter: https://www.nanopartz.com/bare_gold_nanorods.asp, [Zuletzt geprüft: 3. April 2022].

[NAN22i] Nanoshel a Nanotechnology Company: *Carbon Black Nanopowder.* Verfügbar unter: https://www.nanoshel.com/product/carbon-black-nanopowder, [Zuletzt geprüft: 9. April 2022].

[NAN22j] Nanoshel a Nanotechnology Company: *Gold Nanorods Sigma.* Verfügbar unter: https://www.nanoshel.com/product/gold-nanorods-sigma, [Zuletzt geprüft: 9. April 2022].

[NAN22k] Nanoshel a Nanotechnology Company: *Lanthanum Boride Powder High Purity Worldwide Shipping - Nanoshel.* Verfügbar unter: https://www.nanoshel.com/product/lanthanum-boride-powder, [Zuletzt geprüft: 9. April 2022].

[NAZ18] Nazdar*: Sicherheitsdatenblatt LMOPI11AKK ö HiRes Oil Black,* 2018.

[NEL93] Nelson, J.; Vail, N.; Barlow, J. *Laser Sintering Model for Composite Materials [online],* 1993. doi: 10.15781/T2G737N0C.

[NIK14] Nikabadi, Hossein; Shahtahmasebi, Nasser; Rokn-Abadi, Mahmood; Karimipour, Masoud; Mohagheghi, M. *Structural verification and optical characterization of SiO2–Au–Cu2O nanoparticles [online].* In: Bulletin of Materials Science, Jg. 37(3), S. 527–532, 2014. ISSN 0250-4707. doi: 10.1007/s12034-014-0699-5.

[NOB14] Noble, Christopher; Ellis, Adam; Hopkinson, Neil*: Effect of greyscale/print density on the properties of High Speed Sintering sintered Nylon 12*, S. 132–142, 2014.

[NOR18] Norazman, Farhana*: Realising the Potential of the High Speed Sintering Process for industrial Implementation*. Doctaroal Thesis, The University of Sheffield, 2018.

[NOR14] Norazman, Farhana; Hopkinson, Neil. *Effect of Sintering Parameters and Flow Agent on the Mechanical Properties of High Speed Sintered Elastomer [online].* In: Journal of Manufacturing Science and Engineering, Jg. 136(6), S. 418, 2014. ISSN 1087-1357. doi: 10.1115/1.4028482.

[NOR16] Norazman, Farhana; Smith, Patrick; Hopkinson, Neil*: Spectral Analysis of Infrared Lamps for Use in the High Speed Sintering Process*. In: 27th Annual International Solid Freeform Fabrication Symposium, S. 1670–1677, 2016.

[PAH07] Pahl, Gerhard; Beitz, Wolfgang; Feldhusen, Jörg; Grote, Karl-Heinrich: *Konstruktionslehre: Grundlagen erfolgreicher Produktentwicklung - Methoden und Anwendung:*7. Aufl. Springer, Berlin, 2007. Springer-Lehrbuch. ISBN 3540340602.

[PEZ22a] Pezold, Daniel; Schorzmann, Johann; Kaltenhauser, Miriam; Kemnitzer, Jan; Döpper, Frank*: Untersuchung des Einflusses der Tintenauftragsmenge in Abhän-gigkeit der bedruckten Fläche auf die Bauteileigenschaften im High Speed Sintering. In:* (Hrsg.) Eichmann, Michael; Kynast, Michael; Witt, Gerd: *Proceedings of the 18th Rapid.Tech 3D Conference Erfurt, Germany, 17 - 19 May 2022,* München, Carl Hanser Verlag GmbH & Co. KG, 2022. ISBN 9783446475281.

[PEZ22b] Pezold, Daniel; Wimmer, Marco; AlFayez, Fayez; Bashir, Zahir; Döpper, Frank. *Evaluation of Polyethylene Terephthalate Powder in High Speed Sintering [online].* In: Polymers, Jg. 14(10), S. 2095, 2022. doi: 10.3390/polym14102095.

[PLA22] PlasmaChem GmbH: *Carbon Materials.* Verfügbar unter: https://shop.plasmachem.com/nano-diamonds-and-carbon/46-202-carbon-black-nanopowder-ca-13-nm.html#/34-weight-50g, [Zuletzt geprüft: 3. April 2022].

[POW22] Powder Nano: *Conductive Carbon Black Nanopowder/Nanoparticles.* Verfügbar unter: https://powdernano.com/product/conductive-carbon-black-nanopowder-nanoparticles-size-20-nm/, [Zuletzt geprüft: 9. April 2022].

[QUT17] Qu, Jian; Tian, Min; Han, Xinyue; Zhang, Ruomei; Wang, Qian. *Photo-thermal conversion characteristics of MWCNT-H2O nanofluids for direct solar thermal energy absorption applications [online].* In: Applied Thermal Engineering, Jg. 124, S. 486–493, 2017. ISSN 13594311. doi: 10.1016/j.applthermaleng.2017.06.063.

[RAM11] Ramyadevi, Jeyaraman; Jeyasubramanian, Kadarkaraithangam; Marikani, Arumugam; Rajakumar, Govindasamy; Rahuman, Abdul; Santhoshkumar, Thirunavukkarasu; Kirthi, Arivarasan; Jayaseelan, Chidambaram; Marimuthu, Sampath. *Copper nanoparticles synthesized by polyol process used to control hematophagous parasites [online].* In: Parasitology Research, Jg. 109(5), S. 1403–1415, 2011. ISSN 0932-0113. doi: 10.1007/s00436-011-2387-3.

[REC11] Rechtenwald, Thomas*: Quasi-isothermes Laserstrahlsintern von Hochtemperatur-Thermoplasten-Eine Betrachtung werkstoff-und prozessspezifischer Aspekte am Beispiel PEEK*. Dissertation, Friedrich-Alexander-Universität Erlangen-Nürnberg, 2011.

[REI16] Reinhardt, Thomas: *Entwicklung einer ganzheitlichen Verfahrenssystematik bei der Qualifizierung neuer Werkstoffe für das Laser-Sintern am Beispiel Polypropylen*. Dissertation, Universität Duisburg-Essen, 2016.

[REU14] Reuter, Martin: *Methodik der Werkstoffauswahl.* Carl Hanser Verlag GmbH & Co. KG, München, 2014. ISBN 978-3-446-44144-6.

[RIE11] Rietzel, Dominik: *Werkstoffverhalten und Prozessanalyse beim Laser-Sintern von Thermoplasten,* Unrvers1tät Erlangen-Nürnberg, 2011.

[ROU16] Rouholamin, Davood; Hopkinson, Neil. *Understanding the efficacy of micro-CT to analyse high speed sintering parts [online].* In: Rapid Prototyping Journal, Jg. 22(1), S. 152–161, 2016. ISSN 1355-2546. doi: 10.1108/RPJ-03-2014-0030.

[RÜS12] Rüsenberg, S.; Weiffen, R.; Knoop, F.; Schmid, H.-J.; Gessler, M.; Pfisterer, H.: *Controlling the Quality of Laser Sintered Parts Along the Process Chain. In: : Proceedings of the 23rd International Solid Freeform Fabrication Symposium (SFF 2012),* S. 1024-1044.

[RÜS14] Rüsenberg, Stefan; Josupeit, Stefan; Schmid, Hans-Joachim. *A Method to Characterize the Quality of a Polymer Laser Sintering Process [online].* In: Advances in Mechanical Engineering, Jg. 6, S. 185374, 2014. ISSN 1687-8140. doi: 10.1155/2014/185374.

[SAN15] Santra, S.; Hu, G.; Howe, R.; Luca, A. de; Ali, S.; Udrea, F.; Gardner, J.; Ray, S.; Guha, P.; Hasan, T. *CMOS integration of inkjet-printed graphene for humidity sensing [online].* In: Scientific Reports, Jg. 5, S. 17374, 2015. ISSN 2045-2322. doi: 10.1038/srep17374.

[SAU05] Sauer, Andreas: *Optimierung der Bauteileigenschaften beim Selektiven Lasersintern von Thermoplasten.* Zugl.: Duisburg-Essen, Univ., Diss., 2005. Shaker, Aachen, 2005. Berichte aus der Fertigungstechnik. ISBN 383224428X.

[SCH02] Schmachtenberg, E.; Seul, T.: *Model of isothermic laser-sintering.* In: ANTEC - Annual Technikcal Conference, S. 3030–3034, 2002.

[SCH15a] Schmid, Manfred: *Additive Fertigung mit selektivem Lasersintern (SLS): Prozess- und Werkstoffüberblick.* Springer Vieweg, Wiesbaden, 2015. essentials. ISBN 978-3-658-12289-8.

[SCH15b] Schmid, Manfred: *Selektives Lasersintern (SLS) mit Kunststoffen: Technologie, Prozesse und Werkstoffe.* Hanser, München, 2015. ISBN 978-3-446-44550-5.

[SCH18] Schmid, Manfred: *Laser sintering with plastics: Technology, processes, and materials:* First edition. Hanser Publishers, Cincinnati, 2018. ISBN 9781569906842.

[SCH20a] Scherer, Beate; Kottenstedde, Ingo; Matysik, Frank-Michael. *Material characterization of polyamide 12 and related agents used in the multi-jet fusion process: complementary application of high-resolution mass spectrometry and other advanced instrumental techniques [online].* In: Monatshefte für Chemie - Chemical Monthly, Jg. 151(8), S. 1203–1215, 2020. ISSN 0026-9247. doi: 10.1007/s00706-020-02646-x.

[SCH20b] Schneider, Mario: *Datenanalyse für Naturwissenschaftler, Mediziner und Ingenieure:* Springer-Verlag GmbH. Springer Spektrum, Berlin, 2020. ISBN 978-3-662-61865-3.

[SEH10] Sehrt, Jan: *Möglichkeiten und Grenzen bei der generativen Herstellung metallischer Bauteile durch das Strahlschmelzverfahren,* Universität Duisburg-Essen, 2010.

[SHE00] Shen, J.; Steinberger, J.; Göpfert, J.; Gerner, R.; Daiber, F.; Manetsberger, K.; Fersti, S.: *Inhomogeneous Shrinkage of Polymer Materials in Selective Laser Sintering 298.* The University of Texas at Austin, 2000.

[SIE17] Siebertz, Karl; van Bebber, David; Hochkirchen, Thomas: *Statistische Versuchsplanung.* Springer Berlin Heidelberg, Berlin, Heidelberg, 2017. ISBN 978-3-662-55742-6.

[SIN22] Sindlhauser Materials GmbH: *Nano-scaled lanthanum hexaboride PeroLab*, [Zuletzt geprüft: 3. April 2022].

[SIN21] Singh, Anna; Maniraj, M.; Jain, Siddharth: *Classification and Synthesis of Nanoparticles: A Review. In:* (Hrsg.) Baredar, Prashant; Tangellapalli, Srinivas; Solanki, Chetan: *Advances in Clean Energy Technologies. Select Proceedings of ICET 2020,* S. 1113-1125, Singapore, Springer Singapore; Imprint Springer, 2021. ISBN 9789811602351.

[SKY22] SkySpring Nanomaterials: *Lanthanum Hexaboride Nanoparticles/Nanopowder (LaB6, 99+%, 50~80nm).* Verfügbar unter: https://ssnano.com/inc/sdetail/lanthanum_hexaboride_nanoparticles_nanopowder__lab6_nanaopowder_nanoparticles_99___50_80nm_/22915, [Zuletzt geprüft: 3. April 2022].

[SOE12] Soe, Shwe. *Quantitative analysis on SLS part curling using EOS P700 machine [online]*. In: Journal of Materials Processing Technology, Jg. 212(11), S. 2433–2442, 2012. ISSN 09240136. doi: 10.1016/j.jmatprotec.2012.06.012.

[STA11] Starr, Thomas; Gornet, Timothy; Usher, John. *The effect of process conditions on mechanical properties of laser-sintered nylon [online]*. In: Rapid Prototyping Journal, Jg. 17(6), S. 418–423, 2011. ISSN 1355-2546. doi: 10.1108/13552541111184143.

[STA21] Stanford Advanced Materials: *Cerium Hexaboride Powder (CeB6 powder).* Verfügbar unter: https://www.samaterials.com/cerium/1849-cerium-hexaboride-powder-ceb6-powder.html, [Zuletzt geprüft: 9. April 2022].

[STE01] Steinberger, Jürgen: *Optimierung des Selektiven-Laser-Sinterns zur Herstellung von Feingußteilen für die Luftfahrtindustrie*. Zugl.: München, Techn. Univ., Diss:Als Ms. gedr. VDI-Verl., Düsseldorf, 2001. Fortschritt-Berichte VDI Reihe 2, Fertigungstechnik, Bd. 573. ISBN 3183573024.

[STR15] Strem Chemicals Inc*: Sicherheitsdatenblatt Gold Nanorods,* 2015.

[STR21a] Stratasys Ltd.*: Additive Manufacturing on a New Level - Get Higher-Volume Production With SAF 3D Printing Technology,* 2021.

[STR21b] Stratasys Ltd.: *Stratasys offers SAF™ technology for production-scale 3D printing.* Verfügbar unter: https://www.stratasys.com/de/explore/blog/saf-technology-for-production-scale-3d-printing, [Zuletzt geprüft: 21. November 2021].

[STR21c] Stratasys Ltd.: *Hochergiebiges PA11.* Verfügbar unter: https://www.stratasys.com/de/materials/search/pa11, [Zuletzt geprüft: 30. Dezember 2021].

[STR22] Strem Chemicals: *Gold Nanorads.* Verfügbar unter: https://www.strem.com/catalog/index.php?x=0&y=0&keyword=gold+nanorods&page_function=keyword_search, [Zuletzt geprüft: 9. April 2022].

[SUN14] Sun, Jibin; Lu, Xiaofeng; Ishikawa, Manabu; Nakano, Yoshiaki; Zhang, Shangxi; Zhao, Jinlian; Shao, Yongliang; Wang, Zhaohui; Yamochi, Hideki; Shao, Xiangfeng. *Inclusion complexes of fullerenes with flexible tetrathiafulvalene derivatives bearing four aryls through sulfur bridges [online]*. In: J. Mater. Chem. C, Jg. 2(38), S. 8071–8076, 2014. ISSN 2050-7526. doi: 10.1039/C4TC01362J.

[TAK08] Takeda, Hiromitsu; Kuno, Hiroko; Adachi, Kenji. *Solar Control Dispersions and Coatings With Rare-Earth Hexaboride Nanoparticles [online]*. In: Journal of the American Ceramic Society, Jg. 91(9), S. 2897–2902, 2008. ISSN 00027820. doi: 10.1111/j.1551-2916.2008.02512.x.

[TEL07] Telle, Rainer; Hermann Salmang; Horst Scholze (Hrsg.): *Keramik:*7., vollständig neubearb. und erw. Aufl. Springer, Berlin, 2007. ISBN 3-540-63273-5.

[THO10] Thomas, Helen*: The construction and testing of an IR absorption metric for high speed sintering*. Doctoral Thesis, Loughborough University, 2010.

[THO06] Thomas, Helen; Hopkinson, Neil; Erasenthiran, Poonjolai. *High Speed Sintering – Continuing research into a new Rapid Manufacturing process [online],* 2006. doi: 10.26153/TSW%2F7172.

[THO22] Thorlabs Inc.: *Handheld Optical Power and Energy Meter Console with Multi-Touch Technology,* [Zuletzt geprüft: 11. Mai 2022].

[THU11] Thuselt, Frank: *Physik der Halbleiterbauelemente: Einführendes Lehrbuch für Ingenieure und Physiker:*2. Aufl. Springer, Berlin, 2011. ISBN 3642200311.

[TUE13] Tuersun, Paerhatijiang; Han, Xiang'e. *Optical absorption analysis and optimization of gold nanoshells [online]*. In: Applied Optics, Jg. 52(6), S. 1325, 2013. ISSN 1559-128X. doi: 10.1364/AO.52.001325.

[USR22a] US Research Nanomaterials, Inc.: *Conductive Carbon Black Nanopowder / Nanoparticles.* Verfügbar unter: https://www.us-nano.com/inc/sdetail/4156, [Zuletzt geprüft: 3. April 2022].

[USR22b] US Research Nanomaterials, Inc.: *Calcium Boride Powder / CaB6 Powder.* Verfügbar unter: https://www.us-nano.com/inc/sdetail/25188, [Zuletzt geprüft: 10. April 2022].

[VAR88] Vargas, H.; Miranda, L.C.M. *Photoacoustic and related photothermal techniques [online]*. In: Physics Reports, Jg. 161(2), S. 43–101, 1988. ISSN 03701573. doi: 10.1016/0370-1573(88)90100-7.

[VAS12] Vasquez, Mike*: Analysis and Development of New Materials for Polymer Laser Sintering*. Doktorarbeit, Loughborough University, 2012.

[VDI98] VDI VEREIN DEUTSCHER INGENIEURE E.V.: *VDI 2225 Blatt 3:1998-11: Konstruktionsmethodik - Technisch-wirtschaftliches Konstruieren - Technisch-wirtschaftliche Bewertung*, 1998.

[VDI13] VDI-Gesellschaft Verfahrenstechnik und Chemieingenieurwesen: *VDI-Wärmeatlas: Mit 320 Tabellen:*11., bearb. und erw. Aufl.: VEREIN DEUTSCHER INGENIEURE; VDI-Gesellschaft Verfahrenstechnik und Chemieingenieurwesen. Springer Vieweg, Berlin, 2013. VDI-Buch. ISBN 978-3-642-19980-6.

[VDI14] VDI VEREIN DEUTSCHER INGENIEURE E.V.: *VDI 3405:2014-12: Additive Fertigungsverfahren - Grundlagen, Begriffe, Verfahrensbeschreibungen*, 2014.

[VDI19] VDI VEREIN DEUTSCHER INGENIEURE E.V., VDI-Richtlinie: *VDI 2221 Blatt 2:2019-11: Entwicklung technischer Produkte und Systeme - Gestaltung individueller Produktentwicklungsprozesse*, 2019.

[VDI21] VDI VEREIN DEUTSCHER INGENIEURE E.V.: *VDI 3405 Blatt 6.2: Additive Fertigungsverfahren - Anwendersicherheit beim Betrieb der Fertigungsanlagen - Laser-Sintern von Kunststoffen*, 2021.

[VOX15a] voxeljet AG*: Verfahren und Vorrichtung zum Herstellen von 3D-Formteilen mit Schichtaufbautechnik und steuerbarer Pulverwalze*, Erfinder: Ingo Ederer; Daniel Günther; Christoph Scheck; Lisa Brüller, DE 10 2015 016 464 A1.

[VOX15b] voxeljet AG*: Verfahren und Vorrichtung zum Herstellen von 3D-Formteilen mit Schichtaufbautechnik*, Erfinder: Ingo Ederer; Daniel Günther; Christoph Scheck; Johannes Günther, DE 10 2015 006 533 A1.

[VOX17] Voxeljet AG*: VOXELJET VERÖFFENTLICHT NEUE 3D-DRUCK TECHNOLOGIE: High Speed Sintering Prozess für die Herstellung von Endprodukten*, 2017.

[VOX18] Voxeljet AG*: Sicherheitsdaten 1000000285 - HSS Tinte Typ B*, 2018.

[VOX19] Voxeljet AG: *VX200 HSS - Original Betriebsanleitung*, 2019.

[VOX21] Voxeljet AG: *VX200 HSS - The 3D printing system for plastics | voxeljet.* Verfügbar unter: https://www.voxeljet.com/industrial-3d-printer/prototyping/vx200-hss/, [Zuletzt geprüft: 24. September 2021].

[VOX22] Voxeljet AG: *HSS Material Network – Proof of Concept High Density Polyethylen (HDPE).* Verfügbar unter: https://www.voxeljet.de/case-studies/konsumgueter/hss-material-network-proof-of-concept-hdpe/, [Zuletzt geprüft: 7. März 2022].

[WAN20] Wang, Yue; Xu, Zhiyao; Wu, Dingdi; Bai, Jiaming. *Current Status and Prospects of Polymer Powder 3D Printing Technologies [online]*. In: Materials (Basel, Switzerland), Jg. 13(10), 2020. ISSN 1996-1944. doi: 10.3390/ma13102406.

[WEG13] Wegner, Andreas; Witt, Gerd*: Ursachen für eine mangelnde Reproduzierbarkeit beim Laser-Sintern von Kunststoffbauteilen*. In: RTejournal - Forum für Rapid Technologie, 2013.

[WEG15a] Wegner, Andreas*: Theorie über die Fortführung von Aufschmelzvorgängen als Grundvoraussetzung für eine robuste Prozessführung beim Laser-Sintern von Thermoplasten*. Dissertation, Universität Duisburg-Essen, 2015.

[WEG15b] Wegner, Andreas; Witt, Gerd*: Understanding the decisive thermal processes in laser sintering of polyamide 12. In:* , S. 160004, AIP Publishing LLC, 2015.

[WEN22] Wencke, Yannick; Luinstra, Gerrit; Duchateau, Rob; Proes, Friedrich; Imgrund, Philipp; Evenson, Jonathan; Emmelmann, Claus. *Disentangled UHMWPE@silica powders for potential use in power bed fusion based additive manufacturing [online]*. In: European Polymer Journal, Jg. 163, S. 110936, 2022. ISSN 00143057. doi: 10.1016/j.eurpolymj.2021.110936.

[WES06] Westkämper, Engelbert: *Einführung in die Organisation der Produktion*. Springer-Verlag, Berlin, Heidelberg, 2006, ISBN 9783540260394..

[WIL97] Wilkening, Christian*: Lasersintern als Rapid Prototyping Verfahren: Möglichkeiten und Grenzen*. Dissertation, München, 1997.

[WIL98] Williams, John; Deckard, Carl. *Advances in modeling the effects of selected parameters on the SLS process [online]*. In: Rapid Prototyping Journal, Jg. 4(2), S. 90–100, 1998. ISSN 1355-2546. doi: 10.1108/13552549810210257.

[WIL21a] Williams, Rhys; Al-Dirawi, Karrar; Brown, Ryan; Burt, Jennifer; Bayly, Andrew; Majewski, Candice. *Correlations between powder wettability and part colour in the High Speed Sintering process [online]*. In: Additive Manufacturing, Jg. 47, S. 102361, 2021. ISSN 22148604. doi: 10.1016/j.addma.2021.102361.

[WIL21b] Williams, Rhys; Smith, Patrick; Majewski, Candice. *Is ink heating a relevant concern in the High Speed Sintering process? [online]*. In: The International Journal of Advanced Manufacturing Technology, Jg. 40(1), S. 395, 2021. ISSN 0268-3768. doi: 10.1007/s00170-020-06508-y.

[WIM06] Wimpenny, David; Banerjee, Soumya. *Selective Infrared Sintering of Polymeric Powders using Radiant IR Heating & Ink Jet Printing [online]*. In: 2006 International Solid Freeform Fabrication Symposium, 2006. doi: 10.26153/tsw/7182.

[WIT19] Wittkopf, Jarrid; Erickson, Kris; Olumbummo, Paul; Hartman, Aja; Tom, Howard; Zhao, Lihua. *3D Printed Electronics with Multi Jet Fusion [online]*. In: NIP & Digital Fabrication Conference, Jg. 2019(1), S. 29–33, 2019. ISSN 2169-4451. doi: 10.2352/ISSN.2169-4451.2019.35.29.

[WOH22] Wohlers, Terry; Campbell, Robert; Diegel, Olaf; Kowen, Joseph: *Wohlers report 2022: 3D printing and additive manufacturing global state of the industry,* 2022. ISBN 978-0-9913332-9-5.

[XAA16] Xaar Plc: *Xaar 1003 UV User Manual:*Version 7, 2016.

[XIA11] Xiao, Lihua; Su, Yuchang; Chen, Hongyang; Jiang, Min; Liu, Sainan; Hu, Zexing; Liu, Ruifeng; Peng, Ping; Mu, Yuanlong; Zhu, Diya. *Study on the electronic structure and the optical performance of YB6 by the first-principles calculations [online]*. In: AIP Advances, Jg. 1(2), S. 22140, 2011. ISSN 21583226. doi: 10.1063/1.3602854.

[XIA12] Xiao, Lihua; Su, Yuchang; Zhou, Xiaozhong; Chen, Hongyan; Tan, Jiang; Hu, Te; Yan, Jian; Peng, Ping. *Origins of high visible light transparency and solar heat-shielding performance in LaB_6 [online]*. In: Applied Physics Letters, Jg. 101(4), S. 41913, 2012. ISSN 0003-6951. doi: 10.1063/1.4733386.

[ZAR07] Zarringhalam, Hadi*: Investigation into Crystallinity and Degree of Particle Melt in selective laser sintering*. Doctaral thesis, Loughborough University, 2007.

[ZAR09] Zarringhalam, Hadi; Majewski, Candice; Hopkinson, Neil. *Degree of particle melt in Nylon-12 selective laser-sintered parts [online]*. In: Rapid Prototyping Journal, Jg. 15(2), S. 126–132, 2009. ISSN 1355-2546. doi: 10.1108/13552540910943423.

[ZHU20a] Zhu, Zicheng; Lou, Shan; Majewski, Candice. *Characterisation and correlation of areal surface texture with processing parameters and porosity of High Speed Sintered parts [online]*. In: Additive Manufacturing, Jg. 36, S. 1–20, 2020. ISSN 22148604. doi: 10.1016/j.addma.2020.101402.

[ZHU20b] Zhu, Zicheng; Majewski, Candice. *Understanding pore formation and the effect on mechanical properties of High Speed Sintered polyamide-12 parts: A focus on energy input [online]*. In: Materials & Design, Jg. 194, S. 1–16, 2020. ISSN 02641275. doi: 10.1016/j.matdes.2020.108937.

[ZIA19] Ziaee, Mohsen; Hershman, Rebecca; Mahmood, Ayesha; Crane, Nathan. *Fabrication of Demineralized Bone Matrix/Polycaprolactone Composites Using Large Area Projection Sintering (LAPS) [online]*. In: Journal of Manufacturing and Materials Processing, Jg. 3(2), S. 30, 2019. doi: 10.3390/jmmp3020030.

Anhang

A1 Standardparameter HSS-Maschine

Parameter	Wert
Prozesstemperatur in °C	173
Recoatertemperatur in °C	130
Jobbox Wand °C	140
Jobbox Bodenplatte °C	175
Sinterlampenleistung in %	100
Sinterlampengeschwindigkeit in m/s	0,15
Startschichten	100
Schichtdicke in mm	0,08

Parameter	Wert
Recoaterspalt in mm	3
Recoatervibrationsintensität in %	85
Recoaterauffüllzyklus in Schichten	5
Pre-Sinterlampengeschwindigkeit/ Recoatergeschwindigkeit in m/s	0,15
Druckkopfgeschwindigkeit in m/s	0,39
Graustufe	3
Deckschichten	30

A2 Flächenenergiedichtemessung

Tabelle 31: Gemessene Flächenenergiedichten der Sinterlampe in J/mm²

		Sinterlampengeschwindigkeit in m/s								
		0,03	**0,05**	**0,07**	**0,09**	**0,11**	**0,13**	**0,15**	**0,17**	**0,19**
Sinterlampenleistung in %	**10**	0,006	0,005	0,002	0,001	0,001	0,001	0,001	0,000	0,000
	20	0,018	0,014	0,008	0,005	0,005	0,004	0,003	0,003	0,002
	30	0,040	0,027	0,018	0,013	0,011	0,008	0,007	0,006	0,006
	40	0,066	0,045	0,030	0,022	0,018	0,015	0,013	0,011	0,010
	50	0,103	0,066	0,044	0,033	0,028	0,022	0,019	0,016	0,016
	60	0,137	0,086	0,058	0,044	0,036	0,029	0,025	0,022	0,020
	70	0,165	0,100	0,070	0,052	0,042	0,035	0,030	0,026	0,023
	80	0,185	0,109	0,077	0,058	0,047	0,039	0,033	0,029	0,026
	90	0,200	0,114	0,081	0,062	0,050	0,042	0,035	0,031	0,028
	100	0,208	0,115	0,081	0,063	0,051	0,042	0,036	0,032	0,028

A3 Absorptionswerte zur Berechnung der Flächenenergiedichte

Tabelle 32: Durchschnittliche Absorption von Ruß für Block 1–3

Graustufe	**1**	**2**	**3**	**4**	**5**	**6**
Absorption in %	56,04	65,86	71,66	75,25	78,31	80,53

Tabelle 33: Gewichtete Absorption von LaB_6 für Block 4

Trägermedium	**TM1**	**TM2**	**TM3**
Absorption in %	33,21	33,35	28,36

Tabelle 34: Gewichtete Absorption von LaB_6 für Block 5

Partikelmenge in Gew.-%	**<0,5**	**0,5 - <1,0**	**1,0 - <1,5**	**≥1,5**
Absorption in %	33,21	36,87	43,58	49,83

Tabelle 35: Gewichtete Absorption von LaB_6 für Block 6

Graustufe	**1**	**2**	**3**	**4**	**5**	**6**
Absorption in %	26,68	36,47	42,89	43,41	47,72	50,07

A4 Ergebnisse der Blöcke 1–6

Tabelle 36: Ergebnisse Block 1

Nr.	**Bauteil-dichte** in g/cm³	**Zugfestigkeit 1A** in MPa		**E-Modul 1A** in MPa		**Bruchdehnung 1A** in %		**Zugfestigkeit 1BA** in MPa	
		MW	STABW	MW	STABW	MW	STABW	MW	STABW
SC1	1,009	47,56	0,84	1796,19	18,05	9,38	1,95	51,50	2,49
SC2	1,025	52,07	0,60	1948,17	23,10	9,46	1,58	53,37	1,10
SC3	1,017	49,99	0,79	1853,84	40,75	10,22	0,76	50,84	1,68
SC4	0,729	10,52	1,54	573,85	89,93	3,16	0,27	10,31	2,18
SC5	1,017	52,17	1,23	1892,43	20,02	12,48	2,86	52,05	1,32
SC6	0,889	19,43	1,95	981,37	56,95	3,46	0,45	22,98	2,44
SC7	1,022	48,62	0,49	1781,35	30,92	12,73	2,03	50,33	0,53
SC8	0,965	35,68	4,08	1530,41	163,50	4,62	0,18	41,74	5,05
SC9	1,026	51,68	1,25	1932,17	25,03	9,75	2,16	53,21	0,72
SC10	0,993	35,33	2,61	1548,60	93,00	4,42	0,80	42,15	1,91
SC11	1,024	47,97	2,48	1920,06	48,80	5,22	0,75	48,74	1,99
SC12	1,012	46,03	1,26	1840,58	28,67	6,32	0,53	48,99	2,59
SC13	0,953	29,33	3,13	1322,69	100,46	3,87	0,36	33,37	3,63
SC14	1,026	49,58	0,63	1831,03	35,05	13,34	0,90	51,36	1,03
SC15	1,025	48,76	0,82	1776,50	34,54	9,72	0,76	51,85	0,25
SC16	0,866	17,63	1,70	887,78	88,39	3,73	0,44	21,93	2,44
SC17	1,030	50,44	0,49	1841,31	25,17	12,29	1,67	51,98	0,81

Nr.	E-Modul 1BA in MPa		Bruchdehnung 1BA in %		Maßhaltigkeit in %	Formhaltigkeit in mm	Oberflächenrauheit in µm	
	MW	STABW	MW	STABW			MW	STABW
SC1	1838,74	88,73	13,19	1,29	0,56	0,38	20,28	3,18
SC2	1943,46	43,85	10,94	2,79	1,17	0,52	16,73	2,44
SC3	1838,08	7,02	12,03	2,43	2,50	1,69	18,45	2,80
SC4	572,04	101,26	2,72	0,43	2,32	0,85	21,06	4,21
SC5	1880,08	38,17	12,34	2,03	3,13	2,92	22,84	3,45
SC6	1085,41	94,86	3,44	0,25	1,63	0,69	20,69	5,03
SC7	1770,65	25,18	13,10	0,51	0,87	0,39	19,02	3,53
SC8	1747,56	127,06	3,98	0,59	1,62	0,35	21,59	4,48
SC9	1886,37	25,38	12,63	2,08	0,94	1,17	20,87	2,79
SC10	1746,30	46,17	5,03	0,71	1,22	0,38	16,84	3,81
SC11	1898,53	36,10	6,13	0,93	1,27	0,32	18,79	2,87
SC12	1839,21	107,43	8,87	1,66	1,16	0,25	19,16	3,54
SC13	1438,83	135,83	4,04	0,19	1,79	0,43	21,04	4,41
SC14	1831,45	43,03	14,05	1,36	0,95	0,32	17,32	2,40
SC15	1856,01	12,60	13,39	0,89	0,74	0,75	20,03	3,16
SC16	1014,70	99,15	3,73	0,15	2,06	0,49	21,15	4,09
SC17	1844,83	25,98	13,61	1,64	0,80	0,37	19,16	2,96

Tabelle 37: Ergebnisse Block 2

Nr.	Bauteildichte in g/cm^3	Zugfestigkeit 0 in MPa		E-Modul 0 in MPa		Bruchdehnung 0 in %		Zugfestigkeit 45 in MPa	
		MW	STABW	MW	STABW	MW	STABW	MW	STABW
HV1	1,017	50,99	0,14	1612,80	66,57	11,59	0,13	48,36	0,42
HV2	1,016	48,84	0,39	1576,13	33,50	10,95	0,68	47,78	1,26
HV3	1,009	47,63	0,32	1594,58	75,63	10,26	0,58	46,07	1,31
HV4	1,006	47,78	0,64	1665,64	29,29	8,64	0,52	44,41	1,26
HV5	1,015	48,03	0,82	1687,04	165,41	10,99	1,62	47,21	0,77
HV6	1,007	47,37	0,62	1656,76	184,03	11,87	0,58	46,45	1,35
HV7	0,985	36,17	1,83	1335,49	98,44	5,67	0,61	3,81	0,17
HV8	1,015	49,79	0,25	1577,03	44,88	13,36	0,23	46,99	0,82
HV9	1,012	48,63	0,35	1581,53	73,23	12,93	0,36	46,71	0,48
HV10	0,996	50,33	0,35	1677,87	142,67	13,39	0,15	47,58	0,36
HV11	0,987	47,62	0,65	1516,42	44,10	11,14	0,46	46,46	0,79
HV12	0,999	47,26	0,76	1620,81	147,83	10,36	1,02	46,07	1,32
HV13	1,016	49,49	0,35	1804,11	83,54	9,89	0,45	47,68	0,38
HV14	1,016	48,45	0,67	1673,46	32,62	11,98	0,34	47,62	0,96
HV15	1,017	47,55	0,60	1802,30	194,26	11,69	1,22	45,65	1,45
HV16	0,999	45,44	0,54	1701,42	75,81	8,42	0,41	43,67	1,06
HV17	1,027	49,31	0,50	1663,49	82,91	13,89	0,36	47,80	0,49
HV18	0,999	48,27	0,68	1627,86	62,07	12,87	0,45	46,30	0,73
HV19	0,987	51,31	0,46	1809,15	58,23	11,43	0,23	48,43	0,22
HV20	0,972	48,69	0,75	1720,41	95,33	9,19	0,63	48,15	1,27
HV21	0,983	48,20	0,61	1686,35	63,15	9,45	0,76	46,67	1,47
HV22	1,018	53,03	2,37	1763,10	181,87	10,22	0,26	47,39	0,21
HV23	1,016	48,81	0,63	1497,03	27,36	10,66	0,42	47,51	1,23
HV24	1,016	47,52	0,34	1476,66	80,22	10,99	0,47	46,23	1,12
HV25	1,013	47,08	0,37	1719,33	25,85	9,26	0,48	45,31	0,88
HV26	1,015	49,72	0,51	1651,63	142,63	14,56	0,30	47,59	0,69
HV27	1,014	47,97	0,55	1610,17	141,15	13,35	0,31	45,58	1,29

Nr.	E-Modul 45 in MPa		Bruchdehnung 45 in MPa		Zugfestigkeit 90 in %		E-Modul 90 in MPa	
	MW	STABW	MW	STABW	MW	STABW	MW	STABW
HV1	**1665,17**	**71,15**	**8,07**	**0,24**	**46,04**	**1,05**	**1650,67**	**28,15**
HV2	1607,19	71,88	8,18	1,01	48,47	1,87	1647,21	73,40
HV3	**1594,14**	**59,62**	**7,29**	**0,84**	**47,28**	**0,84**	**1671,04**	**30,33**
HV4	1666,50	66,23	5,43	0,64	24,99	19,11	1532,17	146,86
HV5	**1548,93**	**181,18**	**7,79**	**1,51**	**47,25**	**1,20**	**1580,81**	**22,96**
HV6	1666,67	255,51	8,01	1,08	45,25	0,69	1583,69	132,33
HV7	**1404,11**	**55,71**	**0,27**	**0,01**	**6,58**	**7,43**	**1123,46**	**158,63**
HV8	1597,83	85,95	6,63	0,41	45,29	1,70	1657,02	36,24
HV9	**1566,62**	**39,38**	**7,65**	**0,72**	**45,90**	**0,33**	**1661,28**	**43,14**
HV10	1580,51	89,36	8,42	0,42	45,74	0,87	1636,91	48,18
HV11	**1605,04**	**113,30**	**7,02**	**0,24**	**48,96**	**1,26**	**1812,12**	**176,56**
HV12	1596,54	83,89	7,46	1,05	47,21	0,91	1628,83	55,36
HV13	**1764,83**	**61,14**	**8,62**	**0,73**	**44,20**	**1,41**	**1968,12**	**221,80**
HV14	1479,21	323,32	8,48	1,02	48,60	0,87	1664,41	127,71
HV15	**1625,16**	**139,37**	**7,60**	**1,42**	**46,76**	**0,95**	**1729,02**	**163,75**
HV16	1758,32	203,45	5,70	0,90	19,09	20,26	1576,96	102,70
HV17	**1633,49**	**83,69**	**8,10**	**0,93**	**47,40**	**0,48**	**1611,63**	**428,39**
HV18	1602,41	76,07	8,46	0,52	46,47	0,45	1662,18	74,66
HV19	**1738,10**	**192,50**	**7,54**	**0,36**	**48,48**	**0,69**	**1812,31**	**119,54**
HV20	1692,95	169,70	5,76	0,74	50,51	0,87	1752,71	134,11
HV21	**1683,62**	**69,24**	**5,63**	**0,70**	**49,11**	**1,44**	**1829,83**	**114,63**
HV22	1550,52	77,12	6,17	0,30	44,28	1,83	1580,17	55,86
HV23	**1512,31**	**138,80**	**7,50**	**0,64**	**48,99**	**0,70**	**1512,94**	**201,72**
HV24	1512,35	154,93	7,61	0,64	46,88	0,99	1587,71	140,72
HV25	**1622,53**	**106,96**	**6,49**	**0,53**	**40,15**	**3,35**	**1591,37**	**91,23**
HV26	1540,86	198,57	8,38	0,60	47,80	0,57	1753,19	164,62
HV27	**1595,57**	**61,85**	**8,10**	**0,53**	**45,92**	**0,97**	**1708,98**	**139,56**

Nr.	**Bruchdehnung 1BA** in %		**Maßhaltigkeit** in %	**Formhaltigkeit** in mm	**Oberflächenrauheit** in µm	
	MW	STABW			MW	STABW
HV1	**5,79**	**0,99**	**2,77**	**0,86**	**18,68**	**2,39**
HV2	7,27	1,32	0,75	1,33	20,06	2,59
HV3	**6,94**	**0,88**	**0,33**	**0,88**	**20,12**	**2,87**
HV4	2,32	1,92	3,62	1,67	20,68	3,67
HV5	**8,12**	**1,57**	**2,14**	**0,80**	**18,64**	**2,32**
HV6	7,12	0,65	1,75	0,56	18,13	2,01
HV7	**0,74**	**1,04**	**4,09**	**0,90**	**19,19**	**3,53**
HV8	6,14	1,75	3,35	0,79	17,03	3,25
HV9	**7,17**	**0,56**	**2,94**	**0,75**	**17,05**	**4,53**
HV10	5,39	1,46	2,23	1,94	22,14	4,86
HV11	**7,69**	**1,34**	**0,37**	**1,65**	**25,00**	**5,39**
HV12	7,35	1,27	0,80	1,58	24,00	5,49
HV13	**5,03**	**0,47**	**3,05**	**1,68**	**18,79**	**2,85**
HV14	8,02	0,59	1,34	0,91	19,00	2,74
HV15	**7,79**	**0,75**	**0,60**	**0,74**	**19,32**	**2,72**
HV16	2,18	2,62	3,56	0,87	19,68	3,93
HV17	**7,81**	**0,39**	**2,70**	**0,79**	**17,47**	**2,56**

HV18	7,35	0,49	2,28	0,76	17,72	2,50
HV19	6,31	0,98	1,79	2,66	18,68	1,92
HV20	6,17	1,07	1,31	2,11	21,70	2,62
HV21	6,12	0,74	2,40	1,77	21,51	3,37
HV22	4,96	0,82	3,45	0,87	22,21	5,21
HV23	7,30	0,39	1,55	0,82	22,72	7,43
HV24	7,24	1,38	1,06	0,75	21,87	5,17
HV25	4,23	0,87	3,36	0,85	20,24	4,47
HV26	7,63	0,61	2,22	0,78	18,60	3,49
HV27	7,38	0,34	1,59	0,75	18,95	3,07

Tabelle 38: Ergebnisse Block 3

Nr.	**Zugfestigkeit** in MPa		**E-Modul** in MPa		**Bruchdehnung** in %	
	MW	STABW	MW	STABW	MW	STABW
VV1	20,38	2,33	1076,34	62,29	2,60	0,28
VV2	22,22	3,50	1139,52	90,14	2,77	0,69
VV3	25,23	1,85	1212,22	46,74	3,01	0,39
VV4	9,76	1,47	846,85	42,96	1,23	0,26
VV5	17,12	0,73	895,73	49,44	2,33	0,16
VV6	19,99	3,49	1022,49	96,64	2,36	0,33
VV7	8,58	1,24	687,66	23,23	1,28	0,25
VV8	11,39	1,37	824,16	32,74	1,42	0,20
VV9	16,68	1,17	913,04	72,47	2,22	0,30
VV10	21,35	2,03	1096,06	60,55	2,58	0,51
VV11	23,54	1,53	1112,96	48,17	3,06	0,31
VV12	27,02	0,75	1213,17	37,37	4,03	0,88
VV13	12,25	0,91	886,16	72,82	1,65	0,15
VV14	20,81	0,95	1104,57	63,51	2,37	0,13
VV15	21,99	1,44	1125,44	47,45	2,51	0,21
VV16	9,45	0,37	804,83	61,04	1,25	0,07
VV17	13,14	2,35	833,96	87,73	1,66	0,17
VV18	18,37	1,40	999,27	38,43	2,25	0,13
VV19	23,39	1,63	1326,83	56,42	2,22	0,32
VV20	26,01	1,83	1184,45	79,83	3,36	0,61
VV21	27,62	2,06	1307,37	86,90	3,32	0,84
VV22	11,84	2,07	951,37	80,13	1,45	0,38
VV23	20,52	2,02	1049,30	16,57	2,50	0,56
VV24	22,26	1,09	1100,60	53,12	2,76	0,27
VV25	11,57	1,91	811,17	107,38	1,63	0,25
VV26	14,22	0,92	837,68	34,87	1,84	0,24
VV27	19,14	3,48	1012,44	89,99	2,27	0,48

Tabelle 39: Ergebnisse Block 4

Nr.	Zugfestigkeit in MPa		E-Modul in MPa		Bruchdehnung in %	
	MW	STABW	MW	STABW	MW	STABW
VV1-TM	29,03	1,72	1071,35	27,28	8,79	3,82
VV2-TM	18,74	4,54	1102,00	67,68	2,19	1,09
VV3-TM	22,54	3,26	1176,42	76,45	2,66	0,74
VV4-TM	18,25	5,88	896,38	134,72	3,09	1,43
VV5-TM	10,49	1,17	752,20	72,58	1,57	0,64
VV6-TM	2,04	0,08	210,32	27,24	0,77	0,12
VV7-TM	25,40	2,75	1084,14	75,50	5,01	1,37
VV8-TM	28,96	1,74	1100,13	54,30	12,21	8,26
VV9-TM	29,56	0,79	1302,87	97,57	3,68	0,40
VV10-TM	15,72	3,04	910,15	119,15	2,31	0,48
VV11-TM	21,60	2,25	1093,42	75,17	2,52	0,50
VV12-TM	11,94	2,94	863,83	55,88	1,44	0,29

Tabelle 40: Ergebnisse Block 5

Nr.	Zugfestigkeit in MPa		E-Modul in MPa		Bruchdehnung in %	
	MW	STABW	MW	STABW	MW	STABW
VV1-PM	26,79	2,87	1093,56	63,42	7,27	3,52
VV2-PM	28,92	1,74	1115,62	73,15	12,37	3,79
VV3-PM	26,96	1,79	1070,87	43,59	5,79	1,59
VV4-PM	30,49	0,88	1199,80	53,10	9,13	1,05

Tabelle 41: Ergebnisse Block 6

Nr.	Bauteil-dichte in g/cm³	Zugfestigkeit in MPa		E-Modul in MPa		Bruchdehnung in %		Maß-haltig-keit in%	Form-haltig-keit in mm	Oberflächenrauheit in µm	
		MW	STABW	MW	STABW	MW	STABW			MW	STABW
HV1-V	1,000	46,19	2,27	1586,91	63,37	8,25	1,06	1,47	1,67	18,31	2,46
HV2-V	1,001	44,49	0,56	1587,93	22,45	13,68	0,78	1,15	0,80	18,45	2,05
HV3-V	1,009	37,41	1,12	1460,16	36,06	12,16	0,51	4,98	0,56	21,53	1,59
HV4-V	0,962	38,94	3,33	1430,00	109,53	6,66	1,41	2,04	1,94	20,06	4,92
HV5-V	1,025	40,41	1,18	1509,21	34,44	14,09	0,70	1,06	1,65	15,94	2,62
HV6-V	1,018	32,26	0,78	1330,39	17,37	14,58	1,71	2,80	1,58	24,25	7,72
HV7-V	0,818	18,99	4,03	797,34	110,63	4,54	1,32	2,44	0,85	20,06	4,92
HV8-V	1,016	34,37	0,87	1382,26	38,87	11,80	1,36	1,75	0,78	15,94	2,62
HV9-V	1,011	30,28	0,38	1235,35	10,11	17,36	3,40	0,81	0,75	24,25	7,72
HV10-V	0,981	41,62	3,22	1505,73	66,11	7,57	1,72	1,90	1,68	18,18	3,96
HV11-V	1,021	41,66	0,09	1539,07	18,93	15,00	0,72	0,94	0,91	17,13	3,11
HV12-V	1,013	35,53	0,47	1448,11	14,91	13,77	1,35	3,16	0,74	19,00	2,13
HV13-V	0,969	35,69	4,23	1318,80	120,55	6,79	1,23	2,03	0,87	19,65	4,64
HV14-V	1,027	39,59	0,28	1473,96	16,94	14,57	0,14	0,99	0,79	17,16	2,55
HV15-V	1,021	32,90	0,72	1347,36	25,16	13,71	0,48	2,49	0,76	20,77	3,13
HV16-V	0,961	34,67	1,61	1249,47	56,98	7,16	2,05	2,04	2,66	18,76	4,08
HV17-V	1,026	38,16	0,84	1415,43	24,65	17,05	3,27	1,18	2,11	17,52	2,50
HV18-V	1,019	30,14	0,95	1207,53	27,76	15,81	0,64	3,00	1,77	26,90	9,68
HV19-V	0,999	46,68	1,37	1614,51	26,02	8,35	0,86	1,61	0,87	17,88	3,15
HV20-V	1,015	43,71	0,94	1573,33	58,20	13,03	0,44	0,94	0,82	16,81	2,82
HV21-V	1,004	37,37	0,66	1486,61	31,92	12,11	0,59	2,73	0,75	18,65	2,31
HV22-V	0,989	45,20	0,92	1617,44	19,86	7,81	1,13	1,82	0,90	18,77	4,07
HV23-V	1,021	43,42	1,04	1589,34	42,21	13,23	0,36	1,12	0,79	17,45	2,15
HV24-V	1,017	35,74	0,23	1437,56	11,25	11,53	1,05	3,03	0,75	25,70	7,12
HV25-V	0,924	32,26	2,68	1197,91	28,82	5,83	1,33	2,06	0,86	20,46	4,37
HV26-V	1,025	40,61	0,20	1493,04	40,54	11,55	0,82	1,45	1,33	15,75	2,43
HV27-V	1,012	33,21	0,29	1319,40	8,95	11,78	2,81	3,09	0,88	26,62	10,23

A5 Ergänzende Netzdiagramme Block 2

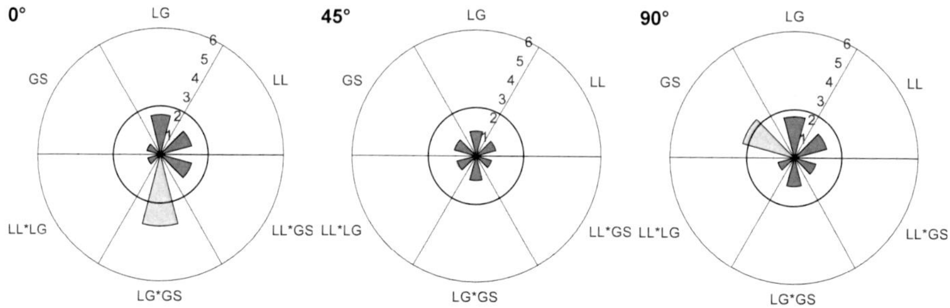

Abbildung 93: Netzdiagramm der standardisierten Effekte für die Zugfestigkeit bei 0°, 45° und 90° in Block 2

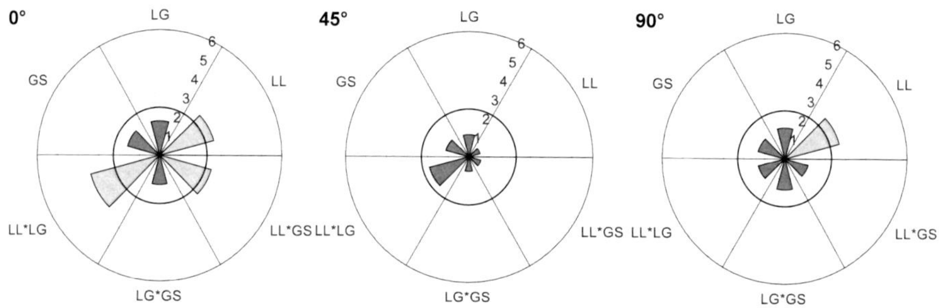

Abbildung 94: Netzdiagramm der standardisierten Effekte für den E-Modul bei 0°, 45° und 90° in Block 2

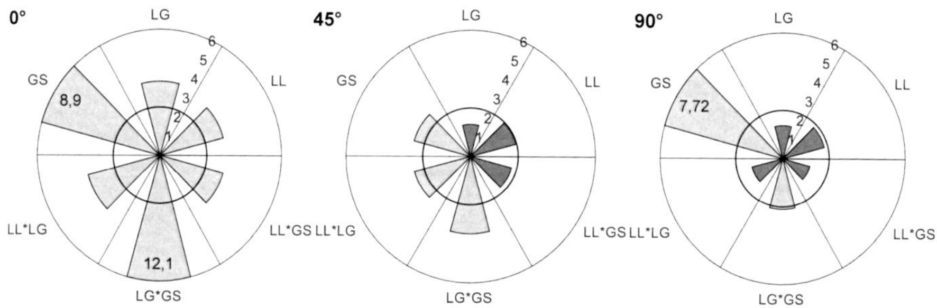

Abbildung 95: Netzdiagramm der standardisierten Effekte für die Bruchdehnung bei 0°, 45° und 90° in Block 2

A6 Absorptionsmessungen Pulver-Tinten-Gemisch

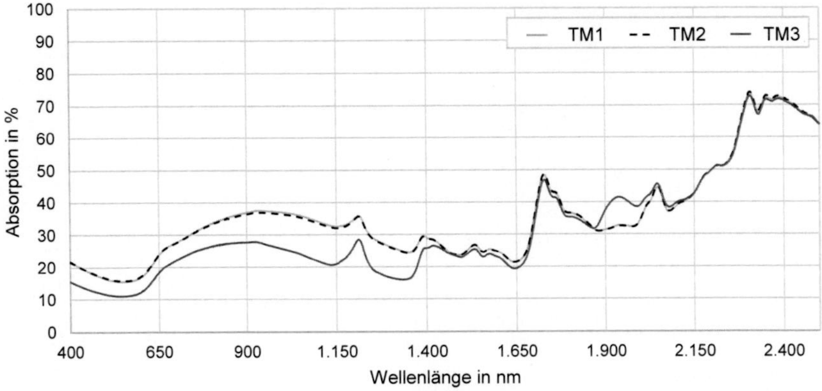

Abbildung 96: Absorptionsmessung der Trägermedien mit gleicher Partikelmenge von <0,5 Gew.-% in Block 4

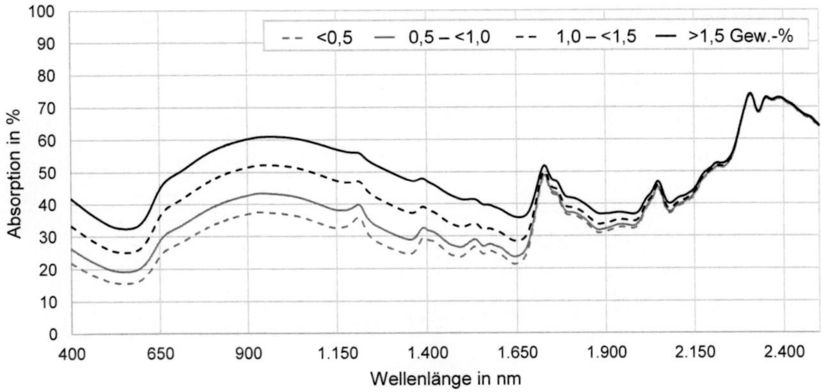

Abbildung 97: Absorptionsmessung mit unterschiedlichen Partikelmengen in Block 5

A7 Kristallinität

Tabelle 42: Ausgewählte Kristallinitäten aus Block 2 für Ruß und Block 6 für LaB_6

Nr.	Kristallinität in %	
	Ruß	LaB_6
HV4-(V)	31,2	33,1
HV5-(V)	28,2	30,3
HV6-(V)	29,2	27,5
HV7-(V)	36,4	36,3
HV21-(V)	30,7	27,1
HV24-(V)	30,0	29,1

Betreute studentische Arbeiten

Die nachstehenden aufgeführten studentischen Arbeiten wurden im Rahmen der Forschungsaktivitäten der vorliegenden Dissertation am Lehrstuhl Umweltgerechte Produktionstechnik der Universität Bayreuth betreut:

Florian Kaufhold

Entwicklung eines Versuchsaufbaus zur Bewertung des Energieeintrags in das Polymerpulver im High Speed Sintering, Masterarbeit, 2020

Marius Kuhn

Untersuchung des Energieeintrags durch Variation des strahlungsabsorbierenden Materials im High Speed Sintering, Bachelorarbeit, 2021

Luise Weber

Bewertung der photothermischen Energieumwandlung von nanoskaligen Materialien für das High Speed Sintering, Bachelorarbeit, 2021

Toni Gliege

Untersuchung des Energieeintrags auf die Bauteileigenschaften im High Speed Sintering, Bachelorarbeit, 2021

Caroline Hellmich

Systematische Erprobung neuartiger Tinten mit Lanthanhexaborid für den Einsatz im High Speed Sintering, Masterarbeit, 2022

Tamino Ansari

Bestimmung und Optimierung der Bauteileigenschaften durch Anpassung des Energieeintrags beim High Speed Sintering unter Anwendung der statistischen Versuchsplanung, Masterarbeit, 2022

Lebenslauf

Name	Daniel Pezold
Geburtstag	12.01.1988
Geburtsort	Bayreuth

BERUFLICHER WERDEGANG

03/2017 – 06/2022	Wissenschaftlicher Mitarbeiter am Lehrstuhl Umweltgerechte Produktionstechnik der Universität Bayreuth
09/2014 – 02/2017	Projektleiter Produktion bei STIHL Kettenwerk GmbH & Co KG in Wil SG, Schweiz
04/2014 – 08/2014	Praktikant – Durability Testing / Manufacturing Engineering bei STIHL Incorporated in Virginia Beach, USA
09/2013 – 03/2014	Werkstudent – Versuchswerkzeuge und Prototypen bei ANDREAS STIHL AG & Co. KG in Waiblingen
06/2012 – 01/2013	Hilfswissenschaftlicher Mitarbeiter – Funktionale Materialien am Fraunhofer IPA in Stuttgart
10/2010 – 09/2011	Technologieexperte R&D Metall bei Novem Car Interior Design GmbH in Eschenbach
10/2007 – 09/2010	Dualer Student bei Novem Car Interior Design GmbH in Vorbach

STUDIUM

10/2011 – 03/2014	Master of Science: Maschinenbau – Werkstoff- und Produktionstechnik an der Universität Stuttgart
10/2007 – 09/2010	Bachelor of Engineering: Maschinenbau – Konstruktion an der Dualen Hochschule Mosbach

SCHULBILDUNG

09/1998 – 06/2007	Allgemeine Hochschulreife am Wirtschaftswissenschaftlichen Gymnasium der Stadt Bayreuth

Veröffentlichungen

Pezold, Daniel; Schorzmann, Johann; Waldmüller, Paula; Kemnitzer, Jan; Döpper, Frank: Systematic evaluation of the part properties through combination of different greyscales in one part in High Speed Sintering. In 16th CIRP Conference on Intelligent Computation in Manufacturing Engineering, CIRP ICME '22, Volume 118, p. 729-734, Italy, Elsevier; **2022**, ISSN: 2212-8271, DOI: 10.1016/j.procir.2023.06.125

Pezold, Daniel; Schorzmann, Johann; Kaltenhauser, Miriam; Kemnitzer, Jan; Döpper, Frank: Untersuchung des Einflusses der Tintenauftragsmenge in Abhängigkeit der bedruckten Fläche auf die Bauteileigenschaften im High Speed Sintering. In: (Hrsg.) Eichmann, Michael; Kynast, Michael; Witt, Gerd: Proceedings of the 18th Rapid.Tech 3D Conference Erfurt, Germany, 17 - 19 May **2022**, München, Carl Hanser Verlag GmbH & Co. KG, 2022. ISBN 9783446475281.

Schorzmann, Johann; Pezold, Daniel; Kemnitzer, Jan; Kalusche, Alexander; Döpper, Frank: Process Chain of Injection Moulding and Additive Manufacturing for Hybrid Parts. In: (Hrsg.) Herberger, David; Hübner, Marco: Proceedings of the Conference on Production Systems and Logistics: CPSL 2022 - hosted at the University of British Columbia in Vancouver, Canada 17th May 2022 – 20th May 2022, Offenburg, Publish-Ing., **2022**. DOI: 10.15488/11229

Pezold, Daniel; Wimmer, Marco; Alfayez, Fayez; Bashir, Zahir; Döpper, Frank: Evaluation of Polyethylene Terephthalate Powder in High Speed Sintering. In Polymers **2022**, Jg. 14(10), S. 2095. DOI: 10.3390/polym14102095

Schorzmann, Johann; Pezold, Daniel; Kemnitzer, Jan Felix; Kalusche, Alexander: Hybridprozess aus Spritzguss und additiver Fertigung. In: Maschinenbau: die Deutschland-Ausgabe des Schweizer Industriemagazins, Bd.2 (**2022**) Heft 1. S. 30–33. DOI:10.1007/s44029-021-0113-1

Pezold, Daniel; Kemnitzer, Jan: Additive Fertigung wasserlöslicher Formkerne für die CFK-Bauteilproduktion. In: Maschinenbau: die Deutschland-Ausgabe des Schweizer Industriemagazins, Bd.1 (**2021**) Heft 2. S. 32–35. DOI:10.1007/s44029-021-0023-2

Pezold, Daniel; Rosnitschek, Tobias; Kleuderlein, Andre; Döpper, Frank; Alber-Laukant, Bettina: Evaluation of Technologies for the Fabrication of Continuous Fiber Reinforced Thermoplastic Parts by Fused Layer Modeling. Technologies for economic and functional lightweight design (Zukunftstechnologien für den multifunktionalen Leichtbau; 11), Berlin: Springer, **2021**. S. 125–141. DOI:10.1007/978-3-662-62924-6_11

Kemnitzer, Jan; Tarasova, Anna; Pezold, Daniel: Fertigung funktional gradierter Bauteile im High Speed Sintering. In: Maschinenbau: die Deutschland-Ausgabe des Schweizer Industriemagazins, Bd.1 (**2021**) Heft 4. S. 8–11. DOI:10.1007/s44029-021-0066-4

Pezold, Daniel: Belastungsgerechte Konstruktion endlosfaserverstärkter Bauteile für die additive Fertigung. Tagungsband: 21. Bayreuther 3D-Konstrukteurstag. Bayreuth, **2019**

FSC
www.fsc.org
MIX
Papier | Fördert gute Waldnutzung
FSC® C083411

Zeitfracht Medien GmbH
Ferdinand-Jühlke-Straße 7
99095 Erfurt, Deutschland
produktsicherheit@kolibri360.de